颗粒群平衡方程的渐近分析

谢明亮　著

科　学　出　版　社
北　京

内 容 简 介

颗粒群平衡方程是统计物理的基本方程之一，在科学和工程领域有广泛的应用。渐近条件下，方程中的颗粒数密度函数可分解为两个函数的乘积，一个是颗粒粒度分布的矩函数，另一个是自保形分布函数。本书以于明州和林建忠提出的泰勒展开矩方法和笔者发展的迭代的直接数值模拟方法为工具，分别求得矩函数的渐近解和自保形分布函数的不变解，并建立二者之间的一一对应关系，为分析颗粒群平衡方程的数学性质和物理特征奠定基础。

本书适合流体力学、环境科学与工程、动力工程与工程热物理、统计物理、应用数学等专业高校研究生及相关专业科技工作者阅读参考。

图书在版编目（CIP）数据

颗粒群平衡方程的渐近分析/谢明亮著. —北京：科学出版社，2024.4
ISBN 978-7-03-078399-8

Ⅰ.① 颗… Ⅱ.① 谢… Ⅲ.① 气溶胶-分子动力-平衡方程-渐近方法-研究 Ⅳ.① O648.18

中国国家版本馆 CIP 数据核字（2024）第 076027 号

责任编辑：孙寓明 刘 畅/责任校对：高 嵘
责任印制：赵 博/封面设计：苏 波

科学出版社 出版
北京东黄城根北街 16 号
邮政编码：100717
http://www.sciencep.com
北京天宇星印刷厂印刷
科学出版社发行 各地新华书店经销
*
开本：787×1092 1/16
2024 年 4 月第 一 版 印张：10 1/2
2025 年 3 月第三次印刷 字数：249 000
定价：98.00 元
（如有印装质量问题，我社负责调换）

前言

随着我国的工业化和城市化发展，气溶胶污染问题日益突出，而气溶胶的形成和演化是一个全球性的问题，包含对流、扩散、相变、成核、凝并、耗散等一系列复杂的物理化学过程。如何准确、快速地对气溶胶的形成和演化过程进行全域性、实时性的模拟、预测及控制，至今仍是气溶胶科学和工程领域面临的难题和挑战。数值模拟是对气溶胶进行定量分析的重要手段，模拟的结果与实验观测及卫星遥感相互验证和匹配，既能从更宏观的尺度范围，又能从更微观的物理、化学过程来研究气溶胶的时空变化及导致其变化的内在原因。

理论上，气溶胶的形成和演化过程可用粒子通用动力学方程（GDE）进行描述。直接求解该方程面临两个方面的主要困难，一是流场与气溶胶的耦合问题，二是气溶胶颗粒之间的相互作用。众所周知，作为流场基本方程的纳维-斯托克斯方程（N-S 方程）的解的存在性和光滑性是著名的千禧年难题之一，尽管在科学上它至今仍是一个悬而未决的问题，但在工程上流场基本方程的理论研究和求解方法已经取得许多进展，如湍流模式理论、统计理论、非线性动力学理论等，以及雷诺平均数值模拟、大涡模拟、直接数值模拟等仿真方法，这些理论和方法为气溶胶与流场的耦合模拟提供了条件。此外，当气溶胶与流场相互耦合后，会急剧地增加计算机模拟的成本和时间。通过分析发现，占据主要成本和时间的是气溶胶颗粒之间相互作用的数值计算，特别是颗粒相互作用的凝并成长项，通常称为颗粒群平衡方程（PBE）或斯莫卢霍夫斯基方程（SCE）。颗粒群平衡方程最早是由斯莫卢霍夫斯基于 1916 年提出的，由于其非线性的偏微积分结构，至今只有针对简单碰撞核函数的解析求解结果，而这些简单碰撞核函数在现实中是基本不存在的。面对现实存在的碰撞核函数，该方程至今无有效的数学工具对其进行分析或解析求解。过去 100 年来，为了解决气溶胶形成和演化的科学技术问题，人们发展了各种各样的数值计算方法，如基于确定性理论的分区法（SM）、矩方法（MOM），以及基于随机性理论的蒙特卡罗方法（MCM），等等。

矩方法具有模型简洁、计算效率和精度较高的特点，正越来越多地应用于气溶胶科学与技术问题的模拟。矩方法将颗粒的粒度分布转换为与粒度分布相关的各阶矩，从而使颗粒群平衡方程变成一组常微积分方程组或矩方程组。颗粒的粒度分布与其无穷阶矩等价，而实际应用中只能计算有限数量的矩方程组。因此，在矩方法的发展过程中，面临着两个基础性难题，一个是矩方程组的封闭问题，即如何从颗粒群平衡方程获得有限数量的矩方程组；另一个是矩方法的逆问题，即如何从有限的矩量反演出颗粒的粒度分布。这两个难题至今仍是数学物理领域的研究热点和挑战。

关于矩方程组的封闭问题，历史上许多学者提出了各式各样的矩方法来实现矩方程组的封闭，如对数矩方法、积分矩方法、插值矩方法等。特别地，泰勒展开矩方法（TEMOM）对颗粒群平衡方程进行模拟，该方法具有建模原理简单，计算量少，计算精度较高，且模型不需要粒子尺寸分布假设而自动封闭等优点，逐渐成为具有发展潜力的主要矩方法之一。泰勒展开矩方法是一种新的完全基于泰勒级数展开技术的数学方法，除截断误差外，没有引入其他形式的误差，这为其成为粒子通用动力学方程的理论分析工具奠定了基础。此外，TEMOM 模型相对简单，以至于能够得到模型的渐近解，甚至解析解。笔者通过近十年的研究，初步建立了泰勒展开矩方法的基础理论体系，包括：模型的推导、模型的渐近解和解析解、模型的误差估计、模型的稳定性理论、模型解的收敛性等。

关于矩方法的逆问题，经过多年探索，人们发展了参数估计法、插值近似法、相似理论或自保形分布假说等。特别地，如果颗粒的碰撞频率函数对其参数是各向同性或齐次的，那么颗粒群平衡方程通过相似变换可转换成一个常微积分方程，称为自保形分布（SPSD）控制方程。自保形分布控制方程是一个包含了变上限卷积积分的复杂的非线性隐式方程，整体上依然难以解析求解。最近，笔者基于单参数群变换的方法，得到了自保形分布控制方程的微积分不变形式，根据迭代的直接数值模拟方法（iDNS）得到了自保形分布控制方程的不变解。该方法以泰勒展开矩方法的渐近解为初始条件，实现了泰勒展开矩方法与相似理论之间的一一对应。

综观颗粒群平衡方程，粒子数密度函数可分解为两个函数的乘积，一个是粒度分布的 0 阶矩函数，另一个是自保形分布函数。理论上，如果说颗粒群平衡方程的严格解析解是最优解的话，那么在该方程不可数学分析求解的条件下，泰勒展开矩方法的渐近解和自保形分布函数可视为颗粒群平衡方程的次优渐近解，加上它们之间的一一对应关系，二者构成了颗粒群平衡方程的整体渐近解，它为人们认识气溶胶的演化和方程的数学物理性质提供了近似的直接方式和途径。实验中自由分子区球形粒子的瑞利散射结果间接验证了布朗凝并核函数与泰勒展开矩方法的有效性，大量颗粒粒度分布的检测结果也支撑了自保形分布假说的成立。基于颗粒群平衡方程的整体渐近解，笔者顺势提出了颗粒群平衡方程的统计力学约束条件，并指出切兹纳尼猜想对颗粒群平衡方程也是成立的。

这些基础理论的发展为泰勒展开矩方法和相似理论的推广应用奠定了基础，本书的结尾介绍颗粒群平衡方程的泰勒展开矩方法与计算流体动力学的直接数值模拟方法相结合，研究时间混合层中粒子通用动力学方程的演化问题，发现矢量场和标量场的空间相似结构，正是这一现象的发现促使笔者开始了颗粒群平衡方程基础理论的研究。

本书对这些基础理论进行总结和归纳，辅以 MATLAB 语言的源程序，希望它们为工程应用提供范例和指导作用。尽管提出泰勒展开矩方法和相似理论的初衷是解决气溶胶形成和演化的工程问题，但随着研究的深入，发现它们对分子运动论的基础研究也具有参考意义，本书也将这些感悟和心得一并列举出来，与有兴趣的读者共享和探讨。

本书以 PBE 的连续型形式为研究对象，以 TEMOM 和 iDNS 为研究工具，探索颗粒凝并动力学的演化规律，全文内容安排如下：第 1 章，绪论；第 2 章，碰撞频率核函数的理论；第 3 章，泰勒展开矩方法；第 4 章，相似理论与自保形分布；第 5 章，PBE 的统计力学约束条件；第 6 章，气溶胶颗粒在流场中的演化。

本书相关研究得到了国家自然科学基金的资助："乙烯/空气射流扩散火焰拟序结构的数值模拟与可视化检测研究"（50806023）；"扩散火焰中烟黑粒子动力学特性研究"（11572138）；"气溶胶通用动力学方程的统计力学约束条件研究"（11972169）。

由于作者水平有限，成书时间仓促，本书难免存在不足之处，敬请读者批评指正和反馈，联系地址为华中科技大学煤燃烧与低碳利用全国重点实验室（430074），Email：mlxie@mail.hust.edu.cn。

谢明亮

2023 年 5 月

目录

第1章 绪　　论

气溶胶是指悬浮在气体介质中的固态或液态颗粒所组成的分散系统。从流体力学角度，气溶胶实质上是气态为连续相，固态、液态为分散相的多相流体。因分散相有较高的比表面能，能够广泛参与各种物理、化学过程，对人们的工作、生活和健康产生显著的影响，并在诸多科学和技术领域起到关键作用[1]。气溶胶在空气中的浓度很高，一些细菌、真菌、病毒等微生物可以在气溶胶系统中存活，从而导致疾病的传播。2020 年 2 月 18 日国家卫生健康委员会办公室和国家中医药管理局办公室联合发布的《新型冠状病毒肺炎诊疗方案（试行第六版）》[2]指出：经呼吸道飞沫和密切接触传播是新型冠状病毒主要的传播途径，在相对封闭的环境中长时间暴露于高浓度气溶胶情况下存在经气溶胶传播的可能。这让气溶胶成为人们关注的热点问题之一。此外，火山喷发也是气溶胶的重要来源之一，火山灰中含有大量的烟尘、可吸入颗粒物，会导致人体机能损坏，同时也会破坏臭氧层，对全球气候变暖有着重要影响。例如 2021 年末汤加火山的喷发，对整个太平洋地区产生严重影响，这次自然灾害将气溶胶的关注热度推上了又一个高峰。此外，由于气溶胶体系复杂，其连续相与分散相，分散相与分散相之间存在非线性、非平衡、非均匀、非稳态、多尺度的相互耦合作用[3]，对气溶胶的研究有助于对分子运动论进行更深层次的理解。因此研究气溶胶的演化，利其利而减其害具有重要意义。

在经典的气溶胶科学和技术中，气溶胶的演化由粒子通用动力学方程（particle general dynamical equation，PGDE）描述。由于其强非线性偏微积分结构，耦合上现实中的复杂碰撞核函数，该方程不能直接解析求解。过去 100 年来，为了研究气溶胶的演化规律，人们发展了各种计算方法对该方程进行数值求解，如矩方法（method of moment，MOM）、分区法（sectional method，SM）、蒙特卡罗法（Monte Carlo method，MCM）等[4]。由于数值解的离散特性，人们很难以此来研究方程的数学性质和物理特征，如方程的收敛性、平衡态判别标准等。本书主要介绍于明州和林建忠等 2008 年提出的泰勒展开矩方法（Taylor-series expansion method of moment，TEMOM）[5]和笔者 2022 年发展的迭代的直接数值模拟（iterative direct numerical simulation，iDNS）方法[6]，以二者为工具得到气溶胶凝并动力学方程的整体渐近解，分析气溶胶凝并动力学方程的数学物理性质，建立宏观物理量与微观动力学之间的桥梁，为理论方法的实验验证和推广应用奠定基础。

1.1　气溶胶及其特征

气溶胶呈现的形式多种多样，为了描述特定情况的气溶胶，人们采用了各种名词，如烟、尘、霭、雾、炭黑等。其中液体颗粒构成云、雾；固体小颗粒构成烟、霭等；如果颗粒混入了细菌或病毒等病原体，则称其为生物气溶胶。颗粒的形状也多种多样，可以近乎球形，也可以是片状、针状及其他不规则形状。

气溶胶按其来源可分为天然源（与人类的生产生活方式无关，如火山喷发的散落物、海水溅沫蒸发生成的盐粒等）和人为源（与人类的生产生活方式相关，如化石和生物质燃料的燃烧、工业排放等）；又可分为一次气溶胶（以颗粒形式直接从发生源进入大气）和二次气溶胶（在大气中由一次污染物转化而成）。

气溶胶的演化与其分散相的参数和性质密切相关，如粒度及其分布、浓度、化学组分、粒子电荷、晶体结构、光学性质等等。本书主要关注的是气溶胶布朗凝并动力学及其演化，与之相关的最主要的表征参数分别为粒度及其分布和浓度。

1.1.1 粒度

颗粒的大小称为粒度，对球形粒子可以用其直径（d_p）或体积（υ）表示。当被测颗粒的某种物理特性与某一直径的同质球体或组合相近时，就把该球体的直径或组合称为被测颗粒的等效粒径，不同的等效粒径有不同的物理意义[1]。根据气溶胶颗粒的来源和形成原因，气溶胶粒子的直径范围跨度很大，具有多尺度特征，如图 1.1 所示。

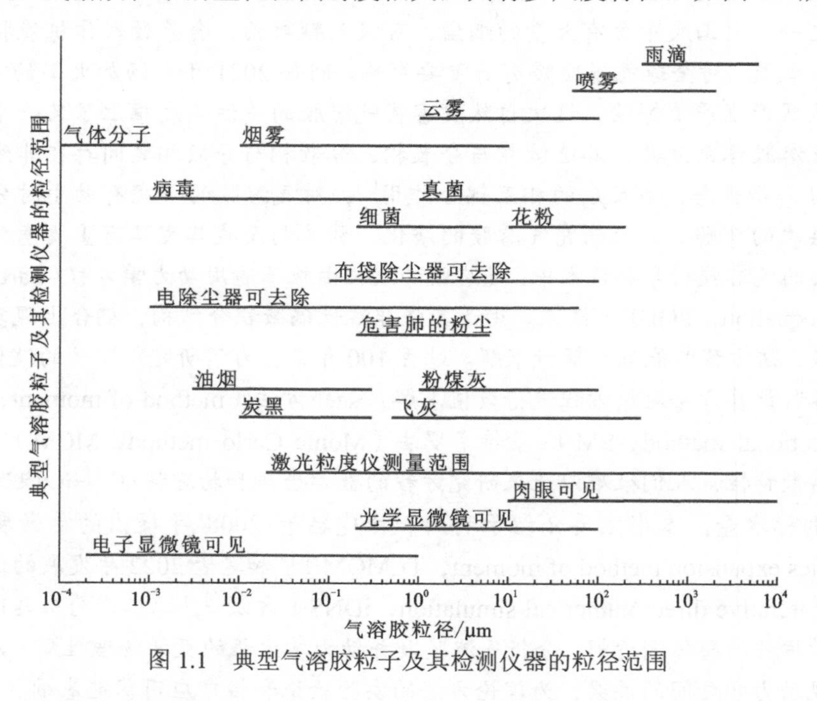

图 1.1　典型气溶胶粒子及其检测仪器的粒径范围

微小颗粒态物质在日常生活和工业生产中有着很广泛的应用，其直径的度量单位通常为微米（μm）和纳米（nm）。粒子尺寸的大小和分布情况直接关系工业流程、产品质量及能源消耗和生产过程的安全性。因此准确方便地测量微小颗粒的直径并得到粒径分布函数非常有意义。

常见的粒度测量方法及测量范围如下[7]。

（1）激光散射法（mm、μm、nm）；

（2）动态光散射法（nm）；

（3）动态和静态显微图像法（μm、粒度和粒形）；

（4）重力和离心沉降法（μm、nm）；

（5）库尔特电阻法（μm）；

（6）电镜法（μm、nm）；

（7）超声波法（μm）；

（8）筛分法（>38 μm）；

（9）透气法；

（10）X射线小角衍射法等。

仪器测量的一般是粒度的绝对值，而科学和工程领域经常用到描述粒子相对大小的术语，如克努森数、斯托克斯数等。其中，克努森数（Knudsen number，Kn）定义为气体分子平均自由程（λ_m）与粒子半径（$d_p/2$）之比[8]：

$$Kn = \frac{\lambda_m}{d_p/2} \tag{1.1}$$

其中，分子平均自由程（λ_m）可表示为

$$\lambda_m = \frac{1}{\sqrt{2}n_m \pi d_m^2} \tag{1.2}$$

式中：n_m 为分子数密度。根据理想气体状态方程，分子数密度可表示为

$$n_m = \frac{p}{k_B T} \tag{1.3}$$

式中：p 为压强；k_B 为玻尔兹曼常数；T 为温度。在一般室内温度和压强条件下，氮气分子的直径 $d_m = 0.37\ \text{nm}$，压强 $p = 10^5\ \text{Pa}$，温度 $T = 300\ \text{K}$，因此分子数密度 $n_m \approx 2\times 10^{25}\ \text{m}^{-3}$，则氮气分子平均自由程 $\lambda_m = 68\ \text{nm}$。

基于克努森数的定义可知，其值越大，意味着粒子粒度和分子平均自由程越接近，分子离散效应越强，研究中越不能忽略分子之间的复杂相互作用对粒子的影响；反之，其值越小，意味着粒子粒度远大于分子自由程，不再关注分子团内部的相互作用，转而关注分子宏观状态的密度、速度、压力等参数对粒子的影响。

通常根据克努森数的大小，用4种区间来说明气体分子对颗粒运动的影响：

（1）连续区（continuum regime，CR，$Kn \leqslant 0.001$）；

（2）滑移区（slip correction regime，SC，$0.001 \leqslant Kn \leqslant 0.1$）又称“近连续区”；

（3）过渡区（transition regime，TR，$0.1 \leqslant Kn \leqslant 10$）；

（4）自由分子区（free molecule regime，FM，$Kn \geqslant 10$）。

气溶胶粒子在空气中运动将受到流体的阻力，不同的粒径对阻力系数有显著的影响，在连续区，根据斯托克斯定律（Stokes law），粒子在流体中的阻力系数表达式[9]为

$$f_{CR} = 3\pi \mu_g d_p \tag{1.4}$$

在自由分子区，粒子在流体中的阻力系数[10]为

$$f_{FM} = \frac{2}{3} d_p^2 \rho_g \sqrt{\frac{2\pi k_B T}{m_g}} \left(1 + \frac{\pi \alpha_p}{8}\right) \tag{1.5}$$

式中：μ_g 为气体的黏度；ρ_g 为气体密度；m_g 为气体分子的质量；α_p 为调节参数，其值可取0.9，对2 nm的粒子误差在1%以内。由式（1.4）和式（1.5）可以看出，在连续区，粒子的阻力系数与粒径成正比，在自由分子区，粒子的阻力系数与粒径的平方成正比。

在滑移区，粒子在流体中的阻力系数[11]为

$$f_{SC} = \frac{3\pi\mu_g d_p}{C_c} \tag{1.6}$$

其中，坎宁安（Cunningham）修正系数为

$$C_c = 1 + Kn\left[A_1 + A_2 \exp\left(-\frac{A_3}{Kn}\right)\right] \tag{1.7}$$

式中的系数分别为 $A_1 = 1.257, A_2 = 0.400, A_3 = 1.100$。粒子受到的流体阻力 f 与粒径 d_p 的关系见图 1.2，程序见程序 1.1。

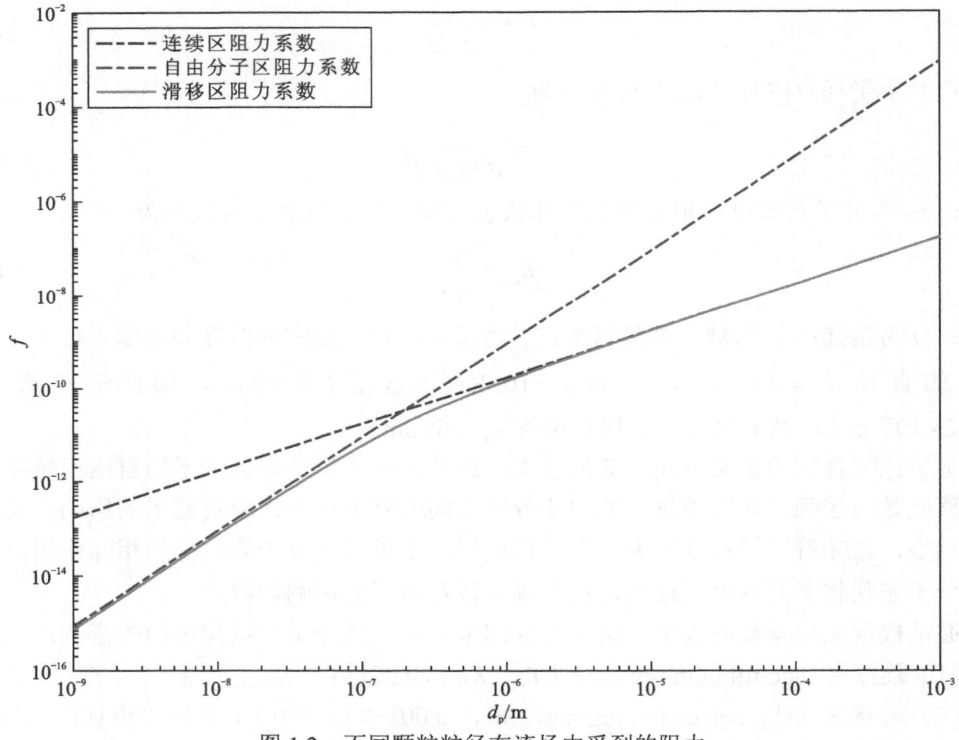

图 1.2　不同颗粒粒径在流场中受到的阻力

程序 1.1　流体中颗粒的阻力系数

```
% p1.m the friction coefficient of particle in fluids
clear,
dp = 1e-9:1e-9:1e-3;      % particle diameter
lambda = 68e-9;           % mean free path (nm)
Kn = 2*lambda./dp;        % Knudsen number
A1 = 1.257; A2 = 0.400; A3 = 1.100;
```

```
Cc = 1+Kn.*(A1+A2*exp(-A3./Kn)); % Cunningham correction factor
T = 300;                         % temperature (K)
kB = 1.380649e-23;               % Boltzmann constant
alpha = 0.9;                     % accommodation coefficient
mu = 17.9e-6;                    % gas viscosity (Pa*s)
m = 4.65e-26;                    % mass of N2 molecule (kg)
rho = 1.293;                     % gas density (kg*m^(-3))
f_CR = 3*pi*mu*dp;               % friction coefficient in CR
f_FM = 2/3*dp.^2*rho*sqrt(2*pi*kB*T/m)*(1+alpha*pi/8); % in FM
f_SC = f_CR./Cc;                 % friction coefficient in SC
loglog(dp,f_CR,'-.',dp,f_FM,'-.',dp,f_SC,'-','linewidth',2)
xlabel('d_p (m)'), ylabel('f','fontangle','italic')
legend('friction coefficient in CR', 'friction coefficient in FM',...
  'friction coefficient in SC', 'location', 'northwest')
```

在流场中，粒子的相对大小则用斯托克斯数（Stokes number，St）表示，它是颗粒弛豫时间（τ_p）和流场特征时间的比值[12]：

$$St = \frac{\tau_p}{L/U} \tag{1.8}$$

式中：U 为流场的特征速度；L 为流场的特征长度。粒子在流场中的弛豫时间（τ_p）可由斯托克斯定律得到：

$$\tau_p = \frac{\rho_p d_p^2}{18\mu_g} \tag{1.9}$$

式中：ρ_p 为粒子真密度。斯托克斯数表征着惯性作用和扩散作用的比值，其值越小，颗粒惯性越小，越容易随流体运动，其扩散作用越明显；反之，其值越大，颗粒惯性越大，颗粒运动的跟随性越小，越容易脱离其所在流场中的流线。需要指出的是，气溶胶粒子在大气中的斯托克斯数一般远小于 1，从而在模拟流场中气溶胶粒子的演化时，通常可以忽略气溶胶粒子对流场的作用[13]。

此外，还有一些本小节没有提及的无量纲常数可用来描述粒子的相对大小，如光学领域颗粒粒径与入射波长的比值，用来表征粒子的光学散射特征等，由于本书很少涉及，这里不一一列举。

1.1.2 浓度

单位体积所含粒子的量，称为粒子的浓度，表示浓度的方法有记重（M 或 V）和计数（N）两种。工程领域经常采用质量浓度（M），以毫克/立方米（mg/m^3）表示，当粒子的密度为定值时，可采用体积浓度（V），以毫升/立方米（mL/m^3）表示。其计量方法是：使一定体积的含尘空气，通过已知重量的滤膜，使颗粒阻留在滤膜上，根据采样前后滤膜的重量差和采气量，即可得到颗粒质量浓度。如常用的用于评价空气质量等级的颗粒物浓度指标 PM_{10} 、 $PM_{2.5}$ 指的是空气中颗粒粒径分别小于10 μm 、 2.5 μm 的颗粒质量浓度。

《环境空气质量标准》（GB 3095—2012）中，城市空气质量指数（air quality index，AQI）的分级标准如下[14]。

（1）空气质量指数（AQI）0～50，为国家空气质量日均值一级标准，空气质量为优，符合自然保护区、风景名胜区和其他需要特殊保护地区的空气质量要求。

（2）空气质量指数（AQI）51～100，为国家空气质量日均值二级标准，空气质量为良好，符合居住区、商业区、文化区、一般工业区和农村地区空气质量的要求。

（3）空气质量指数（AQI）101～200，为国家空气质量日均值三级标准，空气质量为轻度污染。若长期接触本级空气，易感人群症状会轻度加剧，健康人群出现刺激症状。符合特定工业区的空气质量要求。

（4）空气质量指数（AQI）201～300，为国家空气质量日均值四级标准，空气质量为中度污染。接触本级空气一定时间后，心脏病和肺病患者症状显著加剧，运动耐受力降低，健康人群中普遍出现症状。

（5）空气质量指数（AQI）大于 300，为国家空气质量日均值五级标准，空气质量为重度污染。健康人运动耐受力降低，有明显症状并出现某些疾病。

该分级标准是城市空气质量预报的实施标准，也是进行城市环境功能分区和空气质量评价的主要依据。

在机械、电子和医学等一些特定领域，以及颗粒动力学特性研究中，往往采用数量浓度（N），它表示单位体积空气中所含粒子的数量。中华人民共和国住房和城乡建设部与国家质量监督检验检疫总局联合发布的《洁净厂房设计规范》（GB 50073—2013）中空气洁净度等级划分如表 1.1[15]所示。需要指出的是，粒子的质量浓度和数量浓度都与粒子的粒度分布函数的矩密切相关。

表 1.1　洁净室及洁净区空气中悬浮粒子洁净度等级

空气洁净度等级/N	大于或等于表中粒径的最大浓度限值					
	0.1	0.2	0.3	0.5	1	5
1	10	2	—	—	—	—
2	100	24	10	4	—	—
3	1 000	237	102	35	8	—
4	10 000	2 370	1 020	352	83	—
5	100 000	23 700	10 200	3 520	832	29
6	1 000 000	237 000	102 000	35 200	8 320	293
7	—	—	—	352 000	83 200	2 930
8	—	—	—	3 520 000	832 000	29 300
9	—	—	—	35 200 000	8 320 000	293 000

1.1.3 粒度分布

将颗粒试样按粒度不同分为若干等级，每一级颗粒（按数量、质量或体积）所占的百分比，称为粒子的粒度分布（particle size distribution，PSD），它有区间分布或累积分布两种形式。区间分布又称微分分布，它表示一系列粒径区间中颗粒的质量分数；累积分布又称积分分布，它表示小于或大于某颗粒粒径的质量分数。

主要采用区间分布，其形式如下：

$$\mathrm{d}N = n_{\mathrm{d}}(d_{\mathrm{p}}, r, t)\mathrm{d}(d_{\mathrm{p}}) \tag{1.10}$$

式中：N 为单位体积内粒子的总数量；n_{d} 为基于粒子粒径（d_{p}）的数密度函数；r 为粒子所处空间位置矢量；t 为时间变量；$\mathrm{d}N$ 为在指定位置和时间且粒径处于 d_{p} 和 $d_{\mathrm{p}}+\mathrm{d}(d_{\mathrm{p}})$ 间的粒子数量。当颗粒的真密度相同时，颗粒的质量分布和体积分布一致，当没有特别说明时，本书所指的粒度分布一般是体积分布，其形式如下：

$$\mathrm{d}N = n(\upsilon, r, t)\mathrm{d}\upsilon \tag{1.11}$$

式中：n 为基于粒子体积（υ）的数密度函数。对于球形颗粒，粒子的体积和粒径之间的关系为

$$\upsilon = \frac{\pi d_{\mathrm{p}}^3}{6} \tag{1.12}$$

因此，对两边进行微分有

$$\mathrm{d}\upsilon = \frac{\pi d_{\mathrm{p}}^2}{2}\mathrm{d}(d_{\mathrm{p}}) \tag{1.13}$$

可得

$$\mathrm{d}N = n(\upsilon, r, t)\mathrm{d}\upsilon = n(\upsilon, r, t)\frac{\pi d_{\mathrm{p}}^2}{2}\mathrm{d}(d_{\mathrm{p}}) \tag{1.14}$$

因此，有体积分布和粒径分布之间的关系：

$$n_{\mathrm{d}}(d_{\mathrm{p}}, r, t) = n(\upsilon, r, t)\frac{\pi d_{\mathrm{p}}^2}{2} \tag{1.15}$$

类似地，还有基于粒子表面积的粒度分布函数，这里不再赘述。

常见的粒度分布函数有正态分布、对数正态分布、幂率分布、自相似分布等。本书原则上不需要预先假设颗粒的分布函数形式，为了阐述方便，这里简要介绍一下对数正态分布。如果忽略粒子的位置矢量和时间变量，设粒径服从对数正态分布，即 $\ln d_{\mathrm{p}} \sim N(\ln\mu_{\mathrm{d}}, \ln^2\sigma_{\mathrm{d}})$，其概率数密度函数可表示为

$$n_{\mathrm{d}}(d_{\mathrm{p}}, \ln\mu_{\mathrm{d}}, \ln\sigma_{\mathrm{d}}) = \frac{N}{\sqrt{2\pi}\ln\sigma_{\mathrm{d}}}\exp\left[-\frac{\ln^2(d_{\mathrm{p}}/\mu_{\mathrm{d}})}{2\ln^2\sigma_{\mathrm{d}}}\right]\frac{1}{d_{\mathrm{p}}}, \quad d_{\mathrm{p}} > 0 \tag{1.16}$$

式中的参数（均值 $\ln\mu_{\mathrm{d}}$，方差 $\ln^2\sigma_{\mathrm{d}}$）与分布函数的关系为

$$\begin{cases} \ln\mu_{\mathrm{d}} = \int_0^{\infty}\ln d_{\mathrm{p}} n_{\mathrm{d}}(d_{\mathrm{p}})\mathrm{d}(d_{\mathrm{p}}) \\ \ln^2\sigma_{\mathrm{d}} = \int_0^{\infty}(\ln d_{\mathrm{p}} - \ln\mu_{\mathrm{d}})^2 n_{\mathrm{d}}(d_{\mathrm{p}})\mathrm{d}(d_{\mathrm{p}}) \end{cases} \tag{1.17}$$

则其对应的基于粒子体积的粒度分布函数为

$$n(\upsilon,\ln\upsilon_{\rm g},\ln\sigma)=\frac{N}{3\sqrt{2\pi}\ln\sigma}\exp\left[-\frac{\ln^2(\upsilon/\upsilon_{\rm g})}{18\ln^2\sigma}\right]\frac{1}{\upsilon},\quad \upsilon>0 \tag{1.18}$$

式中：$\upsilon_{\rm g}$ 为粒子的几何平均体积；$\ln^2\sigma$ 为分布函数的方差，相关参数的对应关系为

$$\begin{cases}\upsilon_{\rm g}=\dfrac{\pi\mu_{\rm d}^3}{6}\\ \sigma=\sigma_{\rm d}\end{cases} \tag{1.19}$$

本章在颗粒粒度分布方面的研究侧重点在于求解颗粒粒度的自保形分布（self-preserving size distribution，SPSD），对数正态分布可作为数值计算方法的初始值，其形式如图 1.3 所示，程序见程序 1.2，相关细节将在后面的章节重点介绍。

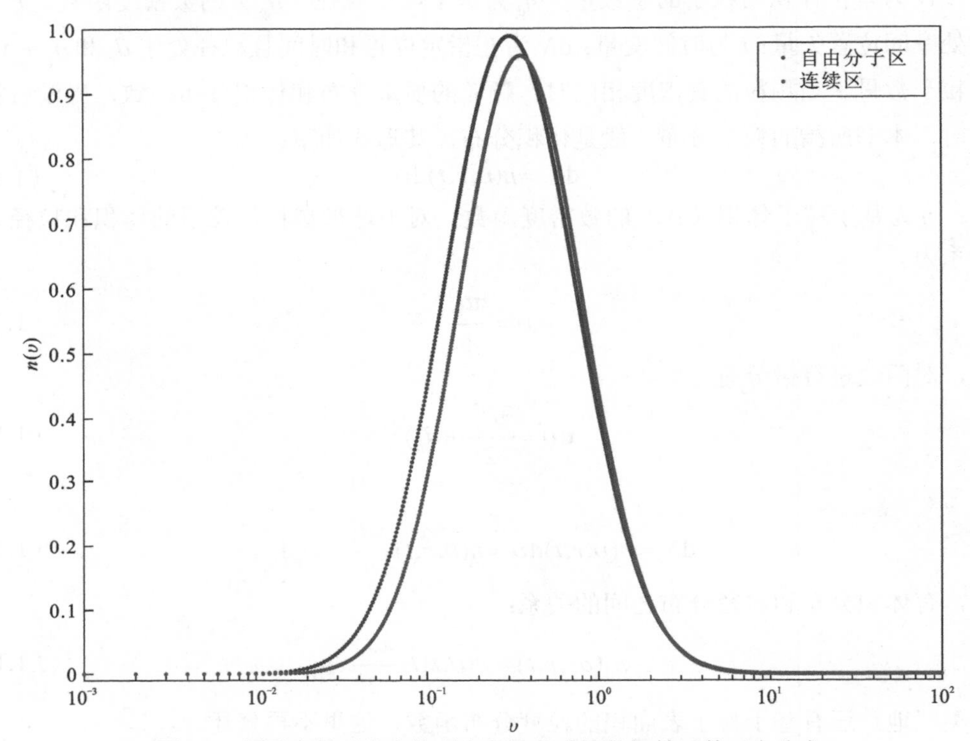

图 1.3　用于自保形分布控制方程迭代求解的初始对数正态分布

程序 1.2　基于体积的粒子尺度对数正态分布

```
% p2.m particle size lognormal distribution with volume
clear,
v = 1e-3:1e-3:1e2; u = 1;
MC = 2.2; vg = u/sqrt(MC); sigma = exp(sqrt(log(MC)/9));
nv1 = distribution_v(v,vg,sigma);
% asymptotic particle size distribution in the continuum regime
MC = 2.0; vg = u/sqrt(MC); sigma = exp(sqrt(log(MC)/9));
nv2 = distribution_v(v,vg,sigma);
% asymptotic particle size distribution in the free molecule regime
```

```
figure, semilogx(v,nv1,'.',v,nv2,'.'),
axis([1e-3 1e2 -0.01 1])
legend('lognormal distribution in FM','lognormal distribution in CR')
xlabel('\upsilon'); ylabel('n(\upsilon)')
function n = distribution_v(v,vg,sigma)
    n=1/(3*sqrt(2*pi)*log(sigma))*exp(-(log(v/vg)).^2/...
        (18*(log(sigma))^2))./v;
end
```

1.1.4 粒度分布的矩

本章以粒子的体积分布函数为主，粒度分布函数的矩通常指的是分布函数的原点矩，因此，k 阶矩的定义为

$$\boldsymbol{M}_k(r,t)=\int_0^\infty \upsilon^k n(\upsilon,r,t)\mathrm{d}\upsilon \tag{1.20}$$

式中：k 可以是整数，也可以是分数或实数。常用的矩的数学和物理意义如下。

（1）0 阶矩（$\boldsymbol{M}_0$）：粒子的总数量浓度，等同于粒子总数量浓度 N；

（2）1 阶矩（$\boldsymbol{M}_1$）：粒子的总体积浓度，等同于粒子总体积浓度 V；

（3）2 阶矩（$\boldsymbol{M}_2$）：与粒子分布函数的分散度或标准方差相关。

此外，本书经常用到的无量纲矩（$\boldsymbol{M}_\mathrm{C}$），其定义如下：

$$\boldsymbol{M}_\mathrm{C}=\frac{\boldsymbol{M}_0\boldsymbol{M}_2}{\boldsymbol{M}_1^2} \tag{1.21}$$

对数正态分布中的几何平均值（υ_g）和方差（$\ln^2\sigma$）与无量纲矩（$\boldsymbol{M}_\mathrm{C}$）的关系如下：

$$\begin{cases}\upsilon_\mathrm{g}=\dfrac{M_1^2}{M_0^{\frac{3}{2}}M_2^{\frac{1}{2}}}=\dfrac{u}{\sqrt{\boldsymbol{M}_\mathrm{C}}}\\ \ln^2\sigma=\dfrac{1}{9}\ln\boldsymbol{M}_\mathrm{C}\end{cases} \tag{1.22}$$

式中：u 为代数平均体积，其定义为

$$u=\frac{\boldsymbol{M}_1}{\boldsymbol{M}_0} \tag{1.23}$$

1.2 颗粒凝并动力学

气溶胶的形成和演化包含对流、扩散、相变、成核、凝并、耗散等一系列复杂的物理化学过程。无论初始颗粒呈现单谱或是多谱分布，随着时间变化，气溶胶粒度分布也在发生变化。通常气溶胶颗粒体积分布范围为 10^{-27}～10^{-15} m^3，一般大气环境中颗粒的数量浓度约为 10^{12} m^{-3} 量级，而颗粒数量浓度低于 10^{10} m^{-3} 则属于空气质量良好等级。若对

如此量级颗粒的演化都采用单个粒子的动力学或运动学方程进行描述，显然不能得到所有方程的解析解，而数值解所需要的计算量也相当庞大，以目前的科学技术水平是无法实现的。因此，需要采用相对简化的数学模型和方法对上述过程进行描述。其中，凝并是一种重要的描述粒子之间相互作用的机理，普遍存在于细微颗粒物的演化过程中。

1.2.1 凝并的定义

凝并是指胶体系统的分散相或粒子因分子热运动、混合或在力场作用下的定向运动中，因相互碰撞而发生黏合的过程[1]。由于三体和多体碰撞与运动的复杂性，且粒子系统的二体碰撞频率和概率占优，本书主要讨论最常见的二元凝并。由以上描述可知，二元凝并属于完全非弹性碰撞，即系统在碰撞前后满足质量守恒和动量守恒，但能量不守恒，且动能损失最大化。

凝并是一个自发过程，根据热力学第二定律，这是系统趋向于低自由能状态的必然结果。然而，在胶体系统足够稳定的情况下，凝并过程几乎不可能发生，例如颗粒表面上的电荷阻碍颗粒间相互靠近而发生黏合，具有抗凝性。胶体的抗凝性可通过升温、搅拌、添加混凝剂等因素进行降低或消除。胶体的抗凝性是胶体的宏观物理化学性质，如何用数学语言对其进行定量描述，至今仍是一个悬而未决的问题。

凝并一定是由颗粒相互间的碰撞引起的，但并非所有的碰撞均直接导致凝并。一般凝并由三个相互关联的模型所确定：碰撞概率、碰撞频率和黏合效率。颗粒的碰撞概率描述了颗粒之间在同一时刻理论上发生空间轨道交叉的概率；碰撞频率则描述了单位时间内，颗粒之间发生碰撞的频次；而黏合效率反映了颗粒之间发生碰撞后凝并成功的多少。

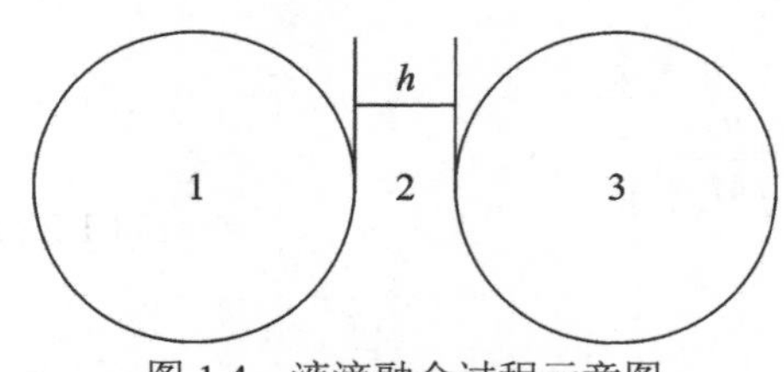

图 1.4　液滴融合过程示意图

两个颗粒发生黏合的条件取决于物性参数而非几何构型。以液滴为例，两个液滴由远及近相互靠近后，彼此之间的距离（h）越来越小，当 $h \leqslant 100$ nm 时，就需要考虑分子之间的作用力（范德瓦耳斯力），如图 1.4 所示。

范德瓦耳斯力可以是吸引力，也可以是排斥力，由哈马克数（Hamaker number，Ha）的符号决定[16]。Ha 的计算十分复杂，它的符号可以利用液体的光学折射率来计算，有

$$\text{sign}\{Ha\} = \text{sign}\{n_1 - n_2\} \cdot \text{sign}\{n_3 - n_2\} \tag{1.24}$$

式中：n_1、n_3 为液滴的折射率；n_2 为介质的折射率。当 $Ha>0$ 时，范德瓦耳斯力为吸引力，液滴可以发生融合。当 $Ha<0$ 时，范德瓦耳斯力为排斥力，液滴无法发生融合。因此，只要中间介质的光学折射率同时大于或者小于两个液滴的光学折射率，那么液滴就可以发生融合。对于两个相同的液滴，这个条件永远满足，所以是可以发生融合的。

液滴的融合速率是指液滴颈部的增长速率，或者颈部半径是如何随时间演化的（图 1.5）。液滴颈部半径的演化，存在三种机制，分别是斯托克斯（黏性）机制（Stokes regime）、惯性机制（inertia regime）、有限惯性下的黏性机制（inertial limited viscous regime）[17]。在惯性区，液滴颈部的增长速率有简单的标度率：

$$R^{*} \sim \sqrt{t^{*}} \tag{1.25}$$

式中：t^{*} 为无量纲时间；R^{*} 为无量纲化后的颈部半径。

图 1.5　两个液滴融合时形成的颈部

而在黏性区，其标度率为

$$R^{*} \sim t^{*} \tag{1.26}$$

在由黏性机制到惯性机制的演化过程中，颈部半径随时间的关系可以由下面的一个隐式方程给出：

$$t^{*} = \frac{\sqrt{\pi} R^{*}}{4} + \frac{\sqrt{\pi}}{8}\left(R^{*}\sqrt{\frac{8R^{*2}}{\pi} + 1} + \frac{\sqrt{\pi}}{2\sqrt{2}} \sinh^{-1} \frac{2\sqrt{2} R^{*}}{\sqrt{\pi}} \right) \tag{1.27}$$

液滴融合颈部的增长模式见图 1.6，程序见程序 1.3。

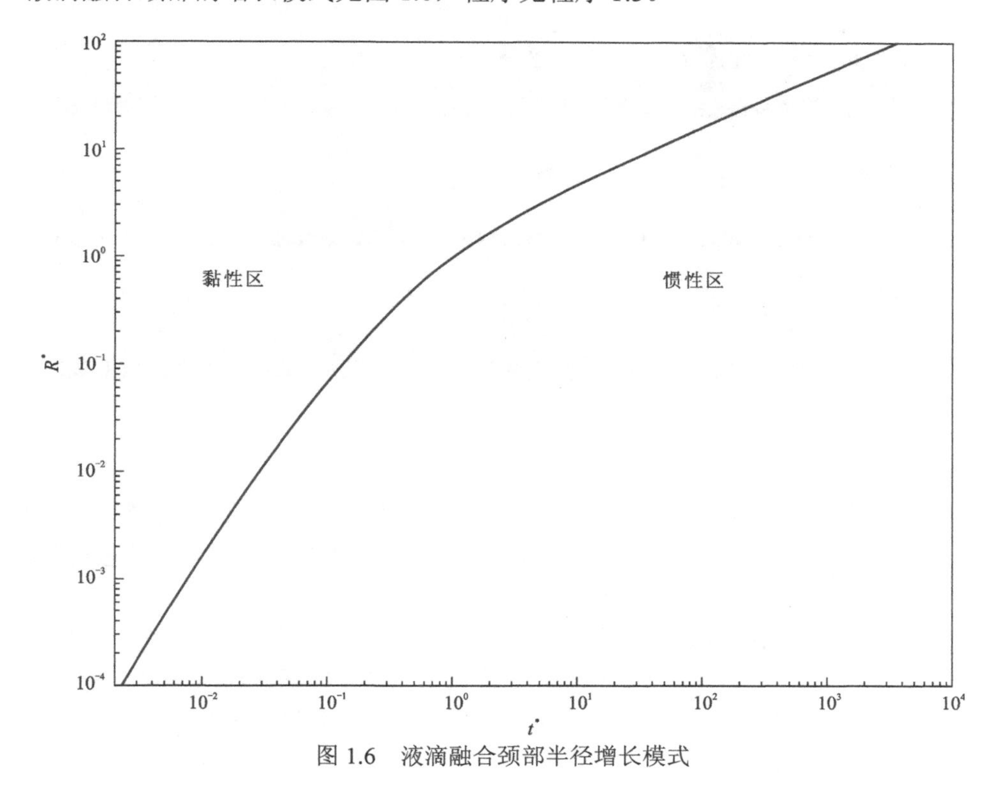

图 1.6　液滴融合颈部半径增长模式

程序 1.3　液滴颈部的生长方式

```
%p3.m growth pattern of droplet neck
clear,
R = 1e-4:1e-4:1e2;
t = sqrt(pi)*R/4 ...
    + sqrt(pi)/8*(R.*sqrt(8*R.^2/pi+1) ...
    + sqrt(pi/8)*asinh(sqrt(8/pi*R)));
figure,loglog(t,R),axis([2e-3 1e4 1e-4 1e2])
xlabel('t^*'), ylabel('R^*')
text(0.01,0.5,'viscous regime','fontsize',12)
text(30,0.5,'inertia regime','fontsize',12)
```

1.2.2　凝并过程及种类

一般将碰撞前后的粒子分别称为初级小颗粒和次级大颗粒（图 1.7）。在凝并过程中，粒子要经历接近、接触、颈部生长、融合、反复振荡、稳定等过程。

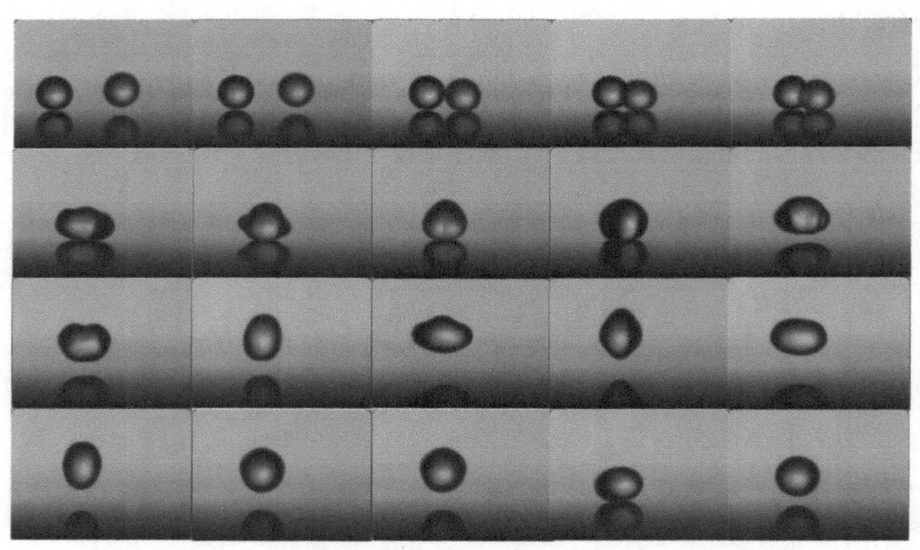

图 1.7　颗粒凝并过程示意图

时间顺序从左到右，从上到下

初级小颗粒因凝并而不断地生成较大的次级大颗粒，这些组成次级大颗粒的初级小颗粒因分子间的相互作用而保持在一起。凝并将导致颗粒聚集体的尺寸和质量逐渐增大，而分散介质中颗粒的总数量则不断减少。

根据黏合效率可将凝并分为快速凝并和慢速凝并。在快速凝并过程中，几乎每一次粒子间的碰撞都是有效的，即粒子一旦碰撞就发生凝并；而在慢速凝并过程中，只有部分粒子间的碰撞发生凝并。本书主要关注的是快速凝并，且碰撞和凝并过程的时间可忽略，可认为是瞬态事件。

1.2.3 凝并的数学模型

1916 年，斯莫卢霍夫斯基（Smoluchowski）提出了描述颗粒凝并问题的动力学演化方程，简称斯莫卢霍夫斯基凝并方程（Smoluchowski coagulation equation，SCE）或颗粒群平衡方程（population balance equation，PBE）[18]。它描述了颗粒粒度分布函数随时间的演化行为，其形式如下：

$$\frac{\partial n(\upsilon,t)}{\partial t}=\frac{1}{2}\int_0^{\upsilon}\beta(\upsilon_1,\upsilon-\upsilon_1)n(\upsilon_1)n(\upsilon-\upsilon_1)\mathrm{d}\upsilon_1-\int_0^{\infty}\beta(\upsilon_1,\upsilon)n(\upsilon_1)n(\upsilon)\mathrm{d}\upsilon_1 \tag{1.28}$$

式中：β 为碰撞频率核函数，简称核函数或核；$n(\upsilon)$ 为体积是 υ 的颗粒数密度。此外，文献中经常还会出现该方程的离散型形式：

$$\frac{\partial n(\upsilon_i,t)}{\partial t}=\frac{1}{2}\sum_{j=1}^{i-1}\beta(\upsilon_j,\upsilon_i-\upsilon_j)n(\upsilon_j,t)n(\upsilon_i-\upsilon_j,t)-\sum_{j=1}^{\infty}\beta(\upsilon_j,\upsilon_i)n(\upsilon_j,t)n(\upsilon_i,t) \tag{1.29}$$

当碰撞频率核函数为简单形式时，如常数核（$\beta=1$）、加核（$\beta=v_1+v$）和乘核（$\beta=v_1v$），该方程可以得到解析解。例如，1940 年 Schumann 得到了常数核条件下颗粒群平衡方程的解析解，形式如下[19]：

$$n(\upsilon,t)=\frac{N_0^2}{V\left(1+\frac{1}{2}N_0t\right)^2}\exp\left[-\frac{N_0\upsilon}{V\left(1+\frac{1}{2}N_0t\right)}\right] \tag{1.30}$$

式中：V 为粒子的总体积（或体积浓度）；N_0 为初始时刻颗粒的总数量浓度，则颗粒的数量浓度会随时间逐渐降低，如图 1.8 所示，程序见程序 1.4。

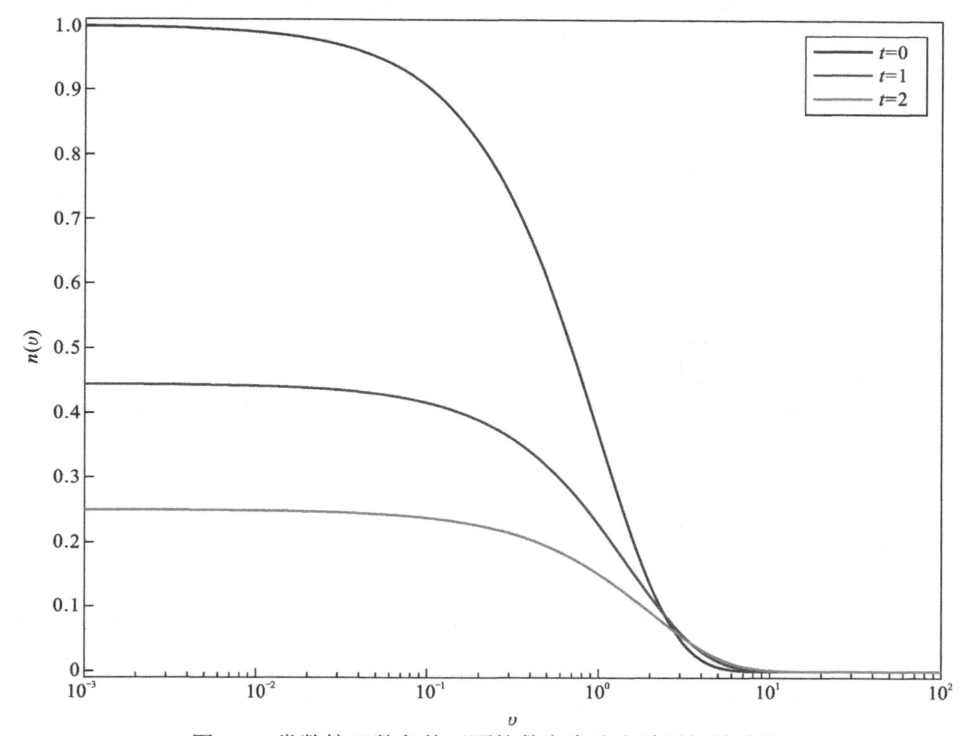

图 1.8 常数核函数条件下颗粒数密度分布随时间的演化

程序 1.4　常数核条件下颗粒群平衡方程的解析解

```
% p4.m the analytical solution of PBE with constant kernel
clear,
v = 1e-3:1e-3:1e2; N0 = 1; V = 1;
t = 0; N = N0./(1+1/2*N0*t); n1 = N^2/V*exp(-N/V*v);
t = 1; N = N0./(1+1/2*N0*t); n2 = N^2/V*exp(-N/V*v);
t = 2; N = N0./(1+1/2*N0*t); n3 = N^2/V*exp(-N/V*v);
semilogx(v,n1,v,n2,v,n3); axis([1e-3 1e2 -0.01 1.01])
xlabel('v'), ylabel('n(v)')
legend('t = 0','t = 1','t = 2')
```

$$N=\int_0^\infty n(\upsilon,t)\mathrm{d}\upsilon=\frac{N_0}{1+\dfrac{1}{2}N_0 t} \tag{1.31}$$

需要指出的是，当粒子的体积趋近于 0 时，其数密度为

$$n(0,t)=\frac{N_0^2}{V\left(1+\dfrac{1}{2}N_0 t\right)^2} \tag{1.32}$$

从上式可以看出，颗粒体积的数密度在粒子体积为 0 的情况下并不为 0，这种情况很难出现在物理现实中，数学理想化条件下的解析解未必适用于科学和工程实际。因此，有必要探索在物理现实碰撞核函数条件下，颗粒群平衡方程解的存在条件和解形式等基础性科学问题。但物理现实条件下，碰撞核函数具有复杂的非线性结构，现有的数学工具在整体解析求解该方程时无能为力。

特别地，于明州和林建忠等 2008 年提出了泰勒展开矩方法（TEMOM）对颗粒群平衡方程进行模拟[5]。TEMOM 具有建模原理简单，计算量少，计算精度较高，且模型不需要粒子尺寸分布假设而自动封闭等优点，逐渐成为具有发展潜力的主要矩方法之一。TEMOM 是一种新的完全基于泰勒级数展开技术的数学方法，除截断误差外，没有引入其他形式的误差，这为其成为颗粒群平衡方程的理论分析工具奠定了基础。基于 TEMOM 的渐近解和相似理论，笔者 2022 年发展了基于单参数群变换（one parameter group transformation，OPG）的迭代的直接数值模拟方法（iterative direct numerical simulation，iDNS）[6]，求得了颗粒群平衡方程的不变解，为研究颗粒群平衡方程的整体数学性质和物理特征提供了新的途径。

参 考 文 献

[1] Friedlander S K. Smoke, Dust, and Haze: Fundamentals of Aerosol Dynamics. 2nd edition. New York: Oxford University Press, 2000.

[2] 中华人民共和国中央人民政府. 关于印发新型冠状病毒肺炎诊疗方案(试行第六版)的通知[2020-02-18]. https://www.gov.cn/zhengce/zhengceku/2020-02/19/content_5480948.htm.

[3] 赵海波, 郑楚光. 离散系统动力学演变过程的颗粒群平衡模拟. 北京: 科学出版社, 2008
[4] Liao Y X, Lucas D. A literature review on mechanisms and models for the coalescence process of fluid particles. Chemical Engineering Science, 2010, 65(10): 2851-2864.
[5] Yu M Z, Lin J Z, Chan T L. A new moment method for solving the coagulation equation for particles in Brownian motion. Aerosol Science and Technology, 2008, 42(9): 705-713.
[6] Xie M L. The invariant solution of Smoluchowski coagulation equation with homogeneous kernels based on one parameter group transformation. Communications in Nonlinear Science and Numerical Simulation, 2013, 123: 107271.
[7] 李庆臻. 科学技术方法大辞典. 北京: 科学出版社, 1999.
[8] Blundell S J, Blundell K M. Concepts in Thermal Physics. New York: Oxford University Press, 2006.
[9] Stokes G G. On the effect of internal friction of fluids on the motion of pendulums. Transactions of the Cambridge Philosophical Society, 1851, 9: 8-106.
[10] Epstein P S. On the resistance experienced by spheres in their motion through gases. Physical Review, 1924, 23(6): 710-733.
[11] Cunningham E. On the velocity of steady fall of spherical particles through fluid medium. Proceedings of the Royal Society of London series A-Mathematical, Physical and Engineering Sciences, 1910, 83: 357.
[12] Schlichting H. Boundary Layer Theory. 7th edition. New York: McGraw-Hill Book Company Inc, 1975.
[13] 谢明亮. 边界层两相流动稳定性理论与计算. 杭州: 浙江大学, 2007.
[14] 中华人民共和国环境保护部, 中华人民共和国国家质量监督检验检疫总局. 环境空气质量标准: GB 3095—2012. 北京: 中国环境科学出版社, 2012.
[15] 中华人民共和国住房和城乡建设部, 中华人民共和国国家质量监督检验检疫总局. 洁净厂房设计规范: GB 50073—2013. 北京: 中国计划出版社, 2013.
[16] Hamaker H C. The London-van der Waals attraction between spherical particles. Physica, 1937, 4(10): 1058-1072.
[17] Xia X, He C, Zhang P. Universality in the viscous-to-inertial coalescence of liquid droplets. Proceedings of the National Academy of Sciences, 2019, 116(47): 23467-23472.
[18] Smoluchowski M V. Drei Vorträge über Diffusion, Brownsche Molekularbewegung und Koagulation von Kolloidteilchen. Zeitschrift fur Physik, 1916, 17: 557-585.
[19] Schumann T E W. Theoretical aspects of the size distribution of fog particles. Quarterly Journal of the Royal Meteorological Society, 1940, 66(285): 195-208.

第 2 章 碰撞频率核函数的理论

碰撞是分子运动的基本特征之一，分子间通过碰撞来实现质量、动量和能量的交换，使热力学系统由非平衡态向平衡态过渡，并保持平衡态的宏观性质不变。分子间的碰撞实质上是在分子力作用下分子相互间的散射过程。对单个分子来说，单位时间内与多少个分子相碰、相邻两次碰撞之间走过多少直线路程，方向如何，完全是随机的。但在平衡态下，对大量分子而言，每个分子在单位时间内与其他分子碰撞次数的统计平均值，却是一定的，称为平均碰撞频率。碰撞频率核函数的性质决定了颗粒群平衡方程的渐近特征。

2.1 分子间平均碰撞时间和碰撞频率

气溶胶颗粒悬浮在空气中，因此其行为很大程度受制于空气分子的运动属性。由分子运动论可知，分子的速率分布满足麦克斯韦-玻尔兹曼分布（Maxwell-Boltzmann distribution）[1]，如图 2.1 所示，程序见程序 2.1，即

$$f(v)\mathrm{d}v=\frac{4}{\sqrt{\pi}}\left(\frac{m}{2k_{\mathrm{B}}T}\right)^{\frac{3}{2}}\exp\left(-\frac{mv^2}{2k_{\mathrm{B}}T}\right)v^2\mathrm{d}v \tag{2.1}$$

式中：m 为分子质量；v 为分子速度；k_{B} 为玻尔兹曼常数；T 为环境温度。

分子的平均运动速度（均方根速度，v_{rms}）为

$$v_{\mathrm{rms}}=\sqrt{\langle v^2\rangle}=\sqrt{\int_0^{\infty}v^2 f(v)\mathrm{d}v}=\sqrt{\frac{3k_{\mathrm{B}}T}{m}} \tag{2.2}$$

此外，还有基于分布函数的形式和期望值的平均速度为

$$\langle v\rangle=\int_{-\infty}^{\infty}vf(v)\mathrm{d}v=\sqrt{\frac{8k_{\mathrm{B}}T}{\pi m}} \tag{2.3}$$

均方速度为

$$\langle v^2\rangle=\int_0^{\infty}v^2 f(v)\mathrm{d}v=\frac{3k_{\mathrm{B}}T}{m} \tag{2.4}$$

对分布函数求导，得

$$\frac{\mathrm{d}f(v)}{\mathrm{d}\upsilon}=0 \tag{2.5}$$

可得到最大概率速度：

$$v_{\max}=\sqrt{\frac{2k_{\mathrm{B}}T}{m}} \tag{2.6}$$

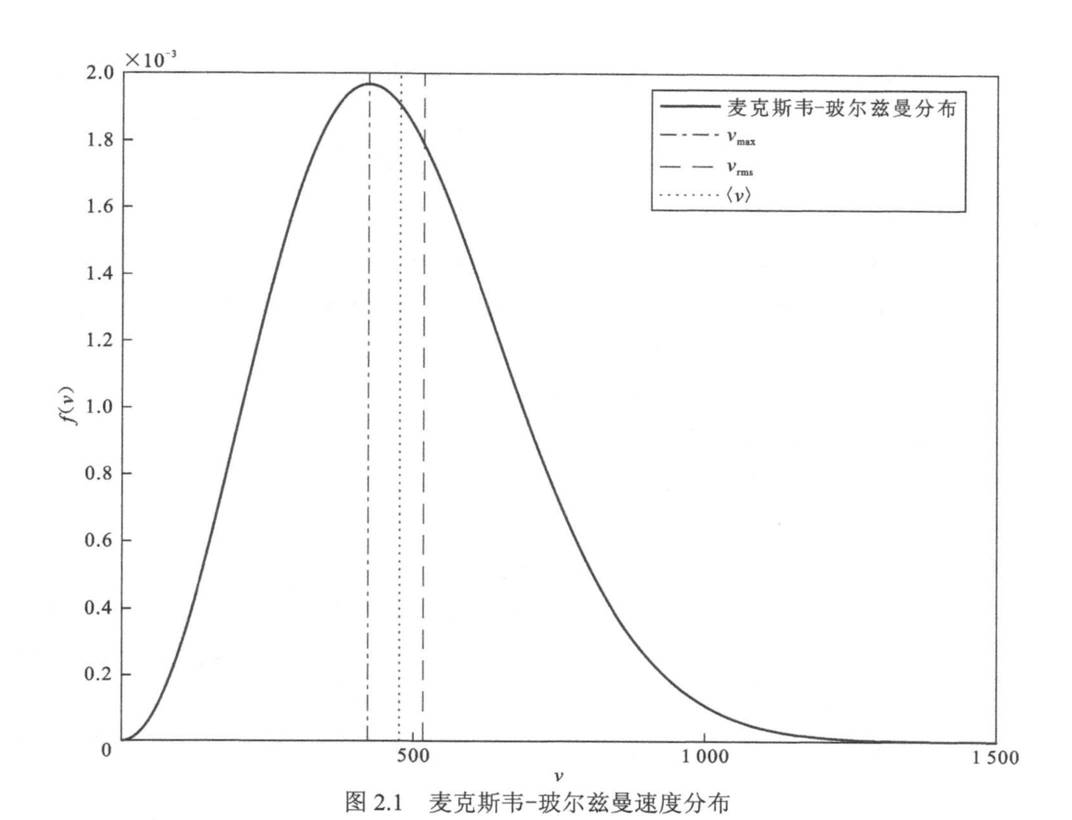

图 2.1　麦克斯韦-玻尔兹曼速度分布

程序 2.1　麦克斯韦-玻尔兹曼分布

```
% p5.m Maxwell-Boltzmann distribution for gas kinetic theory
clear,
x = 1e-3:1e-3:1.5e3;
m = 4.65e-26; % mass of N2 molecule (kg)
kB = 1.380649e-23; % Boltzmann constant
T = 300; % temperature
a = m/kB/T;
y = 4/sqrt(pi) * (a/2)^(3/2) * x.^2 .* exp(-x.^2*(a/2));
vmax = sqrt(2/a); vrms = sqrt(3/a); vmean = sqrt(8/pi/a);
plot(x,y,'linewidth',2),hold on
line([vmax vmax],[0 0.002],'linestyle','-.')
line([vrms vrms],[0 0.002],'linestyle','--')
line([vmean vmean],[0 0.002],'linestyle',':')
legend('Maxwell-Boltzmann distribution',...
   '\upsilon_{max}','\upsilon_{rms}','<\upsilon>')
xlabel('\upsilon'), ylabel('f(\upsilon)')
```

均方根速度（v_{rms}）、最大概率速度（v_{max}）和期望值速度（$\langle v \rangle$）之间的关系如下：

$$v_{max} < \langle v \rangle < v_{rms} \tag{2.7}$$

例如，室温下氮气分子的质量约为 $m = 0.028/(6.022\times10^{23})$ kg，因此，空气中氮气分子的平均速度约为 $v_{rms} = 500$ m/s。如果没有分子间的碰撞，在这样高速的情况下，很多物理化学过程（如扩散、化学反应），将会瞬间完成。但实际的化学反应和扩散的速率大都是有限的，因此碰撞是分子运动论的基础性事件。为了模拟碰撞这一事件，研究者提出了分子平均碰撞时间和平均碰撞频率。

基于简单碰撞理论（simple collision theory）得到以下结论。

（1）粒子的行走路径是直线；

（2）粒子之间的碰撞模型是硬球模型；

（3）粒子之间的碰撞主要是二体碰撞；

（4）粒子之间的碰撞局限于粒子的碰撞截面积之内。

假设分子的直径为 d_m，其平均速度简记为 v_m，则在一段时间 dt 内，分子扫过的区域为 $v_m \pi d_m^2 dt$，如果有另一个分子在这段时间里处于该区域内，则分子间必然发生碰撞，记分子的数密度为 n_m，则单位体积内分子发生碰撞的概率为 $n_m v_m \pi d_m^2 dt$。

设在时刻 t 没有发生碰撞的概率为 $P(t)$，则在 $t + dt$ 时刻，继续没有发生碰撞的概率为

$$P(t+dt) = P(t) + \frac{dP(t)}{dt}dt \tag{2.8}$$

同时，由上述分析可得

$$P(t+dt) = P(t)(1 - n_m v_m \pi d_m^2 dt) \tag{2.9}$$

由此可得

$$\frac{1}{P}\frac{dP}{dt} = -n_m v_m \pi d_m^2 \tag{2.10}$$

其解为

$$P(t) = e^{-n_m v_m \pi d_m^2 t} \tag{2.11}$$

由于 $P(0) = 1$，则在 dt 时刻发生碰撞的概率为 $n_m v_m \pi d_m^2 e^{-n_m v_m \pi d_m^2 t} dt$，则平均碰撞时间为

$$\tau = \int_0^\infty n_m v_m \pi d_m^2 e^{-n_m v_m \pi d_m^2 t} dt = \frac{1}{n_m v_m \pi d_m^2} \tag{2.12}$$

其倒数就是分子的平均碰撞频率：

$$\beta_m = n_m v_m \pi d_m^2 \tag{2.13}$$

考虑分子之间的相互运动，碰撞频率前需乘以 $\sqrt{2}$。则分子的平均碰撞频率可简写为

$$\beta_m = \frac{v_m}{\lambda_m} \tag{2.14}$$

它表示分子的平均碰撞频率（β_m）等于分子的平均速度（v_m）除以分子的平均自由程（λ_m）。在室温下，分子的碰撞频率约为 $\beta_m = 4.3\times10^9$。

根据单分子平均碰撞频率公式进行推广，可得双组分分子平均碰撞频率表达式[2]：

$$\beta_{AB}=\sqrt{2}n_A n_B\sigma_{AB}\sqrt{\frac{8k_BT}{\pi m_{AB}}} \tag{2.15}$$

式中：n_A 为 A 种分子的数密度；n_B 为 B 种分子的数密度；σ_{AB} 为碰撞截面积，$\sigma_{AB}=\pi$；k_B 为玻尔兹曼常数；T 为温度；m_{AB} 为折合质量，$m_{AB}=m_A m_B/(m_A+m_B)$；m_A 为 A 种分子的质量；m_B 为 B 种分子的质量。

气溶胶颗粒悬浮于大气中，分子的平均碰撞频率不能简单地直接用作颗粒的平均碰撞频率，需借助布朗运动的理论来获得颗粒的平均碰撞频率核函数。

2.2 布朗运动

布朗运动（Brownian motion）是指悬浮在液体或气体中的微粒所做的永不停息的无规则运动，因其由英国植物学家布朗于 1827 年所发现而得名[3]。以悬浮在水中的藤黄颗粒为例，一个半径为 2×10^{-7} m 的藤黄颗粒，质量约为 3×10^{-17} kg，在 27 ℃时它的运动速率接近 0.02 m/s。1905 年爱因斯坦（Einstein）发表了理论上分析布朗运动的文章[4]，1908 年佩兰（Perrin）用实验验证了爱因斯坦的理论[5]，从而使分子动理论的物理图像为人们广泛接受。

现有布朗运动的理论认为布朗运动是大量流体分子的无规则热运动对微粒各个方向撞击作用的不均衡性造成的，因此布朗运动是大量流体分子集体行为的结果，布朗运动间接反映并证明了分子的热运动，布朗运动是分子运动论和统计力学发展的基础[6]。

布朗运动的特点如下[7]。

（1）无规则：每个流体分子对微粒撞击时给微粒一个瞬时冲力，由于分子运动的无规则性，每个瞬间每个分子冲击微粒的冲力大小、方向都不相同，合力大小、方向随时改变，因而布朗运动是无规则的。

（2）永不停息：由于流体分子的热运动是永不停息的，所以流体分子对微粒的撞击也是永不停息的。

（3）微粒越小布朗运动越明显：微粒越小，微粒的表面积越小，同一瞬间，撞击微粒的流体分子数越少。根据统计规律，少量分子同时作用于微粒时，它们的合力很难达到平衡；而且，同一瞬间撞击微粒的分子数越少，其合力越不平衡，微粒越小，其质量越小，惯性也越小，因而微粒的加速度越大，运动状态越容易改变，故微粒越小，布朗运动越明显。

（4）温度越高，布朗运动越明显：温度越高，流体分子的热运动越剧烈，分子撞击微粒时的冲力越大，微粒的运动状态改变越快，故布朗运动的剧烈程度随流体温度的升高而增加，布朗运动代表了一种随机涨落现象。

（5）肉眼不可见：做布朗运动的微粒很小，除特殊情况外（如丁达尔效应①），一般

① 丁达尔效应（Tyndall effect）[8]：当一束光线透过胶体，从垂直入射光方向可以观察到胶体中出现的一条光亮的通路，称之为丁达尔效应。丁达尔效应说明光可被看见，同时丁达尔效应是区分胶体和溶液的一种常用物理方法。丁达尔效应产生的原因在于光的传播过程中，光线照射到微粒时，如果微粒的尺寸大于入射光波长数倍时，则发生光的反射；如果微粒小于入射光波长，则发生散射，这时，观察到的光波环绕微粒而向四周散射的光，称为散射光或乳光。散射光的强度随微粒体积的减小而明显减弱，随体系中微粒的浓度增大而增强。

肉眼是看不见的，需要借助显微镜才能观察到。

数学上，布朗运动作为具有连续时间参数和连续状态空间的一个随机过程，是一个最基本最简单同时又是最重要的随机过程[9]。许多其他的随机过程常常可以看作它的泛函或某种意义下的推广，它又是迄今了解最为清楚、性质最丰富多彩的随机过程之一。目前布朗运动及其推广已广泛地出现在许多科学领域中，如物理、经济、通信、生物、管理科学与数理统计等，同时布朗运动与微分方程（如热传导方程和扩散方程等）有密切的联系，它又成为概率与分析联系的重要渠道。

布朗运动的定义为，若一个随机过程$\{X_t:t\geqslant 0\}$满足：①X_t是独立增量过程，②增量平稳且服从期望为 0、方差为c^2t的正态分布，即$X_{s+t}-X_s\sim N(0,c^2t)$，③$X_t$关于$t$是连续函数，则称随机过程$\{X_t:t\geqslant 0\}$是布朗运动或维纳过程。当$c=1$，称随机过程$\{X_t:t\geqslant 0\}$为标准布朗运动。若$X_0=0$，则称为零初值标准布朗运动，此时，$X_t\sim N(0,t)$，在$t$时刻的概率密度为

$$\xi(x,t)=\frac{1}{\sqrt{2\pi t}}\exp\left(-\frac{x^2}{2t}\right) \tag{2.16}$$

式中：$\xi(x,t)$为随机变量的分布函数。布朗运动的条件概率密度只和与其刚好相邻的事件有关，称为布朗运动的马尔可夫性。

2.2.1 布朗运动-朗之万理论

微粒受到流体分子的碰撞，粒子在流体中做无规则运动，这一过程可用朗之万方程（Langevin equation）描述[10]：

$$m\frac{\mathrm{d}^2\boldsymbol{x}}{\mathrm{d}t^2}=-f\frac{\mathrm{d}\boldsymbol{x}}{\mathrm{d}t}+\xi(t) \tag{2.17}$$

式中：$\boldsymbol{x}$为微粒的空间位置（对于一维问题可简记为x）；m为粒子的质量；作用在微粒上的黏性阻力正比于粒子相对速度v，满足斯托克斯定律的阻力系数为$f=3\pi\mu d_{\mathrm{p}}$，流体分子对微粒的涨落力可由随机函数表示$\xi(t)$，为正态分布函数，其相关函数为

$$\langle\xi_i(t)\xi_i(t')\rangle=2fk_{\mathrm{B}}T\delta_{ij}\delta(t-t') \tag{2.18}$$

式中：$\xi_i(t)$为随机力$\xi(t)$的第i个分量；δ-函数形式的时间相关性，表示随机力在时刻t，与其他任何时刻完全不相关，这是数学上对随机力的一种近似处理。

根据朗之万方程，可得到单个微粒布朗运动的位移方程。根据速度的定义，有

$$v(t)=\frac{\mathrm{d}x}{\mathrm{d}t} \tag{2.19}$$

朗之万方程可整理为

$$m\frac{\mathrm{d}v}{\mathrm{d}t}=-fv+\xi(t) \tag{2.20}$$

两端同时积分，整理可得到粒子的速度：

$$v(t)=v(0)\mathrm{e}^{-\frac{f}{m}t}+\frac{\mathrm{e}^{-\frac{f}{m}t}}{m}\int_0^t \mathrm{e}^{f\tau}\xi(\tau)\mathrm{d}\tau \tag{2.21}$$

因此，粒子的漂移速度 $v(t)$ 是一个与时间相关的涨落函数。均方速度为

$$\begin{aligned}\langle v^2(t)\rangle &= v^2(0)\mathrm{e}^{-\frac{2f}{m}t}+\frac{2\mathrm{e}^{-\frac{2f}{m}t}v(0)}{m}\int_0^t \mathrm{e}^{\frac{f}{m}\tau}\langle\xi(\tau)\rangle\mathrm{d}\tau \\ &+\frac{\mathrm{e}^{-\frac{2f}{m}t}}{m^2}\int_0^t\int_0^t \mathrm{e}^{\frac{f}{m}(\tau_1+\tau_2)}\langle\xi(\tau_1)\xi(\tau_2)\rangle\mathrm{d}\tau_1\mathrm{d}\tau_2\end{aligned} \tag{2.22}$$

对于随机力 $\langle\xi(\tau)\rangle=0$，记二重积分（$II$）为

$$\begin{aligned}II &= \int_0^t\int_0^t \mathrm{e}^{\frac{f}{m}(\tau_1+\tau_2)}\langle\xi(\tau_1)\xi(\tau_2)\rangle\mathrm{d}\tau_1\mathrm{d}\tau_2 \\ &= \int_0^t\int_0^t \mathrm{e}^{\frac{f}{m}(\tau_1+\tau_2)}K(\tau_2-\tau_1)\mathrm{d}\tau_1\mathrm{d}\tau_2\end{aligned} \tag{2.23}$$

式中：$K(\tau_2-\tau_1)$ 为随机变量的相关函数。因此，式（2.23）可简写为

$$\langle v^2(t)\rangle = v^2(0)\mathrm{e}^{-\frac{2f}{m}t}+\mathrm{e}^{-\frac{2f}{m}t}II \tag{2.24}$$

通过变量替换

$$\begin{cases} s_1=\dfrac{\tau_1+\tau_2}{2} \\ s_2=\tau_2-\tau_1 \end{cases} \tag{2.25}$$

二重积分（II）可变换为

$$\begin{aligned}II &= \int_0^t\int_0^t \mathrm{e}^{\frac{f}{m}(\tau_1+\tau_2)}K(\tau_2-\tau_1)\mathrm{d}\tau_1\mathrm{d}\tau_2 \\ &= \int_0^t\int_{-t}^t \mathrm{e}^{\frac{2f}{m}s_1}K(s_2)\left|\frac{\partial(\tau_1,\tau_2)}{\partial(s_1,s_2)}\right|\mathrm{d}s_1\mathrm{d}s_2 \\ &= \int_0^t\int_{-t}^t \mathrm{e}^{\frac{2f}{m}s_1}K(s_2)\begin{vmatrix}1 & -\dfrac{1}{2} \\ 1 & +\dfrac{1}{2}\end{vmatrix}\mathrm{d}s_1\mathrm{d}s_2 \\ &= \int_0^t \mathrm{e}^{\frac{2f}{m}s_1}\mathrm{d}s_1\int_{-t}^t K(s_2)\mathrm{d}s_2 \\ &= \left(\frac{m}{2f}\mathrm{e}^{\frac{2f}{m}s_1}\bigg|_0^t\right)\int_{-t}^t K(s_2)\mathrm{d}s_2 \\ &= \frac{m}{2f}(\mathrm{e}^{\frac{2f}{m}t}-1)\int_{-t}^t K(s_2)\mathrm{d}s_2\end{aligned} \tag{2.26}$$

因此，均方速度有

$$\langle v^2(t)\rangle = v^2(0)\mathrm{e}^{-\frac{2f}{m}t}+\frac{1}{2fm}(1-\mathrm{e}^{-\frac{2f}{m}t})\int_{-t}^t K(s_2)\mathrm{d}s_2 \tag{2.27}$$

取极限，可得

$$\lim_{t\to\infty}\langle v^2(t)\rangle=\frac{1}{2fm}\int_{-\infty}^{\infty}K(s_2)\mathrm{d}s_2 \tag{2.28}$$

由能量均分定理，粒子的动能为

$$\frac{1}{2}m\langle v^2(t)\rangle=\frac{1}{2}k_{\mathrm{B}}T \tag{2.29}$$

因此有

$$\langle v^2(t)\rangle=\frac{k_{\mathrm{B}}T}{m} \tag{2.30}$$

随机变量的相关函数可简化为

$$\int_{-\infty}^{\infty}K(s_2)\mathrm{d}s_2=2k_{\mathrm{B}}Tf \tag{2.31}$$

从而二重积分（II）可表示为

$$II\approx\frac{k_{\mathrm{B}}T}{m}\left(\mathrm{e}^{\frac{2f}{m}t}-1\right) \tag{2.32}$$

单个粒子布朗运动的微分方程两边同时乘以位移，可得

$$mx\frac{\mathrm{d}^2x}{\mathrm{d}t^2}=-fx\frac{\mathrm{d}x}{\mathrm{d}t}+x\xi(t) \tag{2.33}$$

进一步整理

$$m\frac{\mathrm{d}xv}{\mathrm{d}t}+fxv=mv^2+x\xi(t) \tag{2.34}$$

其解为

$$xv=\mathrm{e}^{-\frac{f}{m}t}\left[\int_0^t\mathrm{e}^{\frac{f}{m}\tau}v^2\mathrm{d}\tau+\frac{1}{m}\int_0^t\mathrm{e}^{\frac{f}{m}\tau}x\xi(\tau)\mathrm{d}\tau\right] \tag{2.35}$$

由于位移与随机力的相关性为 0，右边第二项可忽略，可得

$$\langle xv\rangle=\frac{m}{f}\left(1-\mathrm{e}^{-\frac{f}{m}t}\right)\langle v^2\rangle \tag{2.36}$$

又由于

$$xv=\frac{x\mathrm{d}x}{\mathrm{d}t}=\frac{1}{2}\frac{\mathrm{d}x^2}{\mathrm{d}t} \tag{2.37}$$

所以，颗粒的均方位移可表示为

$$\frac{\langle x^2\rangle}{2}=\left[\frac{m}{f}t+\frac{m^2}{f^2}\left(\mathrm{e}^{-\frac{f}{m}t}-1\right)\right]\langle v^2\rangle \tag{2.38}$$

取极限，有

$$\lim_{t\to\infty}\langle x^2\rangle=2\frac{m}{f}t\langle v^2\rangle=2\frac{k_{\mathrm{B}}T}{f}t \tag{2.39}$$

另一种简洁的推导过程如下，利用恒等变换

$$\begin{cases}x\dfrac{\mathrm{d}x}{\mathrm{d}t}=\dfrac{1}{2}\dfrac{\mathrm{d}x^2}{\mathrm{d}t}\\[2ex] x\dfrac{\mathrm{d}^2x}{\mathrm{d}t}=\dfrac{1}{2}\dfrac{\mathrm{d}^2x^2}{\mathrm{d}t^2}-\left(\dfrac{\mathrm{d}x}{\mathrm{d}t}\right)^2\end{cases} \tag{2.40}$$

粒子动力学方程可变换为

$$\frac{m}{2}\frac{\mathrm{d}^2x^2}{\mathrm{d}t^2}-m\left(\frac{\mathrm{d}x}{\mathrm{d}t}\right)^2=-\frac{f}{2}\frac{\mathrm{d}x^2}{\mathrm{d}t}+x\xi(t) \tag{2.41}$$

由于位移与随机力的相关性为 0，以及能量均分定理，可得

$$m\frac{\mathrm{d}^2x^2}{\mathrm{d}t^2}+f\frac{\mathrm{d}x^2}{\mathrm{d}t}=2k_{\mathrm{B}}T \tag{2.42}$$

其解为

$$\frac{\mathrm{d}x^2}{\mathrm{d}t}=C\mathrm{e}^{-\frac{f}{m}t}+2\frac{k_{\mathrm{B}}T}{f} \tag{2.43}$$

可得到颗粒的均方位移公式：

$$\langle x^2\rangle=2\frac{k_{\mathrm{B}}T}{f}t \tag{2.44}$$

2.2.2 布朗运动-爱因斯坦理论

爱因斯坦关于布朗运动的理论有两部分[4]：第一部分是做布朗运动的粒子的扩散方程，其中扩散系数与做布朗运动的粒子的均方位移有关；第二部分是将扩散系数与可测量的物理量联系起来。通过这种方法，爱因斯坦能够确定原子或分子的大小，以及阿伏伽德罗常数。

爱因斯坦关于布朗运动的理论的第一部分是确定做布朗运动的粒子在给定的时间内传输距离。在此之前，经典力学无法确定这个距离，因为做布朗运动的颗粒将经历大量分子的撞击，由于颗粒的粒径远大于分子的直径，分子撞击颗粒的频次约为 10^{14} 量级。为此，爱因斯坦对做布朗运动的粒子的运动进行整体考虑，并将其限定在一维空间中进行讨论。此外，假设粒子数守恒，可将颗粒数密度函数 $n(x,t)$ 展开为泰勒级数：

$$n(x,t+\tau)=n(x,t)+\tau\frac{\partial n(x,t)}{\partial t}+\cdots \tag{2.45}$$

式中：x 为颗粒的空间位置；t 为时间；τ 为时间间隔。同时，假设颗粒的运动距离可认为是一随机变量 Δ，其分布函数为高斯函数 $\varphi(\Delta)$，因此颗粒数密度函数可表示为

$$n(x,t+\tau)=\int_{-\infty}^{\infty}n(x+\Delta,t)\varphi(\Delta)\mathrm{d}\Delta \tag{2.46}$$

它也可以通过泰勒展开，得到

$$\int_{-\infty}^{\infty}n(x+\Delta,t)\varphi(\Delta)\mathrm{d}\Delta=n(x,t)\int_{-\infty}^{\infty}\varphi(\Delta)\mathrm{d}\Delta+\frac{\partial n(x,t)}{\partial x}\int_{-\infty}^{\infty}\Delta\varphi(\Delta)\mathrm{d}\Delta+\frac{\partial^2 n(x,t)}{\partial x^2}\int_{-\infty}^{\infty}\frac{\Delta^2}{2}\varphi(\Delta)\mathrm{d}\Delta+\cdots \tag{2.47}$$

比较二者，忽略高阶小量，得到

$$\frac{\partial n(x,t)}{\partial t}=\frac{\partial^2 n(x,t)}{\partial x^2}\int_{-\infty}^{\infty}\frac{\Delta^2}{2\tau}\varphi(\Delta)\mathrm{d}\Delta \tag{2.48}$$

定义扩散系数为

$$D=\int_{-\infty}^{\infty}\frac{\Delta^2}{2\tau}\varphi(\Delta)\mathrm{d}\Delta \tag{2.49}$$

则式（2.48）可简化为

$$\frac{\partial n(x,t)}{\partial t}=D\frac{\partial^2 n(x,t)}{\partial x^2} \tag{2.50}$$

式（2.50）就是菲克第二定律（Fick's second law）方程，在初始分布为δ函数条件下，其解为正态分布函数：

$$n(x,t)=\frac{1}{\sqrt{4\pi Dt}}\exp\left(-\frac{x^2}{4Dt}\right) \tag{2.51}$$

它随时间的变化如图 2.2 所示，程序见程序 2.2，则均方位移为

$$\langle x^2\rangle=\int_0^\infty x^2 n(x,t)\mathrm{d}x=2Dt \tag{2.52}$$

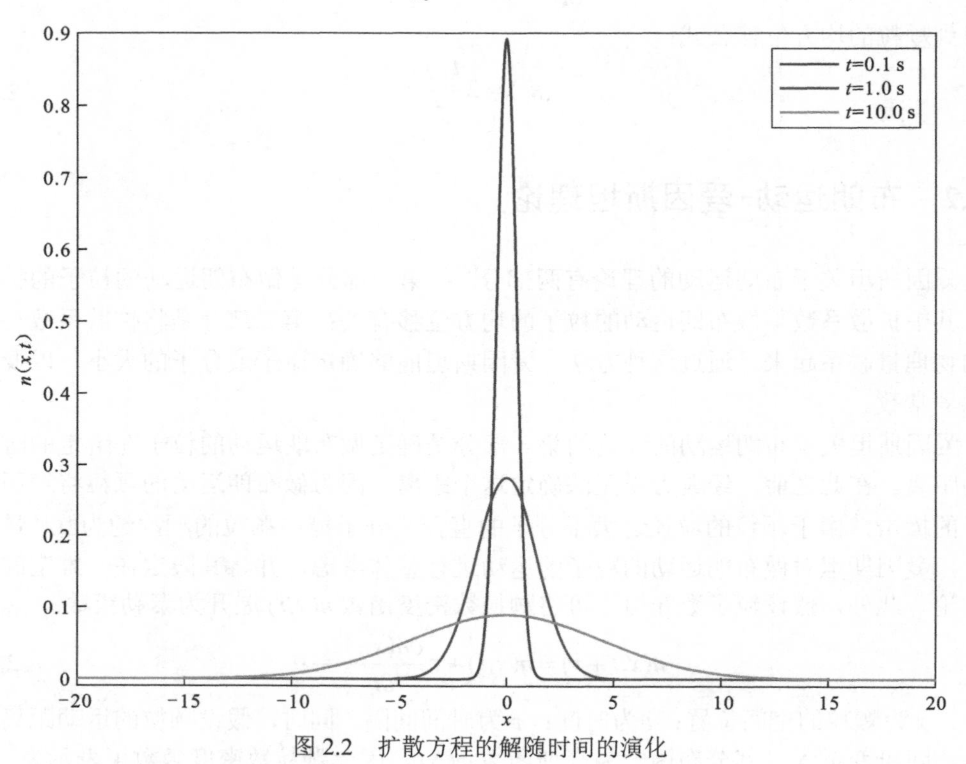

图 2.2　扩散方程的解随时间的演化

程序 2.2　扩散方程解的演示

```
% p6.m demonstration of the solution of diffusion equation
clear,
x = -2e1:1e-3:2e1;
D = 1;
t = 0.1; n1 = 1/sqrt(4*pi*D*t) * exp(-x.^2/4/D/t);
t = 1.0; n2 = 1/sqrt(4*pi*D*t) * exp(-x.^2/4/D/t);
t = 10.; n3 = 1/sqrt(4*pi*D*t) * exp(-x.^2/4/D/t);
plot(x,n1,x,n2,x,n3,'linewidth',2), axis([-20 20 -0.01 0.9])
xlabel('x'), ylabel('n(x,t)')
legend('t = 0.1','t = 1.0','t = 10.0')
```

爱因斯坦关于布朗运动的理论的第二部分就是建立扩散系数与可测物理量之间的关系，如测量给定时间间隔内的颗粒的均方位移，即可测得扩散系数。爱因斯坦理论巧妙的地方在于建立了分子撞击颗粒所产生的广义作用力与反作用力之间的动态平衡，且最终结果与动态平衡所涉及的力无关。在可测物理量的选择方面，爱因斯坦原先选择的是渗透压；后来，他采用颗粒的重力沉降参数也得到了类似的结论，这里进行简单介绍。

大气中的气溶胶颗粒满足斯托克斯定律，即粒子所受的流体阻力系数为 $f = 3\pi\mu_{\mathrm{g}} d_{\mathrm{p}}$，而气溶胶颗粒在大气中的沉降分布类似于气压的分布，即

$$n(x) = n_0 \exp\left(-\frac{mgx}{k_{\mathrm{B}}T}\right) \tag{2.53}$$

式中：g 为重力加速度。由于数密度差的存在，浓度高的颗粒趋向于向浓度低的地方进行扩散，由菲克第一定律（Fick’s first law），扩散通量（J）有

$$J = -D\frac{\mathrm{d}n}{\mathrm{d}x} \tag{2.54}$$

同时，扩散通量等于粒子数量乘以扩散速度：

$$J = nv \tag{2.55}$$

由此得到，粒子的扩散速度为

$$v = D\frac{mg}{k_{\mathrm{B}}T} \tag{2.56}$$

当粒子达到最终沉降速度时，阻力与重力平衡，即 $fv = mg$，可得

$$D = \frac{k_{\mathrm{B}}T}{f} = \frac{k_{\mathrm{B}}T}{3\pi\mu_{\mathrm{g}} d_{\mathrm{p}}} = \frac{RT}{3\pi\mu_{\mathrm{g}} d_{\mathrm{p}} N_{\mathrm{A}}} \tag{2.57}$$

式中：R 为理想气体常数；N_{A} 为阿伏伽德罗常数。由爱因斯坦理论的第一部分结论，可得

$$\frac{\langle x^2 \rangle}{2t} = \frac{RT}{3\pi\mu_{\mathrm{g}} d_{\mathrm{p}} N_{\mathrm{A}}} \tag{2.58}$$

1908～1910 年，佩兰（Perrin）根据上述公式经过系列细致的实验测得了阿伏伽德罗常数 $N_{\mathrm{A}} = 7\times10^{23}$，非常接近现代的测量值，从而验证了爱因斯坦的理论[5]。后来有学者给出了扩散系数更高精度的计算公式，这里不再赘述。为了推广该结论，定义粒子的迁移率为

$$\mu_{\mathrm{m}} = \frac{1}{f} \tag{2.59}$$

则扩散系数公式可简写为

$$D = \mu_{\mathrm{m}} k_{\mathrm{B}} T \tag{2.60}$$

式（2.60）称为爱因斯坦-斯莫卢霍夫斯基关系式（Einstein-Smoluchowski relation）[11]，当粒子在流体中受到的阻力满足斯托克斯定律时，则式（2.60）称为爱因斯坦-斯托克斯关系式（Einstein-Stokes relation）。

2.2.3 布朗运动的数值模拟

根据朗之万方程，可得到单个粒子布朗运动的位移方程，根据位移方程可模拟出微粒的运动轨迹。为了便于模拟，不妨令时间步长为 1，无单位，随机变量的均值为 0，方差为 $\sqrt{2D}$ 的正态分布，可使用 MATLAB 中的 normrnd 函数产生正态分布数组。由于所获得的正态分布为随机数，所以得到的粒子运动轨迹每次都不一样，反映了布朗运动的随机性。布朗运动的数值模拟程序见程序 2.3，结果如图 2.3 所示。

程序 2.3 布朗运动的数值模拟

```
% p7.m numerical simulation of Brownian motion
clear,
r = 500; % radius of particles
mu = 1.003; % viscosity of fluid
T = 300; % temperature
kB = 1.380649e-23; % boltamann constant
f = 6*pi*r*mu; % stokes law
D = kB*T/f; % diffustion coefficient
d = sqrt(4*D); % standard deviation
a = normrnd(0,d,1,9999);
b = normrnd(0,d,1,9999);
c = normrnd(0,d,1,9999);
x(1,1) = 0;y(1,1) = 0; z(1,1) = 0;
for i = 1:9999
    x(i+1) = x(i)+a(i); y(i+1) = y(i)+b(i); z(i+1) = z(i)+c(i);
end
t = 1:10000;
figure,
subplot(2,3,1), plot(t,x,t,y,t,z), axis square % one dimension
xlabel('t'), ylabel('diplacement'), legend('x','y','z')
subplot(2,3,2),  plot(t,x.^2,t,y.^2,t,z.^2),  axis  square  xlabel('t'),
ylabel('diplacement'), legend('<x^2>','<y^2>','<z^2>')
subplot(2,3,3), plot3(x,y,z), axis square % three dimension
xlabel('x'), ylabel('y'), zlabel('z'), view(45,15)
subplot(2,3,4), plot(x,y), axis square % two dimension
xlabel('x'), ylabel('y'), title ('top view')
subplot(2,3,5), plot(x,z), axis square % two dimension
xlabel('x'), ylabel('z'), title ('left view')
subplot(2,3,6), plot(y,z), axis square % two dimension
xlabel('y'), ylabel('z'), title ('main view')
```

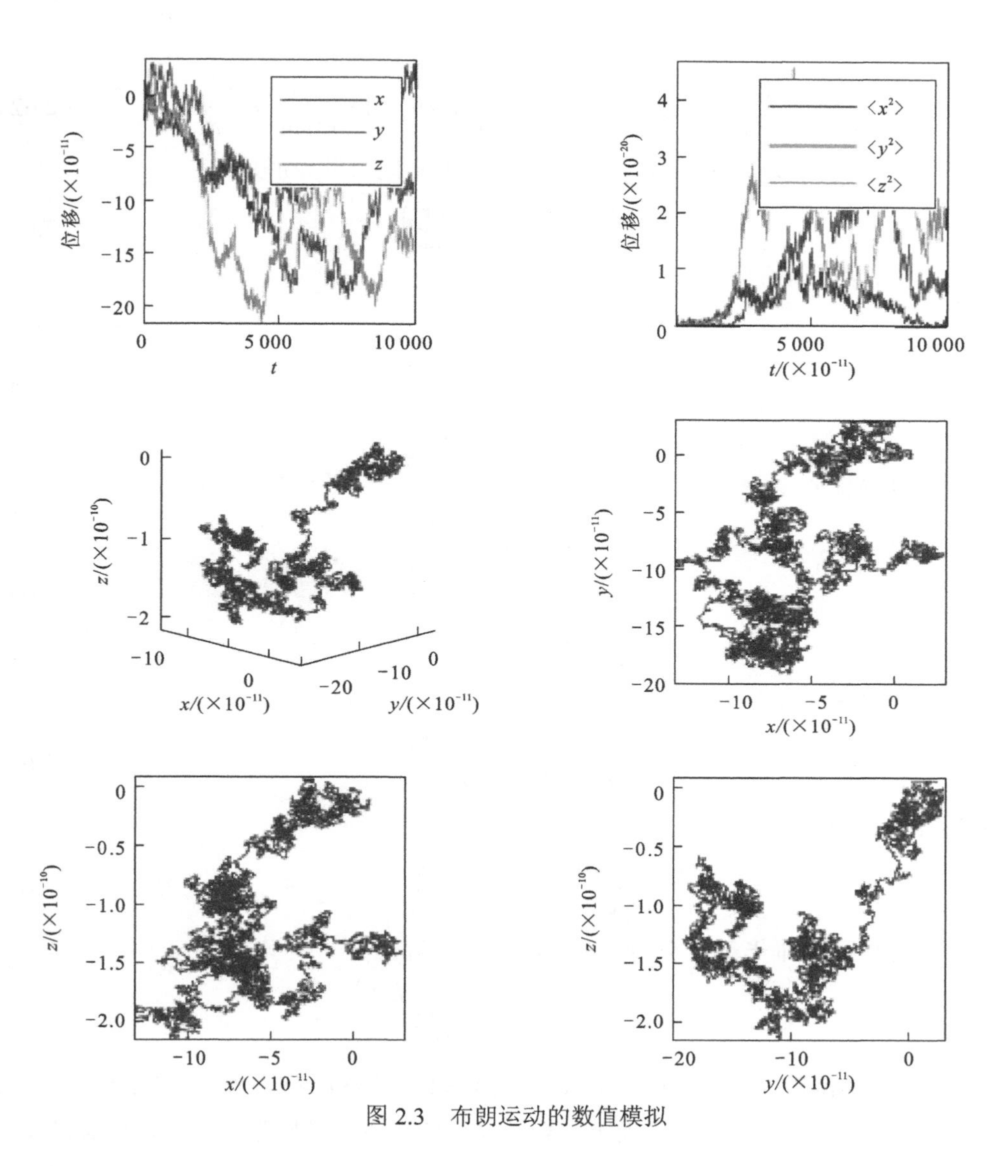

图 2.3 布朗运动的数值模拟

2.3 球坐标系下的扩散模型及布朗凝并核函数

2.3.1 球坐标系下的扩散模型

为了方便推导，本小节介绍一个简单的扩散模型[12]：设直径为 d_{pi} 的粒子固定位于坐标原点，其周围充满了直径为 d_{pj} 的颗粒，则直径为 d_{pj} 的颗粒由于在布朗运动和扩散的作用下，将不断地撞击直径为 d_j 的颗粒。由条件可列出球坐标系下的扩散方程：

$$\frac{\partial n}{\partial t}=D\nabla^2 n(r,\theta,\phi) \tag{2.61}$$

式中：r 为球坐标径向坐标；θ 为球坐标天顶角；ϕ 为球坐标方位角；拉普拉斯算子的

形式为

$$\nabla^2=\frac{1}{r^2}\frac{\partial}{\partial r}\left(r^2\frac{\partial}{\partial r}\right)+\frac{1}{r^2\sin\theta}\frac{\partial}{\partial\theta}\left(\sin\theta\frac{\partial}{\partial\theta}\right)+\frac{1}{r^2\sin^2\theta}\frac{\partial^2}{\partial\phi^2} \tag{2.62}$$

由于数学物理模型和球的对称性，扩散方程可简化为下列形式：

$$\frac{\partial n}{\partial t}=D\frac{1}{r^2}\frac{\partial}{\partial r}\left(r^2\frac{\partial n}{\partial r}\right) \tag{2.63}$$

且初始边界条件为

$$\begin{cases} n(r,t)=0, & r=\dfrac{d_{pi}+d_{pj}}{2} \\ n(r,0)=n_\infty, & r>\dfrac{d_{pi}+d_{pj}}{2} \end{cases} \tag{2.64}$$

通过下列坐标变换：

$$\begin{cases} x=\dfrac{2r}{d_{pi}+d_{pj}}-1 \\ y=\left(1-\dfrac{n}{n_\infty}\right)(x+1) \end{cases} \tag{2.65}$$

可将扩散方程进一步简化为

$$\frac{\partial y}{\partial t}=\frac{4D}{(d_{pi}+d_{pj})^2}\frac{\partial^2 y}{\partial x^2} \tag{2.66}$$

对应的边界条件为

$$\begin{cases} y(0,t)=1, & x=0 \\ y(x,0)=0, & x>0 \end{cases} \tag{2.67}$$

该方程对应于一维半无限空间的扩散问题，其解为

$$y(x,t)=1-\operatorname{erf}\left[\frac{x(d_{pi}+d_{pj})}{4\sqrt{Dt}}\right] \tag{2.68}$$

式中：erf 为误差函数。当 $t\to\infty$，$y=1-\operatorname{erf}(0)=1$，其解对应于 $\partial n/\partial t=0$ 的稳态分布。

由于在半径为 $(d_i+d_j)/2$ 的球面上，颗粒在布朗运动和扩散作用下的颗粒流量为

$$J=-D\left(\frac{\mathrm{d}n}{\mathrm{d}r}\right)_{r=\frac{d_{pi}+d_{pj}}{2}} \tag{2.69}$$

对应地，单位时间内粒径为 d_j 的颗粒撞击粒径为 d_i 的颗粒的次数（或频率）为

$$\beta=4\pi r^2 J=4\pi D\left(r^2\frac{\mathrm{d}n}{\mathrm{d}r}\right)_{r=\frac{d_{pi}+d_{pj}}{2}} \tag{2.70}$$

通过对误差函数微分，可得到显式的碰撞频率为

$$\beta=2\pi D(d_{pi}+d_{pj})n_\infty\left[1+\frac{(d_{pi}+d_{pj})}{2\sqrt{\pi Dt}}\right] \tag{2.71}$$

当时间足够长时，有

$$\beta=2\pi D(d_{pi}+d_{pj})n_\infty \tag{2.72}$$

以上讨论了粒径为 d_{pj} 的颗粒撞击粒径为 d_{pi} 的颗粒的频次，n_∞ 是粒径为 d_j 的颗粒的数密度，D 也是粒径为 d_{pj} 的颗粒的扩散系数，为方便记，式（2.72）可简写为

$$\beta = 2\pi D_j (d_{pi} + d_{pj}) n_j \tag{2.73}$$

由对称性，粒径为 d_i 的颗粒撞击粒径为 d_j 的颗粒的频次也会有类似的结果：

$$\beta = 2\pi D_i (d_{pi} + d_{pj}) n_i \tag{2.74}$$

当位于中心的颗粒也做布朗运动时，单一颗粒的扩散系数的含义将拓展为颗粒间的相对扩散系数 D_{ij}，即

$$D_{ij} = \frac{\langle (x_i - x_j)^2 \rangle}{2t} \tag{2.75}$$

则总的碰撞频率为

$$\beta = 2\pi D_{ij} (d_{pi} + d_{pj}) n_i n_j \tag{2.76}$$

如果颗粒间的扩散运动相互独立，即

$$D_{ij} = D_i + D_j \tag{2.77}$$

则由布朗运动和扩散作用导致的总的碰撞频率可表示为

$$\beta = 2\pi (D_i + D_j)(d_{pi} + d_{pj}) n_i n_j \tag{2.78}$$

由此得到颗粒布朗凝并的碰撞频率核函数为

$$\beta = 2\pi (D_i + D_j)(d_{pi} + d_{pj}) \tag{2.79}$$

2.3.2 布朗凝并核函数

由前所述，在连续区，扩散系数可表示为

$$D = \frac{k_B T}{3\pi \mu_g d_p} \tag{2.80}$$

则碰撞核函数可表示成[12]

$$\beta_{CR} = \frac{2k_B T}{3\mu_g} \left(\upsilon_i^{-\frac{1}{3}} + \upsilon_j^{-\frac{1}{3}} \right) \left(\upsilon_i^{\frac{1}{3}} + \upsilon_j^{\frac{1}{3}} \right) \tag{2.81}$$

在自由分子区，粒子粒度与分子尺度接近，而分子的自扩散系数根据统计热力学可得[1]

$$D = \frac{1}{3} \lambda_m \langle v \rangle \tag{2.82}$$

式中：λ_m 为分子平均自由程；$\langle v \rangle$ 为分子平均运动速度。而气体分子的黏性公式为

$$\mu_g = \frac{1}{3} n_m m \lambda_m \langle v \rangle \tag{2.83}$$

式中：n_m 为分子数密度；m 为分子质量。因此，存在分子质量密度和黏度的关系式为

$$D\rho_m = \mu_g \tag{2.84}$$

且分子质量密度和分子数密度之间的关系为

$$\rho_m = n_m m \tag{2.85}$$

以及分子平均自由程

$$\lambda_{\mathrm{m}}=\frac{1}{\sqrt{2}n_{\mathrm{m}}\pi d_{\mathrm{m}}^{2}} \tag{2.86}$$

进而得到

$$D=\frac{1}{3}\frac{1}{\sqrt{2}n_{\mathrm{m}}\pi d_{\mathrm{m}}^{2}}\sqrt{\frac{8k_{\mathrm{B}}T}{\pi m}}=\frac{2}{3}\frac{1}{n_{\mathrm{m}}\pi d_{\mathrm{m}}^{2}}\sqrt{\frac{k_{\mathrm{B}}T}{\pi m}} \tag{2.87}$$

如果考虑分子间互扩散，公式中的分子质量可表示为等效质量：

$$m=\frac{2m_i m_j}{m_i+m_j} \tag{2.88}$$

分子直径替换为

$$d_{\mathrm{m}}=\frac{d_i+d_j}{2} \tag{2.89}$$

则互扩散系数为

$$D_{ij}=\frac{8}{3\pi n_{\mathrm{m}}(d_i+d_j)^2}\left[\frac{k_{\mathrm{B}}T(m_i+m_j)}{2\pi m_i m_j}\right]^{\frac{1}{2}} \tag{2.90}$$

基于 Chapman 和 Cowling 的理论[13]，更为准确的公式为

$$\mu_{\mathrm{g}}=\frac{6}{15}\frac{1}{d_{\mathrm{m}}^{2}}\sqrt{\frac{k_{\mathrm{B}}T}{\pi m}} \tag{2.91}$$

对应的扩散系数为

$$D=\frac{3}{8}\frac{1}{n_{\mathrm{m}}d_{\mathrm{m}}^{2}}\sqrt{\frac{k_{\mathrm{B}}T}{\pi m}} \tag{2.92}$$

则互扩散系数为

$$D_{ij}=\frac{3}{2n_{\mathrm{m}}(d_i+d_j)^2}\left[\frac{k_{\mathrm{B}}T(m_i+m_j)}{2\pi m_i m_j}\right]^{\frac{1}{2}} \tag{2.93}$$

以及

$$D\rho_{\mathrm{m}}=\frac{6}{5}\mu_{\mathrm{g}} \tag{2.94}$$

可得[12]

$$\beta_{\mathrm{FM}}=\left(\frac{3}{4\pi}\right)^{\frac{1}{6}}\left(\frac{6k_{\mathrm{B}}T}{\rho_{\mathrm{p}}}\right)^{\frac{1}{2}}\left(\frac{1}{\upsilon_i}+\frac{1}{\upsilon_j}\right)^{\frac{1}{2}}\left(\upsilon_i^{\frac{1}{3}}+\upsilon_j^{\frac{1}{3}}\right)^{2} \tag{2.95}$$

在滑移区（或近连续区），粒子的扩散系数需要进行修正：

$$D=\frac{C_{\mathrm{C}}k_{\mathrm{B}}T}{3\pi\mu_{\mathrm{g}}d_{\mathrm{p}}} \tag{2.96}$$

式中：C_{C} 为滑移修正系数。

$$C_{\mathrm{C}}=1+Kn\left[A_1+A_2\exp\left(-\frac{A_3}{Kn}\right)\right] \tag{2.97}$$

式中：Kn 为克努森数；A_1,A_2,A_3 为常数，其值见第 1 章。为了保持碰撞核函数的齐次性，

还需要辅以增强因子（enhancement factor）$f(Kn)$，通常它需要满足

$$\begin{cases}\lim\limits_{Kn\to 0} f(Kn)=1 \\ \lim\limits_{Kn\to\infty} f(Kn)\sim\dfrac{1}{Kn}\end{cases} \tag{2.98}$$

不同的学者给出了增强因子的多种形式[14-15]，本小节仅选取一种较为简单的形式：

$$f(Kn)=\frac{1+E_1Kn}{1+E_2Kn+E_3Kn^2} \tag{2.99}$$

不同的方法所采用的系数 E_1、E_2、E_3 的值如表 2.1 所示，它们对碰撞频率函数的影响如图 2.4 所示，程序见程序 2.4。综合修正因子和增强函数，则滑移区的碰撞核函数为

$$\beta_{\mathrm{SC}}=\frac{2k_{\mathrm{B}}T}{3\mu_{\mathrm{g}}}\left[\frac{C_{\mathrm{C}}(\upsilon_i)}{\upsilon_i^{\frac{1}{3}}}+\frac{C_{\mathrm{C}}(\upsilon_i)}{\upsilon_j^{\frac{1}{3}}}\right]\left(\upsilon_i^{\frac{1}{3}}+\upsilon_j^{\frac{1}{3}}\right)f(Kn) \tag{2.100}$$

表 2.1　增强因子系数

项目	E_1	E_2	E_3
Dahneke 方案 [16]	2/3	4/3	8/9
调和平均方法	0	4/3	0

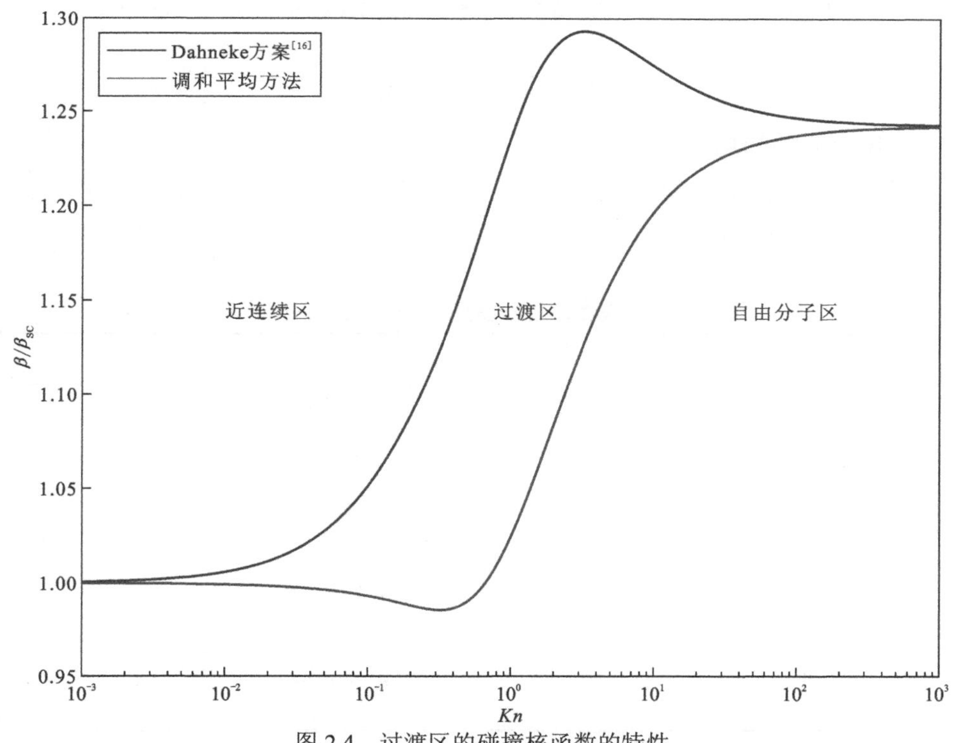

图 2.4　过渡区的碰撞核函数的特性

程序 2.4 *Kn* 对近连续区碰撞核函数的影响

```
% p8.m the effect of Kn on the collision kernel in SC
clear,
Kn = 0.001:0.001:1000;
E1 = 2/3; E2 = 4/3; E3 = (4/3)*2/3;
f_D = (1+E1*Kn)./(1+E2*Kn+E3*Kn.^2); % Dahneke's solution
E1 = 0; E2 = 4/3; E3 = 0;                % harmonic mean method
f_H = (1+E1*Kn)./(1+E2*Kn+E3*Kn.^2);
%C = 1+1.1591*Kn;
A1 = 1.257; A2 = 0.400; A3 = 1.100;
C  = 1+Kn.*(A1+A2*exp(-A3./Kn));
semilogx(Kn,f_D.*C,Kn,f_H.*C), axis([0.001 1000 0.95 1.30])
%loglog(Kn,f_D.*C,Kn,f_H.*C)
xlabel('Kn'); ylabel('\beta/\beta_C_R');
legend('Dahneke solution','harmonic mean',...
     'fontsize',12,'location','northwest');
text(0.002,1.15,'Near continuum regime','fontsize',12)
text(30,1.15,'Free molecule regime','fontsize',12)
text(0.40,1.15,'Transition regime','fontsize',12)
```

此外，基于微元分析方法，可得到流场中的剪切凝并核函数[13]：

$$\beta = \frac{1}{\pi}\left(\upsilon_i^{\frac{1}{3}} + \upsilon_j^{\frac{1}{3}}\right)^3 \frac{\mathrm{d}v}{\mathrm{d}x} \tag{2.101}$$

式中：$\mathrm{d}v/\mathrm{d}x$ 为流场的剪切率。

常见的碰撞核函数如表 2.2 所示，为了简化起见，体积采用了无量纲形式（$\eta = \upsilon / u$，u 为代数平均体积），并忽略了常数。

表 2.2 常见的碰撞核函数

项目	核函数
常数核	$\beta = 1$
加核	$\beta = \eta + \eta_1$
乘核	$\beta = \eta\eta_1$
剪切核	$\beta_{\mathrm{SF}} \propto \left(\eta^{\frac{1}{3}} + \eta_1^{\frac{1}{3}}\right)^3$
布朗核（自由分子区）	$\beta_{\mathrm{FM}} \propto (\eta_1^{-1} + \eta^{-1})^{\frac{1}{2}}\left(\eta_1^{\frac{1}{3}} + \eta^{\frac{1}{3}}\right)^2$

续表

项目	核函数
布朗核（连续区）	$\beta_{\mathrm{CR}} \propto \left(\eta_1^{-\frac{1}{3}} + \eta^{-\frac{1}{3}}\right)\left(\eta_1^{\frac{1}{3}} + \eta^{\frac{1}{3}}\right)$
布朗核（近连续区）	$\beta_{\mathrm{SC}} \propto \left(C_{\mathrm{C}}(\eta_1)\eta_1^{-\frac{1}{3}} + C_{\mathrm{C}}(\eta)\eta^{-\frac{1}{3}}\right)\left(\eta_1^{\frac{1}{3}} + \eta^{\frac{1}{3}}\right) f(Kn)$
布朗核（过渡区）	$\beta_{\mathrm{TR}} = \dfrac{\beta_{\mathrm{CR}}\beta_{\mathrm{FM}}}{\beta_{\mathrm{CR}} + \beta_{\mathrm{FM}}}$

由表 2.2 可以看出，具有实际物理意义的碰撞核函数一般都是非线性的。非线性的核函数耦合上非线性的 PBE，使得现有的数学工具无法对颗粒凝并动力学方程进行解析求解。为了满足科学和工程实际需要，人们发展了各种计算方法来模拟 PBE 方程，如分区法、蒙特卡罗法、矩方法等[17]。

由于粒子数密度是体积和时间的函数，既然整体上很难求解，退而求其次，能否通过类似于分离变量的方法，将 PBE 的求解进行简化呢？顺着这个思路，本书接下来两章分别介绍数密度函数随时间的变化（TEMOM），以及渐近条件下数密度函数的粒度分布形式（SPSD），并通过迭代的直接数值模拟方法（iDNS）建立二者之间的对应关系。本书求解 PBE 的路线图如图 2.5 所示。

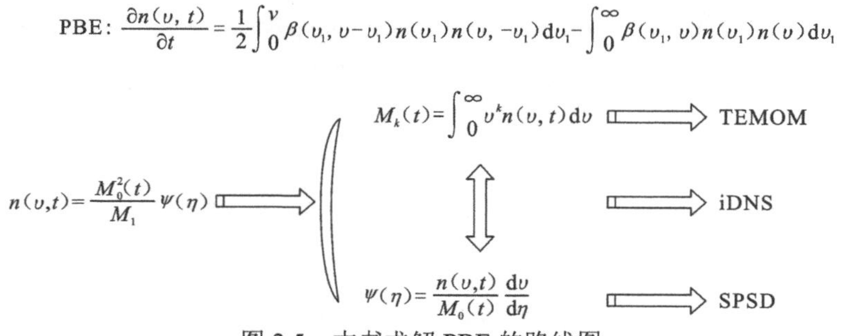

$$\text{PBE:}\ \frac{\partial n(\upsilon,t)}{\partial t} = \frac{1}{2}\int_0^{v}\beta(\upsilon_1,\upsilon-\upsilon_1)n(\upsilon_1)n(\upsilon,-\upsilon_1)\mathrm{d}\upsilon_1 - \int_0^{\infty}\beta(\upsilon_1,\upsilon)n(\upsilon_1)n(\upsilon)\mathrm{d}\upsilon_1$$

$$n(\upsilon,t) = \frac{M_0^2(t)}{M_1}\psi(\eta) \Rightarrow$$

$$M_k(t) = \int_0^{\infty}\upsilon^k n(\upsilon,t)\mathrm{d}\upsilon \Rightarrow \text{TEMOM}$$

$\Updownarrow$ $\Rightarrow$ iDNS

$$\psi(\eta) = \frac{n(\upsilon,t)}{M_0(t)}\frac{\mathrm{d}\upsilon}{\mathrm{d}\eta} \Rightarrow \text{SPSD}$$

图 2.5　本书求解 PBE 的路线图

参 考 文 献

[1] Blundell S J, Blundell K M. Concepts in thermal physics. Oxford: Oxford University Press, 2006.

[2] Atkins P. Physical chemistry. 6th edition. New York: W.H. Freeman and Company, 1998.

[3] Feynman R. The brownian movement. The Feynman Lectures on Physics, 1964, 1: 41.

[4] Einstein A. Über die von der molekularkinetischen Theorie der Wärme geforderte Bewegung von in ruhenden Flüssigkeiten suspendierten Teilchen. Annalen der Physik, 1905, 322(8): 549-560.

[5] Perrin J B. Nobel lecture: Discontinuous structure of matter. [1926-12-11]. https://www.nobelprize.org/prizes/physics/1926/perrin/lecture/.

[6] 郝柏林. 布朗运动理论一百年. 物理, 2011, 40(1): 1-7.

[7] 芒克. 固定收益建模. 陈代云, 译. 上海: 格致出版社, 2015.

[8] Smith G S. Human color vision and the unsaturated blue color of the daytime sky. American Journal of Physics, 2005, 73(7): 590-597.

[9] 林元烈. 应用随机过程. 北京: 清华大学出版社, 2002.

[10] Prigogine I, Balescu R. Sur la théorie moleculaire du movement brownien. Physica, 1957, 23(1-5): 555-568.

[11] Smoluchowski M V. Zur kinetischen Theorie der Brownschen Molekularbewegung und der Suspensionen. Annalen der Physik, 1906, 326(14): 756-780.

[12] Friedlander S K. Smoke, dust, and haze: Fundamentals of aerosol dynamics. 2nd edition. New York: Oxford University Press, 2000.

[13] Chapman S, Cowling T G. The mathematical theory of non-uniform gases: An account of the Kinetic theory of viscosity, thermal conduction and diffusion in gases. 3rd edition. Cambridge: Cambridge University Press, 1970.

[14] Gopalakrishnan R, Hogan C J. Determination of the transition regime collision kernel from mean first passage times. Aerosol Science Technology, 2011, 45(12): 1499-1509.

[15] Veshchunov M S. A new approach to the Brownian coagulation theory. Journal of Aerosol Science, 2010, 41(10): 895-910.

[16] Dahneke B. Simple kinetic theory of brownian diffusion in vapors and aerosols. New York: Academic Press, 1983.

[17] Liao Y X, Lucas D. A literature review on mechanisms and models for the coalescence process of fluid particles. Chemical Engineering Science, 2010, 65(10): 2851-2864.

第3章 泰勒展开矩方法

针对颗粒系统内部动力学过程问题，其理论基础为1916年Smoluchowski提出的颗粒群平衡方程（PBE）[1]，该理论起始于Einstein等对颗粒布朗扩散问题的研究[2]。对于无源的颗粒凝并问题，第1章给出了连续型PBE的形式：

$$\frac{\partial n(\upsilon,t)}{\partial t}=\frac{1}{2}\int_0^{v}\beta(\upsilon_1,\upsilon-\upsilon_1)n(\upsilon_1)n(\upsilon-\upsilon_1)\mathrm{d}\upsilon_1-\int_0^{\infty}\beta(\upsilon_1,\upsilon)n(\upsilon_1)n(\upsilon)\mathrm{d}v_1$$

式中：β为碰撞频率核函数；$n(\upsilon,t)$为体积为υ的颗粒数密度，t为时间。

面对现实存在的复杂的非线性碰撞核函数，至今无有效的数学工具对PBE进行解析求解。由于矩方法具有计算简洁、高效的特点，正越来越多地应用于该领域的研究[3]。同时，矩方法有两个显著的难点，一个是矩方程组的封闭问题，即在Einstein-Smoluchowski理论框架内，颗粒间复杂的碰撞核函数会使PBE对应的矩方程组难以自动封闭；另一个是矩方法的逆问题，即如何根据有限阶矩方程组的解准确地反演重构出粒子的粒度分布函数。

针对矩方程组的封闭问题，研究者提出了不同的解决方案，其中包括1984年Lee发展的log-normal MOM方法[4]、1987年Frenklach等提出的插值封闭矩方法（method of moment with interpolative closure，MOMIC）[5]、1997年McGraw提出的积分矩方法（quadrature method of moment，QMOM）[6]、2005年Fox等人提出的直接积分矩方法（direct quadrature method of moment，DQMOM）[7]、2008年于明州和林建忠等提出的TEMOM方法[8]等等。特别地，TEMOM由于不需要预先假设粒子粒度分布，计算精度较高的特点，使之成为具有发展潜力的主要矩方法之一。

TEMOM的核心是采用显变量构建求解任意隐函数的基函数，通过泰勒多项式逼近方法实现PBE的降维和封闭处理，泰勒展开矩方法的实施过程，涉及针对颗粒系统内部动力学过程及相间耦合等不同层次的数学模型封闭问题。此外，由于TEMOM的误差来源仅限于截断误差，且可以采用理论的分析方法对其截断误差进行估计[9]；构建的TEMOM模型相对简单，以至于能够对模型进行渐近分析[10-12]和解析求解[13-15]。这一研究使得无须对系统进行数值计算，即可得到气溶胶系统最后状态所应满足的标度率。

3.1 泰勒展开矩方法及其模型

3.1.1 矩方法的一般数学理论

数学上，矩方法（MOM）是一种将连续方程离散化为代数方程组的方法，对求解微分方程和积分方程均适用。由于在方程的求解过程中需要计算广义矩量，故得名[16]。矩方法包括下面三个基本过程。

（1）离散化过程：在线性算子（L）的定义域内选择一组线性无关基函数（f_i），将待求函数（f）表示为该组基函数的线性组合，利用算子的线性，将算子方程转化为代数方程组或矩阵方程。

（2）取样检验过程：在线性算子（L）的值域内选择一组线性无关的权函数（w_j），将权函数（w_j）与代数方程取内积$\langle w_j, L\cdot f_i\rangle$，进行抽样检验，并将抽样检验的内积方程转化为矩阵方程。

（3）矩阵求逆过程：通过设计算法，降低矩阵的存储量，减少计算量，加速求解过程。如将微分转化为差分，将积分转化为有限求和，根据计算规模，选择直接算法或迭代算法等。本节通过一个具体数学问题对以上三个基本过程进行说明。

对如下数学问题[17]：

$$L\cdot f = g \tag{3.1}$$

式中：L为线性算子；f为未知函数；g为已知函数，求使得$|g-L\cdot f|$最小的f。

矩方法的求解思路是：将未知函数（f）在一组已知的基函数$\{f_i\}$空间上展开，即

$$f=\sum_{i=1}^{N}a_i f_i \tag{3.2}$$

这样待求量就从函数f转化成了N个未知量a_i，将其带入原问题得

$$\sum_{i=1}^{N}a_i L\cdot f_i = g \tag{3.3}$$

对于N个未知量，需要N个方程，因此只能使N个点完全满足$L\cdot f=g$，这本质上是一种插值方法。如果要保证$|g-L\cdot f|$在全域上最小，而非在单点上完全满足，则称之为函数逼近方法。以上是矩方法的离散化过程，现有的关于PBE的矩方法主要为插值法。

在取样检验过程中，引入检验权函数w_j在式（3.3）两边作内积，这个内积就被称为矩，权函数w_j称为在空间基函数上的分量。则式（3.3）变成

$$\sum_{i=1}^{N}a_i\langle w_j, L\cdot f_i\rangle=\langle w_j, g\rangle,\quad j=1,2,\cdots,N \tag{3.4a}$$

它可以写成矩阵形式：

$$\boldsymbol{WA}=\boldsymbol{G} \tag{3.4b}$$

其中

$$\begin{cases}\boldsymbol{W}=\begin{bmatrix}\langle w_1, L\cdot f_1\rangle & \cdots & \langle w_1, L\cdot f_N\rangle\\ \vdots & & \vdots\\ \langle w_N, L\cdot f_1\rangle & \cdots & \langle w_N, L\cdot f_N\rangle\end{bmatrix}\\ \boldsymbol{A}=[a_1,a_2,\cdots,a_N]^{\mathrm{T}}\\ \boldsymbol{G}=[\langle w_1,g\rangle,\langle w_2,g\rangle,\cdots,\langle w_N,g\rangle]^{\mathrm{T}}\end{cases}$$

则原问题的解为

$$
\begin{cases}
\boldsymbol{A}^{\mathrm{T}}=\boldsymbol{W}^{-1}\boldsymbol{G} \\
f=\boldsymbol{A}^{\mathrm{T}}F \\
\boldsymbol{F}=[f_1,f_2,\cdots,f_N]^{\mathrm{T}}
\end{cases}
\tag{3.5}
$$

对于矩阵求逆问题，本书所涉及的矩阵计算规模基本处在$10^4\times10^4$量级，可直接利用 MATLAB 软件平台进行运算，相关细节从略。

3.1.2 泰勒展开矩方法的数学原理

对于 PBE，k阶矩（$\boldsymbol{M}_k$）的定义为

$$
\boldsymbol{M}_k(t)=\int_0^{\infty}\upsilon^k n(\upsilon,t)\mathrm{d}\upsilon \tag{3.6}
$$

从形式上看，矩的定义类似于积分变换，矩的类型属于原点矩。

经过矩变换，可将 PBE 的偏微积分方程可转化为一系列的微积分方程组：

$$
\frac{\mathrm{d}\boldsymbol{M}_k}{\mathrm{d}t}=\frac{1}{2}\int_0^{\infty}\int_0^{\infty}\left[(\upsilon+\upsilon_1)^k-\upsilon^k-\upsilon_1^k\right]\beta(\upsilon,\upsilon_1)n(\upsilon,t)n(\upsilon_1,t)\mathrm{d}\upsilon_1\mathrm{d}\upsilon,\quad k=0,1,2,\cdots \tag{3.7}
$$

满足封闭条件的最少的矩方程个数为 3，通常取为$\boldsymbol{M}_0$、$\boldsymbol{M}_1$和$\boldsymbol{M}_2$。其中，0 阶矩$\boldsymbol{M}_0$代表了粒子的总数量浓度；一阶矩$\boldsymbol{M}_1$则表示粒子的体积浓度，在封闭系统中，其值为常数；二阶矩$\boldsymbol{M}_2$则代表了粒子粒度分布的分散度。这三个矩量可视为粒子粒度分布的矩空间中的基函数。

TEMOM 的核心作用在于两个方面[8]，一个方面是对非线性的核函数用泰勒级数多项式进行近似，即

$$
\begin{aligned}
\beta(\upsilon,\upsilon_1)\approx{}&\beta(u,u)+\frac{\partial\beta(u,u)}{\partial\upsilon}(\upsilon-u)+\frac{\partial\beta(u,u)}{\partial\upsilon_1}(\upsilon_1-u)\\
&+\frac{1}{2}\frac{\partial^2\beta(u,u)}{\partial\upsilon^2}(\upsilon-u)^2+\frac{\partial^2\beta(u,u)}{\partial\upsilon\partial\upsilon_1}(\upsilon-u)(\upsilon_1-u)+\frac{1}{2}\frac{\partial^2\beta(u,u)}{\partial\upsilon_1^2}(\upsilon_1-u)^2+\cdots
\end{aligned}
\tag{3.8}
$$

式中：u为级数的展开点，通常取为粒子代数平均体积：

$$
u=\frac{\boldsymbol{M}_1}{\boldsymbol{M}_0} \tag{3.9}
$$

另一方面，TEMOM 的核心作用在于矩方程组的封闭过程中，高阶矩或分数阶矩的近似：

$$
\boldsymbol{M}_k=\frac{\boldsymbol{M}_1^k}{\boldsymbol{M}_0^{k-1}}\left[1+\frac{k(k-1)(\boldsymbol{M}_{\mathrm{C}}-1)}{2}\right] \tag{3.10}
$$

其中无量纲矩$\boldsymbol{M}_{\mathrm{C}}$的定义如下：

$$
\boldsymbol{M}_{\mathrm{C}}=\frac{\boldsymbol{M}_0\boldsymbol{M}_2}{\boldsymbol{M}_1^2} \tag{3.11}
$$

同时，近似公式（3.10）中也给出了检验权函数的表达式。以上就是 TEMOM 的基本数学原理[18]。

3.1.3 自由分子区布朗凝并 TEMOM 模型

下面以自由分子区的布朗凝并为例，详细介绍 TEMOM 模型的建立过程[8]。如第 2 章所述，自由分子区的布朗碰撞核函数为

$$\beta_{\mathrm{FM}} = B_1 \left(\frac{1}{v_i} + \frac{1}{v_j} \right)^{\frac{1}{2}} \left(v_i^{\frac{1}{3}} + v_j^{\frac{1}{3}} \right)^2 \tag{3.12}$$

其中系数 B_1 为

$$B_1 = \left(\frac{3}{4\pi} \right)^{\frac{1}{6}} \left(\frac{6k_{\mathrm{B}}T}{\rho_{\mathrm{p}}} \right)^{\frac{1}{2}} \tag{3.13}$$

式中：k_{B} 为玻尔兹曼常数；T 为温度；ρ_{p} 为粒子的质量密度。对其中的非线性项进行部分泰勒级数展开，可得

$$\begin{aligned}(\upsilon+\upsilon_1)^{\frac{1}{2}} &= \sqrt{2u} + \frac{\sqrt{2}(\upsilon-u)}{4\sqrt{u}} + \frac{\sqrt{2}(\upsilon_1-u)}{4\sqrt{u}} \\ &\quad - \frac{\sqrt{2}(\upsilon-u)^2}{32\sqrt{u^3}} - \frac{\sqrt{2}(\upsilon-u)(\upsilon_1-u)}{16\sqrt{u^3}} - \frac{\sqrt{2}(\upsilon_1-u)^2}{32\sqrt{u^3}} + \cdots\end{aligned} \tag{3.14}$$

代入矩方程组（3.7），可得到前三个整数阶矩的演化方程：

$$\begin{cases} \dfrac{\mathrm{d}\boldsymbol{M}_0}{\mathrm{d}t} = -\dfrac{B_1}{2} \displaystyle\int_0^\infty \int_0^\infty (\xi_1\phi_1 + \xi_2\phi_2 + \xi_3\phi_3) n(v,t) n(v_1,t) \mathrm{d}v \mathrm{d}v_1 \\ \dfrac{\mathrm{d}\boldsymbol{M}_1}{\mathrm{d}t} = 0 \\ \dfrac{\mathrm{d}\boldsymbol{M}_2}{\mathrm{d}t} = \dfrac{B_1}{2} \displaystyle\int_0^\infty \int_0^\infty (\zeta_1\phi_1 + \zeta_2\phi_2 + \zeta_3\phi_3) n(v,t) n(v_1,t) \mathrm{d}v \mathrm{d}v_1 \end{cases} \tag{3.15a}$$

其中，0 阶矩方程中的展开多项式 ξ_1、ξ_2、ξ_3 分别为

$$\begin{cases} \xi_1 = \upsilon^{\frac{1}{6}}\upsilon_1^{-\frac{1}{2}} + 2\upsilon^{-\frac{1}{6}}\upsilon_1^{-\frac{1}{6}} + \upsilon^{-\frac{1}{2}}\upsilon_1^{\frac{1}{6}} \\ \xi_2 = \upsilon^{\frac{7}{6}}\upsilon_1^{-\frac{1}{2}} + 2\upsilon^{\frac{5}{6}}\upsilon_1^{-\frac{1}{6}} + 2\upsilon^{-\frac{1}{6}}v_1^{\frac{5}{6}} + \upsilon^{-\frac{1}{2}}\upsilon_1^{\frac{7}{6}} + \upsilon^{\frac{1}{2}}\upsilon_1^{\frac{1}{6}} + \upsilon^{\frac{1}{6}}\upsilon_1^{\frac{1}{2}} \\ \xi_3 = 4v^{\frac{5}{6}}v_1^{\frac{5}{6}} + 2v^{\frac{1}{2}}v_1^{\frac{7}{6}} + v^{\frac{1}{6}}v_1^{\frac{3}{2}} + \upsilon^{\frac{3}{2}}\upsilon_1^{\frac{1}{6}} + 2\upsilon^{\frac{7}{6}}\upsilon_1^{\frac{1}{2}} \\ \qquad + \upsilon^{\frac{13}{6}}\upsilon_1^{-\frac{1}{2}} + 2\upsilon^{\frac{11}{6}}\upsilon_1^{-\frac{1}{6}} + \upsilon^{-\frac{1}{2}}\upsilon_1^{\frac{13}{6}} + 2\upsilon^{-\frac{1}{6}}\upsilon_1^{\frac{11}{6}} \end{cases} \tag{3.16a}$$

2 阶矩方程中的展开多项式 ζ_1、ζ_2、ζ_3 分别为

$$\begin{cases} \zeta_1 = 4\upsilon^{\frac{5}{6}}\upsilon_1^{\frac{5}{6}} + 2\upsilon^{\frac{1}{2}}\upsilon_1^{\frac{7}{6}} + 2\upsilon^{\frac{7}{6}}\upsilon_1^{\frac{1}{2}} \\ \zeta_2 = 2\upsilon^{\frac{13}{6}}\upsilon_1^{\frac{1}{2}} + 4\upsilon^{\frac{11}{6}}\upsilon_1^{\frac{5}{6}} + 4\upsilon^{\frac{5}{6}}\upsilon_1^{\frac{11}{6}} + 2\upsilon^{\frac{1}{2}}\upsilon_1^{\frac{13}{6}} + 2\upsilon^{\frac{3}{2}}\upsilon_1^{\frac{7}{6}} + 2\upsilon^{\frac{7}{6}}\upsilon_1^{\frac{3}{2}} \\ \zeta_3 = 8\upsilon^{\frac{11}{6}}\upsilon_1^{\frac{11}{6}} + 4\upsilon^{\frac{3}{2}}\upsilon_1^{\frac{13}{6}} + 2\upsilon^{\frac{7}{6}}v_1^{\frac{5}{2}} + 2\upsilon^{\frac{5}{2}}\upsilon_1^{\frac{7}{6}} + 4\upsilon^{\frac{13}{6}}\upsilon_1^{\frac{3}{2}} \\ \qquad + 2\upsilon^{\frac{19}{6}}\upsilon_1^{\frac{1}{2}} + 4\upsilon^{\frac{17}{6}}\upsilon_1^{\frac{5}{6}} + 2\upsilon^{\frac{1}{2}}\upsilon_1^{\frac{19}{6}} + 4\upsilon^{\frac{5}{6}}\upsilon_1^{\frac{17}{6}} \end{cases} \tag{3.17a}$$

以及，代数平均体积的函数 ϕ_1、ϕ_2、ϕ_3 分别为

$$\phi_1=\frac{3\sqrt{2}}{8}u^{\frac{1}{2}},\ \ \phi_2=\frac{3\sqrt{2}}{8}u^{-\frac{1}{2}},\ \ \phi_3=-\frac{\sqrt{2}}{32}u^{-\frac{3}{2}} \tag{3.18}$$

利用矩的定义，这些多项式可写成粒子粒度分布的矩的函数 ξ_1^*、ξ_2^*、ξ_3^*：

$$\begin{cases}\xi_1^*=\boldsymbol{M}_{\frac{1}{6}}\boldsymbol{M}_{-\frac{1}{2}}+2\boldsymbol{M}_{-\frac{1}{6}}\boldsymbol{M}_{-\frac{1}{6}}+\boldsymbol{M}_{-\frac{1}{2}}\boldsymbol{M}_{\frac{1}{6}}\\ \xi_2^*=\boldsymbol{M}_{\frac{7}{6}}\boldsymbol{M}_{-\frac{1}{2}}+2\boldsymbol{M}_{\frac{5}{6}}\boldsymbol{M}_{-\frac{1}{6}}+2\boldsymbol{M}_{-\frac{1}{6}}\boldsymbol{M}_{\frac{5}{6}}+\boldsymbol{M}_{-\frac{1}{2}}\boldsymbol{M}_{\frac{7}{6}}+\boldsymbol{M}_{\frac{1}{2}}\boldsymbol{M}_{\frac{1}{6}}+\boldsymbol{M}_{\frac{1}{6}}\boldsymbol{M}_{\frac{1}{2}}\\ \xi_3^*=4\boldsymbol{M}_{\frac{5}{6}}\boldsymbol{M}_{\frac{5}{6}}+2\boldsymbol{M}_{\frac{1}{2}}\boldsymbol{M}_{\frac{7}{6}}+\boldsymbol{M}_{\frac{1}{6}}\boldsymbol{M}_{\frac{3}{2}}+\boldsymbol{M}_{\frac{3}{2}}\boldsymbol{M}_{\frac{1}{6}}+2\boldsymbol{M}_{\frac{7}{6}}\boldsymbol{M}_{\frac{1}{2}}\\ \qquad+\boldsymbol{M}_{\frac{13}{6}}\boldsymbol{M}_{-\frac{1}{2}}+2\boldsymbol{M}_{\frac{11}{6}}\boldsymbol{M}_{-\frac{1}{6}}+\boldsymbol{M}_{-\frac{1}{2}}\boldsymbol{M}_{\frac{13}{6}}+2\boldsymbol{M}_{-\frac{1}{6}}\boldsymbol{M}_{\frac{11}{6}}\end{cases} \tag{3.16b}$$

和 ζ_1^*、ζ_2^*、ζ_3^*：

$$\begin{cases}\zeta_1^*=4\boldsymbol{M}_{\frac{5}{6}}\boldsymbol{M}_{\frac{5}{6}}+2\boldsymbol{M}_{\frac{1}{2}}\boldsymbol{M}_{\frac{7}{6}}+2\boldsymbol{M}_{\frac{7}{6}}\boldsymbol{M}_{\frac{1}{2}}\\ \zeta_2^*=2\boldsymbol{M}_{\frac{13}{6}}\boldsymbol{M}_{\frac{1}{2}}+4\boldsymbol{M}_{\frac{11}{6}}\boldsymbol{M}_{\frac{5}{6}}+4\boldsymbol{M}_{\frac{5}{6}}\boldsymbol{M}_{\frac{11}{6}}+2\boldsymbol{M}_{\frac{1}{2}}\boldsymbol{M}_{\frac{13}{6}}+2\boldsymbol{M}_{\frac{3}{2}}\boldsymbol{M}_{\frac{7}{6}}+2\boldsymbol{M}_{\frac{7}{6}}\boldsymbol{M}_{\frac{3}{2}}\\ \zeta_3^*=8\boldsymbol{M}_{\frac{11}{6}}\boldsymbol{M}_{\frac{11}{6}}+4\boldsymbol{M}_{\frac{3}{2}}\boldsymbol{M}_{\frac{13}{6}}+2\boldsymbol{M}_{\frac{7}{6}}\boldsymbol{M}_{\frac{5}{2}}+2\boldsymbol{M}_{\frac{5}{2}}\boldsymbol{M}_{\frac{7}{6}}+4\boldsymbol{M}_{\frac{13}{6}}\boldsymbol{M}_{\frac{3}{2}}\\ \qquad+2\boldsymbol{M}_{\frac{19}{6}}\boldsymbol{M}_{\frac{1}{2}}+4\boldsymbol{M}_{\frac{17}{6}}\boldsymbol{M}_{\frac{5}{6}}+2\boldsymbol{M}_{\frac{1}{2}}\boldsymbol{M}_{\frac{19}{6}}+4\boldsymbol{M}_{\frac{5}{6}}\boldsymbol{M}_{\frac{17}{6}}\end{cases} \tag{3.17b}$$

利用对称性，式（3.16b）、式（3.17b）可化简为

$$\begin{cases}\xi_1^*=2\boldsymbol{M}_{\frac{1}{6}}\boldsymbol{M}_{-\frac{1}{2}}+2\boldsymbol{M}_{-\frac{1}{6}}\boldsymbol{M}_{-\frac{1}{6}}\\ \xi_2^*=2\boldsymbol{M}_{\frac{7}{6}}\boldsymbol{M}_{-\frac{1}{2}}+4\boldsymbol{M}_{\frac{5}{6}}\boldsymbol{M}_{-\frac{1}{6}}+2\boldsymbol{M}_{\frac{1}{6}}\\ \xi_3^*=4\boldsymbol{M}_{\frac{5}{6}}\boldsymbol{M}_{\frac{5}{6}}+4\boldsymbol{M}_{\frac{1}{2}}\boldsymbol{M}_{\frac{7}{6}}+2\boldsymbol{M}_{\frac{1}{6}}\boldsymbol{M}_{\frac{3}{2}}+2\boldsymbol{M}_{\frac{13}{6}}\boldsymbol{M}_{-\frac{1}{2}}+4\boldsymbol{M}_{\frac{11}{6}}\boldsymbol{M}_{-\frac{1}{6}}\end{cases} \tag{3.16c}$$

$$\begin{cases}\zeta_1^*=4\boldsymbol{M}_{\frac{5}{6}}\boldsymbol{M}_{\frac{5}{6}}+4\boldsymbol{M}_{\frac{1}{2}}\boldsymbol{M}_{\frac{7}{6}}\\ \zeta_2^*=4\boldsymbol{M}_{\frac{13}{6}}\boldsymbol{M}_{\frac{1}{2}}+8\boldsymbol{M}_{\frac{11}{6}}\boldsymbol{M}_{\frac{5}{6}}+4\boldsymbol{M}_{\frac{3}{2}}\boldsymbol{M}_{\frac{7}{6}}\\ \zeta_3^*=8\boldsymbol{M}_{\frac{11}{6}}\boldsymbol{M}_{\frac{11}{6}}+8\boldsymbol{M}_{\frac{3}{2}}\boldsymbol{M}_{\frac{13}{6}}+4\boldsymbol{M}_{\frac{7}{6}}\boldsymbol{M}_{\frac{5}{2}}+4\boldsymbol{M}_{\frac{19}{6}}\boldsymbol{M}_{\frac{1}{2}}+8\boldsymbol{M}_{\frac{17}{6}}\boldsymbol{M}_{\frac{5}{6}}\end{cases} \tag{3.17c}$$

此外，有

$$\upsilon^k=u^k+ku^{k-1}(\upsilon-u)+\frac{k(k-1)}{2}u^{k-2}(\upsilon-u)^2+\cdots \tag{3.19}$$

忽略二次以上高阶项，并按幂进行降次排列，有

$$\upsilon^k=\left[\frac{k(k-1)}{2}u^{k-2}\right]\upsilon^2+\left[k(2-k)u^{k-1}\right]\upsilon+\left[\frac{(k-1)(k-2)}{2}\right]u^k \tag{3.20}$$

则 k 阶矩可表示为

$$\boldsymbol{M}_k=\left[\frac{k(k-1)}{2}u^{k-2}\right]\boldsymbol{M}_2+\left[k(2-k)u^{k-1}\right]\boldsymbol{M}_1+\left[\frac{(k-1)(k-2)}{2}\right]u^k\boldsymbol{M}_0 \tag{3.21}$$

式（3.21）可以写成紧凑的形式，即为式（3.10）。

以上就是式（3.10）的由来。因此，高阶和分数阶矩可通过式（3.10）封闭，经过整理可得到自由分子区布朗凝并 TEMOM 模型为

$$\begin{cases}\dfrac{\mathrm{d}\boldsymbol{M}_0}{\mathrm{d}t}=-\dfrac{\sqrt{2}B_1(-214\boldsymbol{M}_0\boldsymbol{M}_2u^2-4\,388\boldsymbol{M}_1^2u^2+1\,424\boldsymbol{M}_1\boldsymbol{M}_2u+6\,691\boldsymbol{M}_0^2u^4-65\boldsymbol{M}_2^2+6\,920\boldsymbol{M}_0\boldsymbol{M}_1u^3)}{5184u^{\frac{23}{6}}}\\ \dfrac{\mathrm{d}\boldsymbol{M}_1}{\mathrm{d}t}=0\\ \dfrac{\mathrm{d}\boldsymbol{M}_2}{\mathrm{d}t}=-\dfrac{\sqrt{2}B_1(-6\,748\boldsymbol{M}_1^2u^2+701\boldsymbol{M}_2^2-1034\boldsymbol{M}_0\boldsymbol{M}_2u^2-176\boldsymbol{M}_0\boldsymbol{M}_1u^3-3176\boldsymbol{M}_1\boldsymbol{M}_2u+65\boldsymbol{M}_0^2u^4)}{2\,592u^{\frac{11}{6}}}\end{cases}$$

（3.15b）

利用代数平均体积的定义（$u=\boldsymbol{M}_1/\boldsymbol{M}_0$），方程可化简为[8]

$$\begin{cases}\dfrac{\mathrm{d}\boldsymbol{M}_0}{\mathrm{d}t}=\dfrac{\sqrt{2}B_1\left(65\boldsymbol{M}_0^{\frac{23}{6}}\boldsymbol{M}_2^2-1\,210\boldsymbol{M}_0^{\frac{17}{6}}\boldsymbol{M}_1^2\boldsymbol{M}_2-9\,223\boldsymbol{M}_0^{\frac{11}{6}}\boldsymbol{M}_1^4\right)}{5184\boldsymbol{M}_1^{\frac{23}{6}}}\\ \dfrac{\mathrm{d}\boldsymbol{M}_1}{\mathrm{d}t}=0\\ \dfrac{\mathrm{d}\boldsymbol{M}_2}{\mathrm{d}t}=-\dfrac{\sqrt{2}B_1\left(701\boldsymbol{M}_0^{\frac{11}{6}}\boldsymbol{M}_2^2-4\,210\boldsymbol{M}_0^{\frac{5}{6}}\boldsymbol{M}_1^2\boldsymbol{M}_2-6\,859\boldsymbol{M}_0^{-\frac{1}{6}}\boldsymbol{M}_1^4\right)}{2\,592u^{\frac{11}{6}}}\end{cases}\tag{3.15c}$$

利用无量纲常数矩的定义 $\boldsymbol{M}_C=\boldsymbol{M}_0\boldsymbol{M}_2/\boldsymbol{M}_1^2$，则方程可进一步化简为[10]

$$\begin{cases}\dfrac{\mathrm{d}\boldsymbol{M}_0}{\mathrm{d}t}=\dfrac{\sqrt{2}B_1(65\boldsymbol{M}_\mathrm{C}^2-1\,210\boldsymbol{M}_\mathrm{C}-9\,223)\boldsymbol{M}_0^2}{5184}\left(\dfrac{\boldsymbol{M}_1}{\boldsymbol{M}_0}\right)^{1/6}\\ \dfrac{\mathrm{d}\boldsymbol{M}_1}{\mathrm{d}t}=0\\ \dfrac{\mathrm{d}\boldsymbol{M}_2}{\mathrm{d}t}=-\dfrac{\sqrt{2}B_1(701\boldsymbol{M}_\mathrm{C}^2-4\,210\boldsymbol{M}_\mathrm{C}-6\,859)\boldsymbol{M}_1^2}{2\,592}\left(\dfrac{\boldsymbol{M}_1}{\boldsymbol{M}_0}\right)^{1/6}\end{cases}\tag{3.15d}$$

通过上述介绍，可将 TEMOM 模型的建立归纳为三步。

（1）非线性核函数的泰勒多项式近似。

（2）高阶和分数阶矩的封闭问题。

（3）展开点的选取。

3.1.4 常见凝并核的 TEMOM 模型

类似地，采用上述建模方法，可得到其他常见碰撞核函数对应的 TEMOM 模型。在连续区，布朗凝并核函数为

$$\beta_{\mathrm{CR}}=B_2\left(\upsilon_i^{-\frac{1}{3}}+\upsilon_j^{-\frac{1}{3}}\right)\left(\upsilon_i^{\frac{1}{3}}+\upsilon_j^{\frac{1}{3}}\right)\tag{3.22}$$

其中系数 B_2 为

$$B_2 = \frac{2k_{\mathrm{B}}T}{3\mu_{\mathrm{g}}} \tag{3.23}$$

式中：μ_{g} 为气体动力学黏度。则对应的 TEMOM 模型为

$$\begin{cases} \dfrac{\mathrm{d}\boldsymbol{M}_0}{\mathrm{d}t} = \dfrac{B_2(2\boldsymbol{M}_C^2 - 13\boldsymbol{M}_C - 151)\boldsymbol{M}_0^2}{81} \\ \dfrac{\mathrm{d}\boldsymbol{M}_1}{\mathrm{d}t} = 0 \\ \dfrac{\mathrm{d}\boldsymbol{M}_2}{\mathrm{d}t} = -\dfrac{2B_2(2\boldsymbol{M}_C^2 - 13\boldsymbol{M}_C - 151)\boldsymbol{M}_1^2}{81} \end{cases} \tag{3.24}$$

对于二维平行剪切凝并问题，其核函数为

$$\beta_{\mathrm{SF}} = \frac{1}{\pi}\left(\upsilon_i^{\frac{1}{3}} + \upsilon_j^{\frac{1}{3}}\right)^3 \frac{\mathrm{d}v}{\mathrm{d}x} \tag{3.25}$$

其中，$\mathrm{d}v/\mathrm{d}x$ 为流场的剪切率，对应的 TEMOM 模型为

$$\begin{cases} \dfrac{\mathrm{d}\boldsymbol{M}_0}{\mathrm{d}t} = -\dfrac{1}{27\pi}(\boldsymbol{M}_C^2 - 20\boldsymbol{M}_C + 127)\boldsymbol{M}_0\boldsymbol{M}_1\dfrac{\mathrm{d}v}{\mathrm{d}x} \\ \dfrac{\mathrm{d}\boldsymbol{M}_1}{\mathrm{d}t} = 0 \\ \dfrac{\mathrm{d}\boldsymbol{M}_2}{\mathrm{d}t} = \dfrac{4}{27\pi\boldsymbol{M}_0}(5\boldsymbol{M}_C^2 + 35\boldsymbol{M}_C + 14)\boldsymbol{M}_1^3\dfrac{\mathrm{d}v}{\mathrm{d}x} \end{cases} \tag{3.26}$$

对于常数核函数

$$\beta_{\mathrm{constant}} = 1 \tag{3.27}$$

其对应的 TEMOM 模型为

$$\begin{cases} \dfrac{\mathrm{d}\boldsymbol{M}_0}{\mathrm{d}t} = -\dfrac{1}{2}\boldsymbol{M}_0^2 \\ \dfrac{\mathrm{d}\boldsymbol{M}_1}{\mathrm{d}t} = 0 \\ \dfrac{\mathrm{d}\boldsymbol{M}_2}{\mathrm{d}t} = \boldsymbol{M}_1^2 \end{cases} \tag{3.28}$$

对于加核

$$\beta_{\mathrm{additive}} = \upsilon + \upsilon_j \tag{3.29}$$

其 TEMOM 模型为

$$\begin{cases} \dfrac{\mathrm{d}\boldsymbol{M}_0}{\mathrm{d}t} = -\boldsymbol{M}_0\boldsymbol{M}_1 \\ \dfrac{\mathrm{d}\boldsymbol{M}_1}{\mathrm{d}t} = 0 \\ \dfrac{\mathrm{d}\boldsymbol{M}_2}{\mathrm{d}t} = 2\boldsymbol{M}_1\boldsymbol{M}_2 \end{cases} \tag{3.30}$$

以及乘核

$$\beta_{\text{multiplicative}} = \upsilon\upsilon_j \tag{3.31}$$

其 TEMOM 模型为

$$\begin{cases} \dfrac{\mathrm{d}\boldsymbol{M}_0}{\mathrm{d}t} = -\dfrac{1}{2}\boldsymbol{M}_1^2 \\ \dfrac{\mathrm{d}\boldsymbol{M}_1}{\mathrm{d}t} = 0 \\ \dfrac{\mathrm{d}\boldsymbol{M}_2}{\mathrm{d}t} = \boldsymbol{M}_2^2 \end{cases} \tag{3.32}$$

3.2　矩方程组的数值计算方法

3.2.1　常微分方程的四阶龙格-库塔方法

对于一阶常微分方程和初值条件：

$$\begin{cases} \dfrac{\mathrm{d}y}{\mathrm{d}x} = f(x,y) \\ y(x_0) = y_0 \end{cases} \tag{3.33}$$

常用的数值计算方法是四阶龙格-库塔方法（Runge-Kutta method），其数值计算格式为

$$y_{n+1} = y_n + h(k_1 + 2k_2 + 2k_3 + k_4)/6 \tag{3.34}$$

式中：h 为步长。其中，斜率 k_1、k_2、k_3、k_4 分别为

$$\begin{cases} k_1 = f(x_n, y_n) \\ k_2 = f\left(x_n + \dfrac{h}{2}, y_n + \dfrac{h}{2}k_1\right) \\ k_3 = f\left(x_n + \dfrac{h}{2}, y_n + \dfrac{h}{2}k_2\right) \\ k_4 = f\left(x_n + h, y_n + hk_3\right) \end{cases} \tag{3.35}$$

这样，下一个值由现在的值加上间隔和一个估计的斜率的乘积所决定。该斜率是以下斜率的加权平均。

k_1：开始段的斜率

k_2：中点的斜率

k_3：中点的斜率

k_4：终点的斜率

龙格-库塔法是四阶方法，也就是每步的误差为 h^4。

基于龙格-库塔法的原理，本章的常微分方程组的算法可描述如下（为了增强算法的通用性，这里忽略了方程的具体形式）。

对于常微分方程组：

$$\begin{cases}\dfrac{\mathrm{d}\boldsymbol{M}_0}{\mathrm{d}t}=\boldsymbol{M}_0(\boldsymbol{M}_0,\boldsymbol{M}_1,\boldsymbol{M}_2)\\ \dfrac{\mathrm{d}\boldsymbol{M}_1}{\mathrm{d}t}=\boldsymbol{M}_1(\boldsymbol{M}_0,\boldsymbol{M}_1,\boldsymbol{M}_2)\\ \dfrac{\mathrm{d}\boldsymbol{M}_2}{\mathrm{d}t}=\boldsymbol{M}_2(\boldsymbol{M}_0,\boldsymbol{M}_1,\boldsymbol{M}_2)\end{cases} \tag{3.36a}$$

和初始条件：

$$\begin{cases}\boldsymbol{M}_0(t=t_0)=\boldsymbol{M}_{00}\\ \boldsymbol{M}_1(t=t_0)=\boldsymbol{M}_{10}\\ \boldsymbol{M}_2(t=t_0)=\boldsymbol{M}_{20}\end{cases} \tag{3.36b}$$

其数值迭代格式为

$$\begin{cases}\boldsymbol{M}_0(i+1)=\boldsymbol{M}_0(i)+\mathrm{d}t(k_{11}+2k_{12}+2k_{13}+k_{14})/6\\ \boldsymbol{M}_1(i+1)=\boldsymbol{M}_1(i)+\mathrm{d}t(k_{11}+2k_{12}+2k_{13}+k_{14})/6\\ \boldsymbol{M}_2(i+1)=\boldsymbol{M}_2(i)+\mathrm{d}t(k_{11}+2k_{12}+2k_{13}+k_{14})/6\end{cases} \tag{3.37}$$

其中，各中间变量的计算公式为

$$\begin{cases}k_{11}=\boldsymbol{M}_0(\boldsymbol{M}_0,\boldsymbol{M}_1,\boldsymbol{M}_2)\\ k_{21}=\boldsymbol{M}_1(\boldsymbol{M}_0,\boldsymbol{M}_1,\boldsymbol{M}_2)\\ k_{31}=\boldsymbol{M}_2(\boldsymbol{M}_0,\boldsymbol{M}_1,\boldsymbol{M}_2)\end{cases} \tag{3.38a}$$

$$\begin{cases}k_{12}=\boldsymbol{M}_0(\boldsymbol{M}_0+k_{11}\mathrm{d}t/2,\ \boldsymbol{M}_1+k_{21}\mathrm{d}t/2,\ \boldsymbol{M}_2+k_{31}\mathrm{d}t/2)\\ k_{22}=\boldsymbol{M}_1(\boldsymbol{M}_0+k_{11}\mathrm{d}t/2,\ \boldsymbol{M}_1+k_{21}\mathrm{d}t/2,\ \boldsymbol{M}_2+k_{31}\mathrm{d}t/2)\\ k_{32}=\boldsymbol{M}_2(\boldsymbol{M}_0+k_{11}\mathrm{d}t/2,\ \boldsymbol{M}_1+k_{21}\mathrm{d}t/2,\ \boldsymbol{M}_2+k_{31}\mathrm{d}t/2)\end{cases} \tag{3.38b}$$

$$\begin{cases}k_{13}=\boldsymbol{M}_0(\boldsymbol{M}_0+k_{12}\mathrm{d}t/2,\ \boldsymbol{M}_1+k_{22}\mathrm{d}t/2,\ \boldsymbol{M}_2+k_{32}\mathrm{d}t/2)\\ k_{23}=\boldsymbol{M}_1(\boldsymbol{M}_0+k_{12}\mathrm{d}t/2,\ \boldsymbol{M}_1+k_{22}\mathrm{d}t/2,\ \boldsymbol{M}_2+k_{32}\mathrm{d}t/2)\\ k_{33}=\boldsymbol{M}_2(\boldsymbol{M}_0+k_{12}\mathrm{d}t/2,\ \boldsymbol{M}_1+k_{22}\mathrm{d}t/2,\ \boldsymbol{M}_2+k_{32}\mathrm{d}t/2)\end{cases} \tag{3.38c}$$

$$\begin{cases}k_{14}=\boldsymbol{M}_0(\boldsymbol{M}_0+k_{13}\mathrm{d}t,\ \boldsymbol{M}_1+k_{23}\mathrm{d}t,\ \boldsymbol{M}_2+k_{33}\mathrm{d}t)\\ k_{24}=\boldsymbol{M}_1(\boldsymbol{M}_0+k_{13}\mathrm{d}t,\ \boldsymbol{M}_1+k_{23}\mathrm{d}t,\ \boldsymbol{M}_2+k_{33}\mathrm{d}t)\\ k_{34}=\boldsymbol{M}_2(\boldsymbol{M}_0+k_{13}\mathrm{d}t,\ \boldsymbol{M}_1+k_{23}\mathrm{d}t,\ \boldsymbol{M}_2+k_{33}\mathrm{d}t)\end{cases} \tag{3.38d}$$

3.2.2 常见碰撞核函数的 TEMOM 模型的数值解及程序

根据上述计算原理，利用 MATLAB 软件的 ODE45 函数和可视化用户界面，各种常见碰撞核函数的 TEMOM 模型的数值计算程序和结果列出如下。计算程序中的时间步长为 0.01，时间跨度为[0,100]，初始矩量为 $\boldsymbol{M}_{00}=1$、$\boldsymbol{M}_{10}=1$、$\boldsymbol{M}_{20}=4/3$，为了程序简洁，相关常数设置为 1。自由分子区布朗凝并 TEMOM 模型的数值解程序见程序 3.1。计算结果如图 3.1 所示。

程序 3.1　自由分子区布朗凝并 TEMOM 模型的数值解

```
% p9.m solution of TEMOM model in FM with ODE45
clear,
[t,y] = ode45(@TEMOM_FM,(1e-2:1e-2:1e2),[1; 1; 4/3]);
MC = y(:,1).*y(:,3)./y(:,2).^2; u = y(:,2)./y(:,1);
figure,
subplot(2,2,1), loglog(t,y(:,1)), xlabel('t'), ylabel('M_0')
subplot(2,2,2), loglog(t,y(:,3)), xlabel('t'), ylabel('M_2')
subplot(2,2,3), loglog(t,MC),     xlabel('t'), ylabel('M_C')
subplot(2,2,4), loglog(t,u),      xlabel('t'), ylabel('u')
function dydt = TEMOM_FM(t,y)
% M0 = y(1); M1 = y(2); M2 = y(3); u = y(2)/y(1);
MC = y(1)*y(3)/y(2)^2;
u = y(2)/y(1);
dydt = [1*sqrt(2)*( 65*MC^2 - 1210*MC - 9223)*y(1)^2*u^(1/6)/5184;
        0;
        -2*sqrt(2)*(701*MC^2 - 4210*MC - 6859)*y(2)^2*u^(1/6)/5184];
end
```

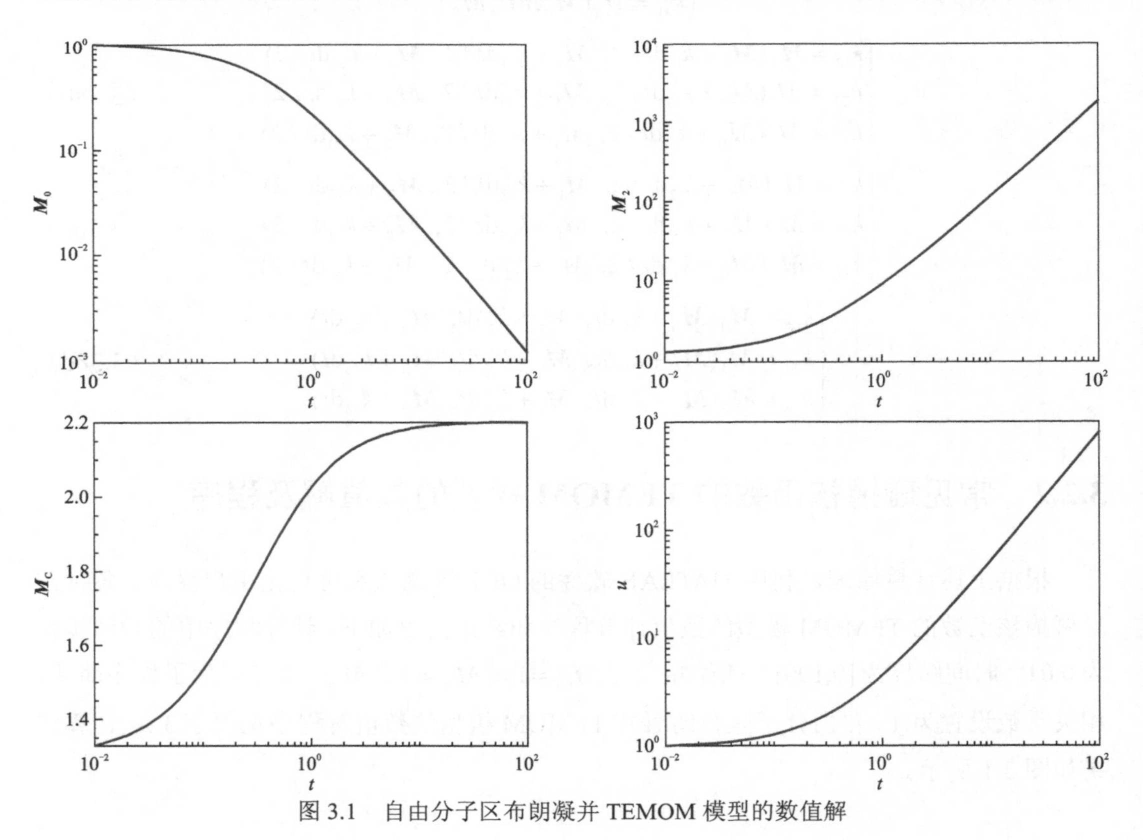

图 3.1　自由分子区布朗凝并 TEMOM 模型的数值解

连续区布朗凝并 TEMOM 模型的数值解程序见程序 3.2。计算结果如图 3.2 所示。

程序 3.2 连续区布朗凝并 TEMOM 模型的数值解

```
% p10.m solution of TEMOM model in CR with ODE45
clear,
[t,y] = ode45(@TEMOM_CR,(1e-2:1e-2:1e2),[1; 1; 4/3]);
MC = y(:,1).*y(:,3)./y(:,2).^2; u = y(:,2)./y(:,1);
figure,
subplot(2,2,1), loglog(t,y(:,1)), xlabel('t'), ylabel('M_0')
subplot(2,2,2), loglog(t,y(:,3)), xlabel('t'), ylabel('M_2')
subplot(2,2,3), loglog(t,MC),     xlabel('t'), ylabel('M_C')
subplot(2,2,4), loglog(t,u),      xlabel('t'), ylabel('u')
function dydt = TEMOM_CR(t,y)
% M0 = y(1); M1 = y(2); M2 = y(3);
MC = y(1)*y(3)/y(2)^2;
dydt = [1*(2*MC^2 - 13*MC - 151)*y(1)^2/81;
        0;
       -2*(2*MC^2 - 13*MC - 151)*y(2)^2/81];
end
```

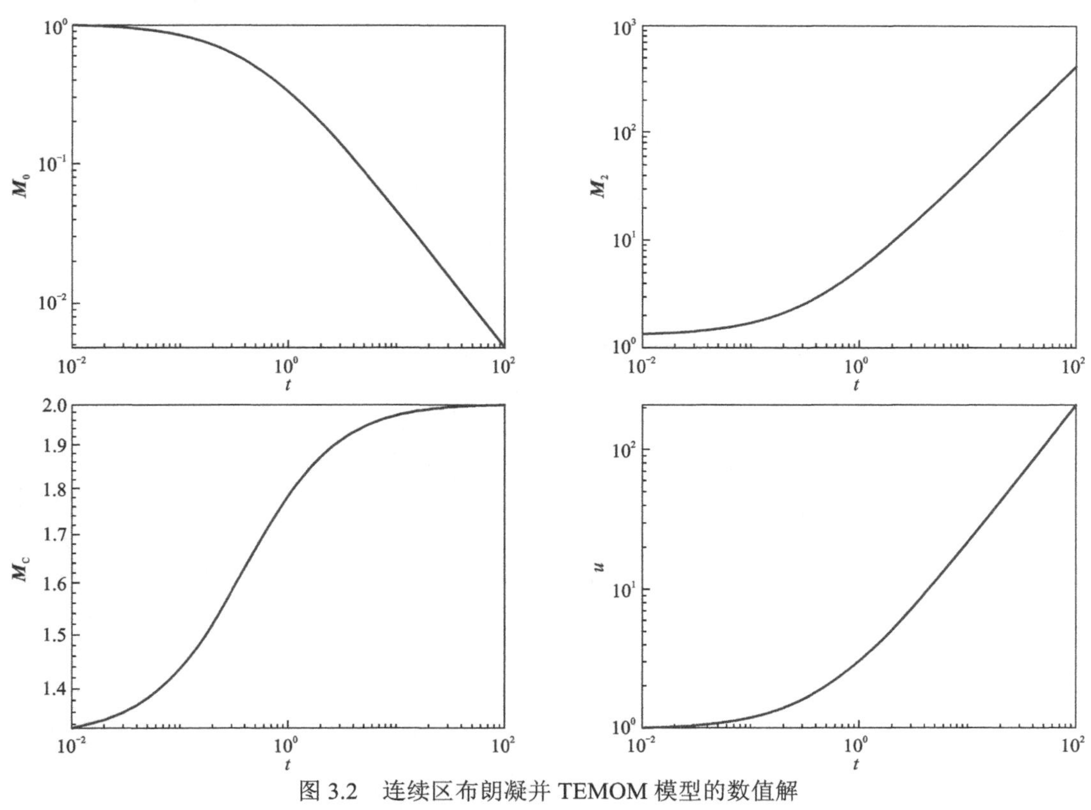

图 3.2 连续区布朗凝并 TEMOM 模型的数值解

对于剪切凝并问题，其对应的计算程序见程序 3.3。计算结果如图 3.3 所示。

程序 3.3　剪切凝并 TEMOM 模型的数值解

```
% p11.m solution of TEMOM model in shear flow with ODE45
clear,
[t,y] = ode45(@TEMOM_SF,(1e-2:1e-2:1e2),[1; 1; 4/3]);
MC = y(:,1).*y(:,3)./y(:,2).^2; u = y(:,2)./y(:,1);
figure,
subplot(2,2,1), loglog(t,y(:,1)), xlabel('t'), ylabel('M_0')
subplot(2,2,2), loglog(t,y(:,3)), xlabel('t'), ylabel('M_2')
subplot(2,2,3), loglog(t,MC),     xlabel('t'), ylabel('M_C')
subplot(2,2,4), loglog(t,u),      xlabel('t'), ylabel('u')
function dydt = TEMOM_SF(t,y)
% M0 = y(1); M1 = y(2); M2 = y(3);
MC = y(1)*y(3)/y(2)^2;
dydt = [-(1*MC^2 - 20*MC + 127)*y(1)*y(2)/27/pi;
          0;
       4*(5*MC^2 + 35*MC +  14)*y(2)*y(3)/27/pi/MC];
end
```

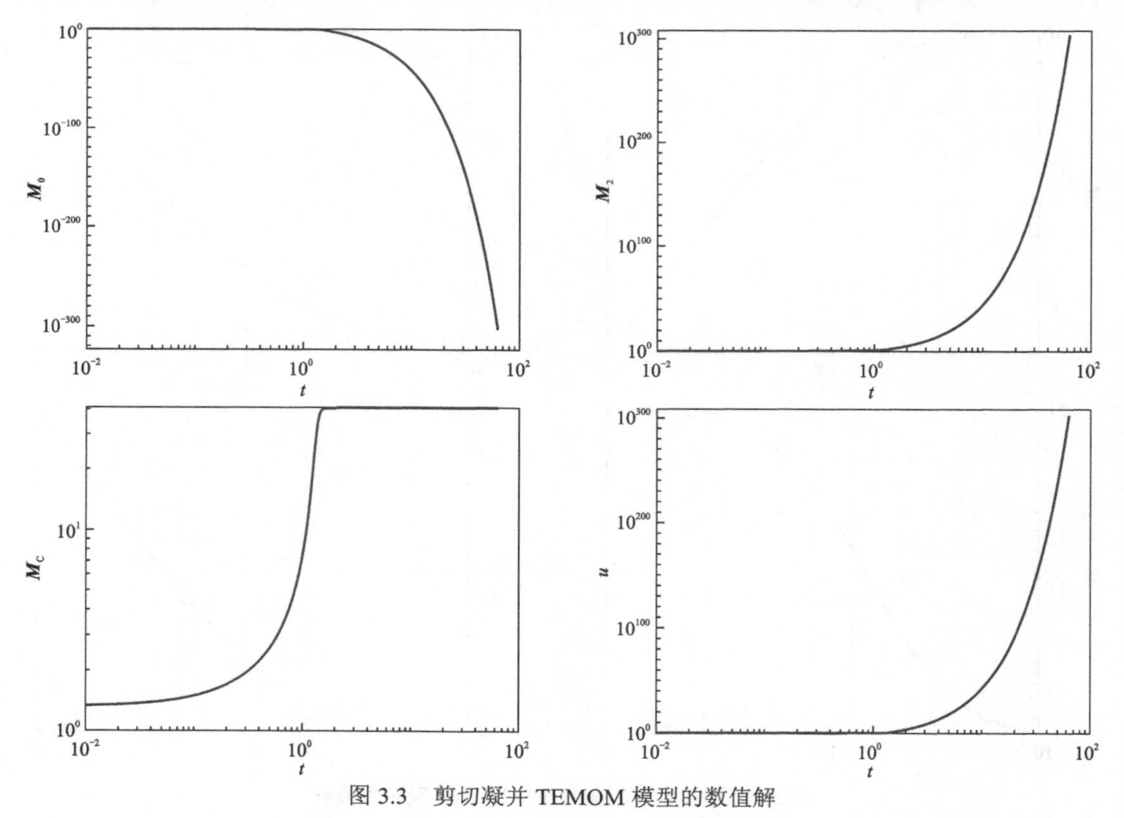

图 3.3　剪切凝并 TEMOM 模型的数值解

对于常数核凝并问题，其程序见程序 3.4。计算结果如图 3.4 所示。

程序 3.4　常数核凝并 TEMOM 模型的数值解

```
% p12.m solution of TEMOM model for constant kernel with ODE45
clear,
[t,y] = ode45(@TEMOM_C,(1e-2:1e-2:1e2),[1; 1; 4/3]);
MC = y(:,1).*y(:,3)./y(:,2).^2; u = y(:,2)./y(:,1);
figure,
subplot(2,2,1), loglog(t,y(:,1)), xlabel('t'), ylabel('M_0')
subplot(2,2,2), loglog(t,y(:,3)), xlabel('t'), ylabel('M_2')
subplot(2,2,3), loglog(t,MC),     xlabel('t'), ylabel('M_C')
subplot(2,2,4), loglog(t,u),      xlabel('t'), ylabel('u')
function dydt = TEMOM_C(t,y)
% M0 = y(1); M1 = y(2); M2 = y(3);
MC = y(1)*y(3)/y(2)^2;
dydt = [-y(1).^2/2;
          0;
        +y(2).^2];
end
```

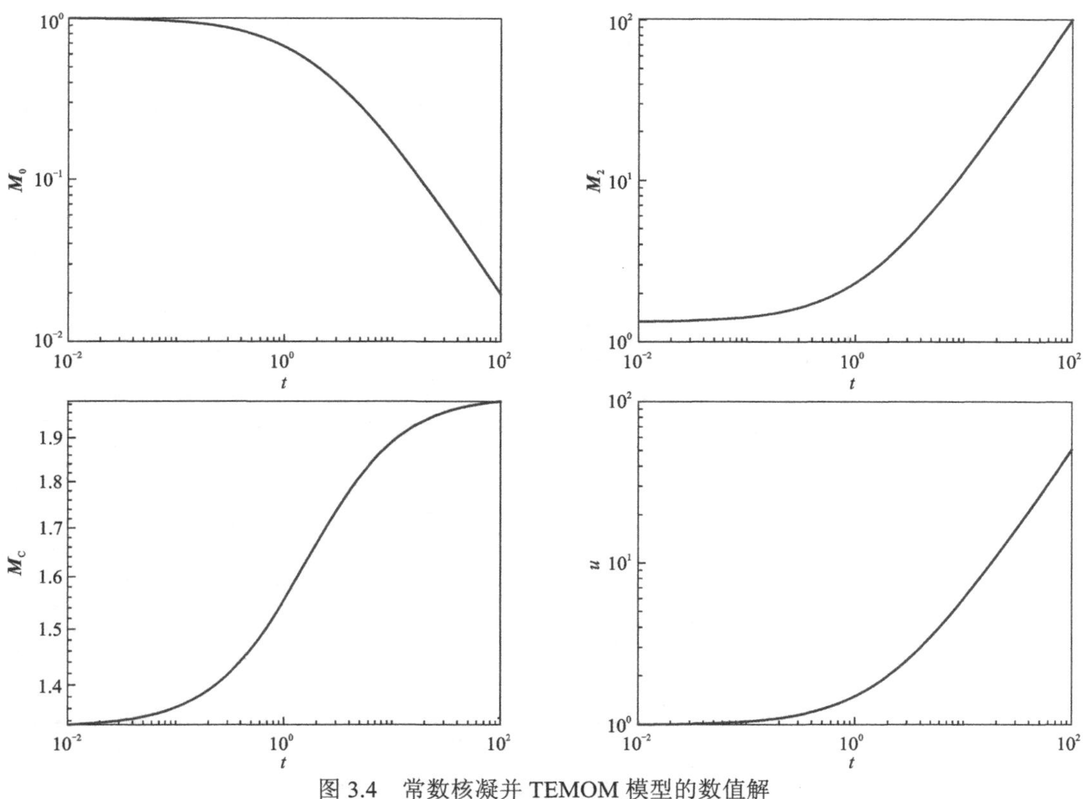

图 3.4　常数核凝并 TEMOM 模型的数值解

对于加核凝并问题，其程序见程序 3.5。计算结果如图 3.5 所示。

程序 3.5　加核凝并 TEMOM 模型的数值解

```
% p13.m solution of TEMOM model for additive kernel with ODE45
clear,
[t,y] = ode45(@TEMOM_A,(1e-2:1e-2:1e2),[1; 1; 4/3]);
MC = y(:,1).*y(:,3)./y(:,2).^2; u = y(:,2)./y(:,1);
figure,
subplot(2,2,1), loglog(t,y(:,1)), xlabel('t'), ylabel('M_0')
subplot(2,2,2), loglog(t,y(:,3)), xlabel('t'), ylabel('M_2')
subplot(2,2,3), loglog(t,MC),     xlabel('t'), ylabel('M_C')
subplot(2,2,4), loglog(t,u),      xlabel('t'), ylabel('u')
function dydt = TEMOM_A(t,y)
% M0 = y(1); M1 = y(2); M2 = y(3);
MC = y(1)*y(3)/y(2)^2;
dydt = [-y(1).*y(2);
          0;
       2*y(2).*y(3)];
end
```

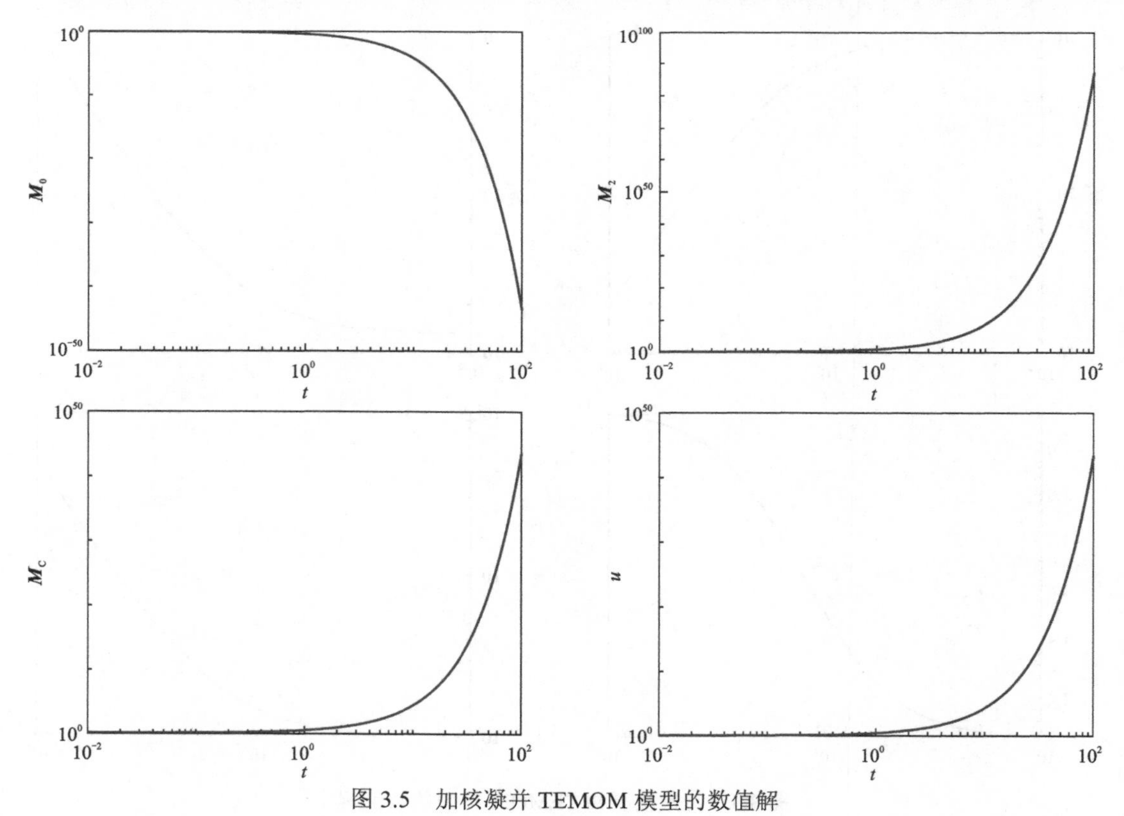

图 3.5　加核凝并 TEMOM 模型的数值解

对于乘核凝并问题，其程序见程序 3.6。计算结果如图 3.6 所示。

程序 3.6　乘核凝并 TEMOM 模型的数值解

```
% p14.m solution of TEMOM model for multiplicative kernel with ODE45
clear,
[t,y] = ode45(@TEMOM_SF,(1e-2:1e-2:1e2),[1; 1; 4/3]);
MC = y(:,1).*y(:,3)./y(:,2).^2; u = y(:,2)./y(:,1);
figure,
subplot(2,2,1), loglog(t,y(:,1)), xlabel('t'), ylabel('M_0')
subplot(2,2,2), loglog(t,y(:,3)), xlabel('t'), ylabel('M_2')
subplot(2,2,3), loglog(t,MC),     xlabel('t'), ylabel('M_C')
subplot(2,2,4), loglog(t,u),      xlabel('t'), ylabel('u')
function dydt = TEMOM_SF(t,y)
% M0 = y(1); M1 = y(2); M2 = y(3);
MC = y(1)*y(3)/y(2)^2;
dydt = [-y(2).^2/2;
         0;
       +y(3).^2];
end
```

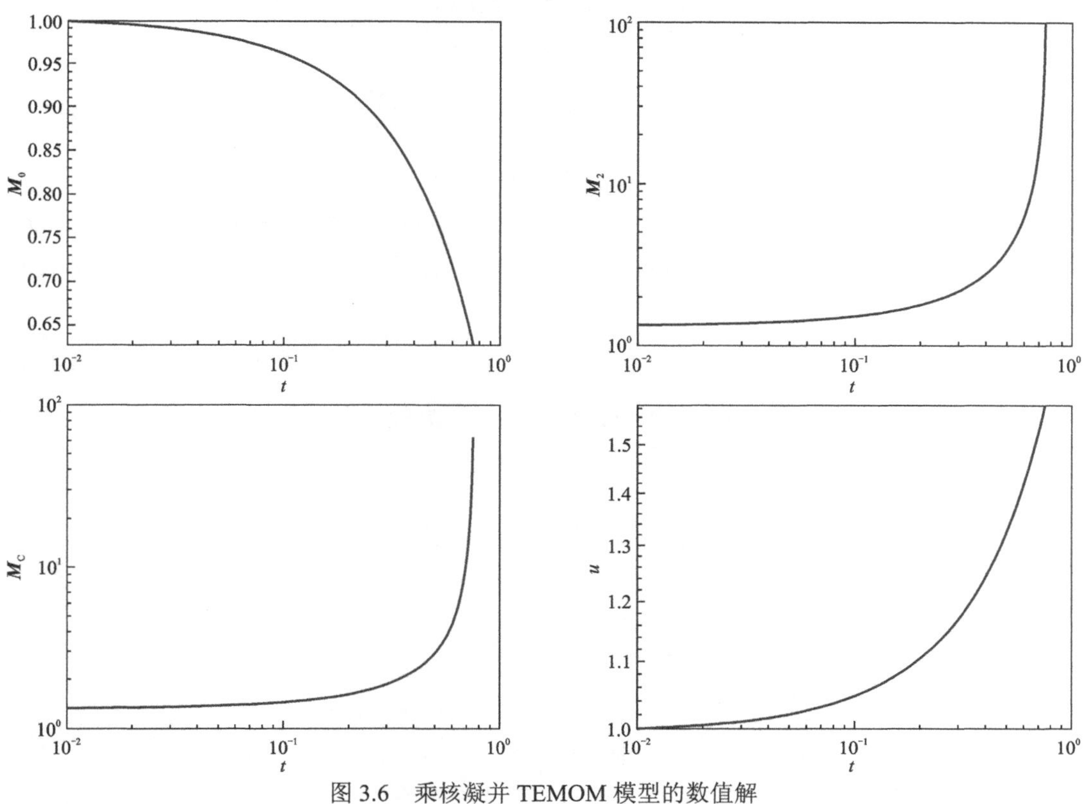

图 3.6　乘核凝并 TEMOM 模型的数值解

通过上述 6 种碰撞核函数对应的 TEMOM 模型的数值解可以看出，有些模型是存在渐近解的，如自由分子区和连续区的布朗凝并 TEMOM、常数核的 TEMOM 模型、剪切核的 TEMOM 模型。但加核和乘核的 TEMOM 模型无渐近解。

3.2.3 TEMOM 模型的误差分析

由泰勒展开矩方法模型的推导，可以看出，该方法的主要误差在于其截断误差。如非线性核函数的泰勒多项式近似，属于多项式插值；方程的封闭问题采用的是前三个整数矩构成的二次多项式近似，也属于插值问题，因此泰勒展开矩方法的误差只有插值余项的误差[9]。

将碰撞核函数进行整体泰勒级数展开，有泰勒多项式（Taylor polynomials，TP）

$$\begin{aligned}\mathrm{TP}(\upsilon_i,\upsilon_j)=&\beta(u,u)+\frac{\partial\beta(u,u)}{\partial\upsilon_i}(\upsilon_i-u)+\frac{\partial\beta(u,u)}{\partial\upsilon_j}(\upsilon_j-u)\\&+\frac{1}{2}\frac{\partial^2\beta(u,u)}{\partial\upsilon_i^2}(\upsilon_i-u)^2+\frac{\partial^2\beta(u,u)}{\partial\upsilon_i\partial\upsilon_j}(\upsilon_i-u)(\upsilon_j-u)\\&+\frac{1}{2}\frac{\partial^2\beta(u,u)}{\partial\upsilon_j^2}(\upsilon_j-u)^2\end{aligned}\tag{3.39}$$

其截断误差为

$$\begin{aligned}\mathrm{error}_\beta&=\beta(\upsilon_i,\upsilon_j)-\mathrm{TP}(\upsilon_i,\upsilon_j)\\&=\frac{1}{6}\frac{\partial^3\beta(u,u)}{\partial\upsilon_i^3}(\upsilon_i-u)^3+\frac{3}{6}\frac{\partial^3\beta(u,u)}{\partial\upsilon_i^2\partial\upsilon_j}(\upsilon_i-u)^2(\upsilon_j-u)\\&\quad+\frac{3}{6}\frac{\partial^3\beta(u,u)}{\partial\upsilon_i\partial\upsilon_j^2}(\upsilon_i-u)(\upsilon_j-u)^2+\frac{1}{6}\frac{\partial^3\beta(u,u)}{\partial\upsilon_j^3}(\upsilon_j-u)^3\end{aligned}\tag{3.40}$$

以自由分子区的凝并核函数为例，其误差分布计算程序见程序 3.7，计算结果如图 3.7 所示，由图可以看出，截断误差的最大值处在颗粒粒径分布图的边缘，且关于$\upsilon_i=\upsilon_j$对称。因此，多变量的误差分析问题可简化为单变量的误差分析。由此，碰撞核函数的截断误差可近似地表示为

$$\mathrm{error}_\beta=\frac{\beta'''(\xi)}{3!}(\upsilon-u)^3\tag{3.41}$$

程序 3.7 TEMOM 模型的截断误差

```
% p15.m the truncated error of TEMOM
clear,
x = 0.05:0.05:10; Nx = x(end)/x(1); y = 0.05:0.05:10;
Ny = y(end)/y(1); u = max(x)/5;
for i =1:Nx
    for j = 1:Ny
        z0(i,j) = ((x(i)^(-1) + y(j)^(-1)).^(1/2)) *...
                  (x(i)^(1/3) + y(j)^(1/3))^2;
        z1(i,j) = (1/sqrt(x(i)*y(j))) * (sqrt(2*u) ...
```

```
            + sqrt(1/8)*(x(i)-u)/sqrt(2*u) ...
            + sqrt(1/8)*(y(j)-u)/sqrt(2*u)...
            - sqrt(2/32/32)*(x(i)-u)^2/(2*u)^(3/2) ...
            - sqrt(2/32/32)*(y(j)-u)^2/(2*u)^(3/2) ...
            - sqrt(2/16/16)*(x(i)-u)*(y(j)-u)/(2*u)^(3/2))...
            * (x(i)^(1/3) + y(j)^(1/3))^2;
    end
end
z = abs(z0-z1);
figure, meshc(x,y,z),view(-45,10), axis equal
xlabel('v_i'), ylabel('v_j'), zlabel('error_\beta')
axis([0 10 0 10 0 10])
figure,contour(x,y,z./z0,100), axis equal, colorbar
xlabel('v_i'), ylabel('v_j'), zlabel('error1/\beta'), grid on
```

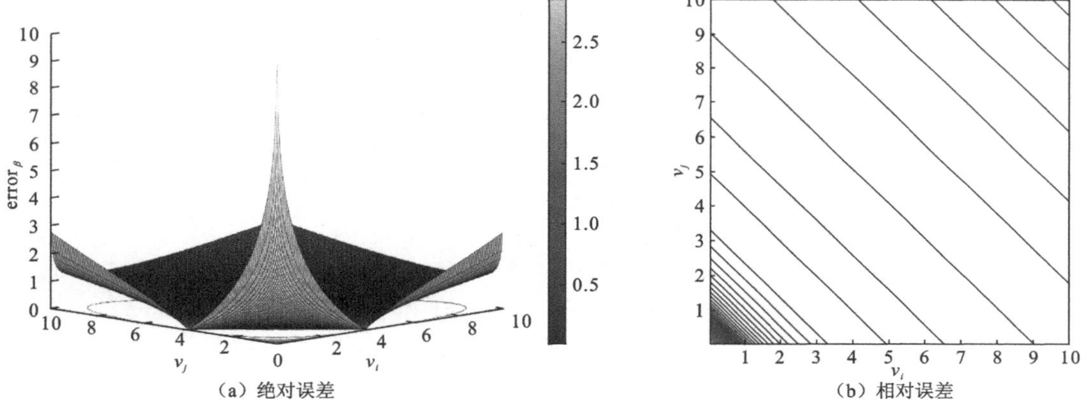

图 3.7　碰撞核函数的截断误差分布

类似地，模型封闭的截断误差可表示为

$$\mathrm{error}_{M_k}=\frac{k(k-1)(k-2)}{3!}u^{k-3}(\boldsymbol{M}_3-3\boldsymbol{M}_2u+3\boldsymbol{M}_1u^2-\boldsymbol{M}_0u^3) \tag{3.42}$$

因此，系统的误差为

$$\mathrm{error}=\boldsymbol{M}_{\max}(\boldsymbol{M}_3-3\boldsymbol{M}_2u+3\boldsymbol{M}_1u^2-\boldsymbol{M}_0u^3) \tag{3.43}$$

其中，$\boldsymbol{M}_{\max}$ 定义为

$$\boldsymbol{M}_{\max}=\max\left\{\left[\frac{k(k-1)(k-2)}{3!}u^{k-3}\right],\frac{\beta'''(\xi)}{3!}u^{k-3}\right\} \tag{3.44}$$

假设对数正态分布条件下有

$$n(\upsilon,\ln\upsilon_{\mathrm{g}},\ln\sigma)=\frac{N}{3\sqrt{2\pi}\ln\sigma}\exp\left[-\frac{\ln^2(\upsilon/\upsilon_{\mathrm{g}})}{18\ln^2\sigma}\right]\frac{1}{\upsilon},\quad \upsilon>0 \tag{3.45}$$

其中，参数与矩的关系为

$$\begin{cases} \upsilon_g = \dfrac{M_1^2}{M_0^{\frac{3}{2}} M_2^{\frac{1}{2}}} = \dfrac{u}{\sqrt{M_C}} \\ \ln^2 \sigma = \dfrac{1}{9} \ln \dfrac{M_0 M_2}{M_1^2} = \dfrac{1}{9} \ln M_C \end{cases} \tag{3.46}$$

各阶矩的误差计算程序见程序 3.8，其结果如图 3.8 所示。程序 3.9 则给出了关于 0 点或单位 1 点对称两个矩乘积的误差计算方法，结果如图 3.9 所示。关于某点对称的两个矩的乘积在齐次核函数 TEMOM 模型的推导过程中经常遇到，计算结果说明这种两个矩的乘积的误差与单个矩的误差基本在同一量级（3%以内）。其结果如图 3.7 所示。

程序 3.8　M_k 的误差

```
% p16.m the calculation of error for M_k
clear,
dv = 1e-3;  vmax = 1e2; v = dv:dv:vmax;
u = 0.1; MC = 2.2001; vg = u/sqrt(MC); sigma = exp(sqrt((log(MC))/9));
n = distribution_v(v,vg,sigma);
M0 = sum(v.^0.*n*dv); M1 = sum(v.^1.*n*dv); M2 = sum(v.^2.*n*dv);
dk = 0.01; kmax = 19/6; kmin = 0; k = kmin:dk:kmax;
for j = 1:(kmax-kmin)/dk+1
   for i = 1:vmax/dv
      mk(i,j) = v(i)^k(j)*n(i);
   end
end
Mk = sum(mk*dv);
Mk1 = M1.^(k)./M0.^(k-1)  .*  (1 + k.*(k-1)*(MC-1)/2);
figure, plot(k,Mk,k,Mk1,'*'), axis([0 19/6 0 1]),
xlabel('k'); ylabel('M_k')
legend('M_k calculated with definition',...
     'M_k calculated with approximation formula',...
     'location','northeast')
figure, plot(k,Mk-Mk1,'*'), axis([0 19/6 -0.005 0.025]),
xlabel('k'); ylabel('M_k - M_{k1}')
legend('M_k - M_{k1}')
function n = distribution_v(v,vg,sigma)
n = 1/(3*sqrt(2*pi)*log(sigma)) * ...
   exp(-(log(v/vg)).^2/(18*(log(sigma))^2) )./v;
end
```

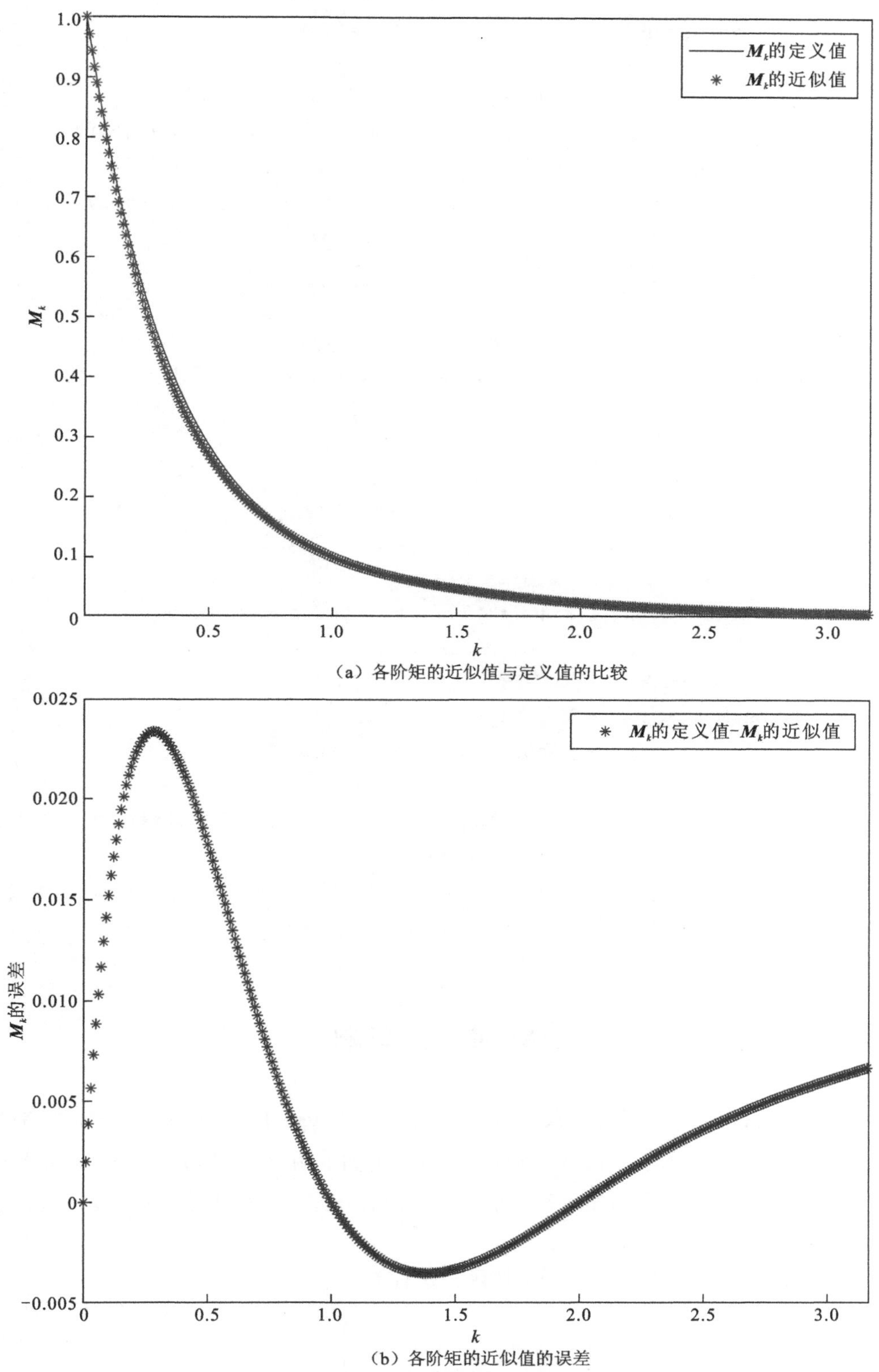

（a）各阶矩的近似值与定义值的比较

（b）各阶矩的近似值的误差

图 3.8 各阶矩的近似值和定义值之间的比较与误差

程序 3.9　M_k 和 M_{1+k} 的误差

```
% p17.m the error of M_(-k)*M_(k) and M_(1-k)*M_(1+k)
clear,
dv = 1e-2; vmax = 1e2; v = dv:dv:vmax;
u = 1; MC = 2.2001; vg = u/sqrt(MC); sigma = exp(sqrt((log(MC))/9));
n = distribution_v(v,vg,sigma);
M0 = sum(v.^0.*n*dv); M1 = sum(v.^1.*n*dv); M2 = sum(v.^2.*n*dv);
dk = 0.01; kmax = 1; kmin = 0; k = kmin:dk:kmax;
for j = 1:(kmax-kmin)/dk+1
    for i = 1:vmax/dv
        mk(i,j) = v(i)^k(j)*n(i); m_k(i,j) = v(i)^(-k(j))*n(i);
        m1k(i,j) = v(i)^(1+k(j))*n(i); m1_k(i,j) = v(i)^(1-k(j))*n(i);
    end
end
Mk = sum(mk*dv); M_k = sum(m_k*dv);
Mk1 = M1.^(k)./M0.^(k-1).*(1+k.*(k-1)*(MC-1)/2);
M_k1 =  M1.^(-k)./M0.^(-k-1).*(1+(-k).*(-k-1)*(MC-1)/2);
M1k = sum(m1k*dv); M1_k = sum(m1_k*dv);
M1k1 = M1.^(1+k)./M0.^(1+k-1).*(1+(1+k).*(1+k-1)*(MC-1)/2);
M1_k1 =  M1.^(1-k)./M0.^(1-k-1).*(1+(1-k).*(1-k-1)*(MC-1)/2);
error1 = abs(Mk.*M_k-Mk1.*M_k1);
error2 = abs(M1k.*M1_k-M1k1.*M1_k1);
figure, plot(k,error1,'*'),hold on, plot(k,error2,'-.')
xlabel('k'), ylabel('error')
legend('M_{k}*M_{-k}','M_{1+k}*M_{1-k}','location','northwest')
function n = distribution_v(v,vg,sigma)
n = 1/(3*sqrt(2*pi)*log(sigma)) * ...
    exp(-(log(v/vg)).^2/(18*(log(sigma))^2) )./v;
end
```

3.2.4　展开方式对 TEMOM 模型的影响

在原始的自由分子区的布朗凝并 TEMOM 模型（type I）的推导过程中，只是对非线性碰撞核函数的部分项 $(\upsilon+\upsilon_1)^{1/2}$ 进行了展开，得到了相应的 TEMOM 模型，展开项的选取对 TEMOM 模型的影响如何？本小节对 4 种展开方式进行比较，说明 4 种模型之间的误差较小，可视为等效模型[19]。

第二种展开方式是对完整的碰撞核函数进行展开：

$$\left(\frac{1}{\upsilon}+\frac{1}{\upsilon_1}\right)^{\frac{1}{2}}\left(\upsilon^{\frac{1}{3}}+\upsilon_1^{\frac{1}{3}}\right)^2 \tag{3.47}$$

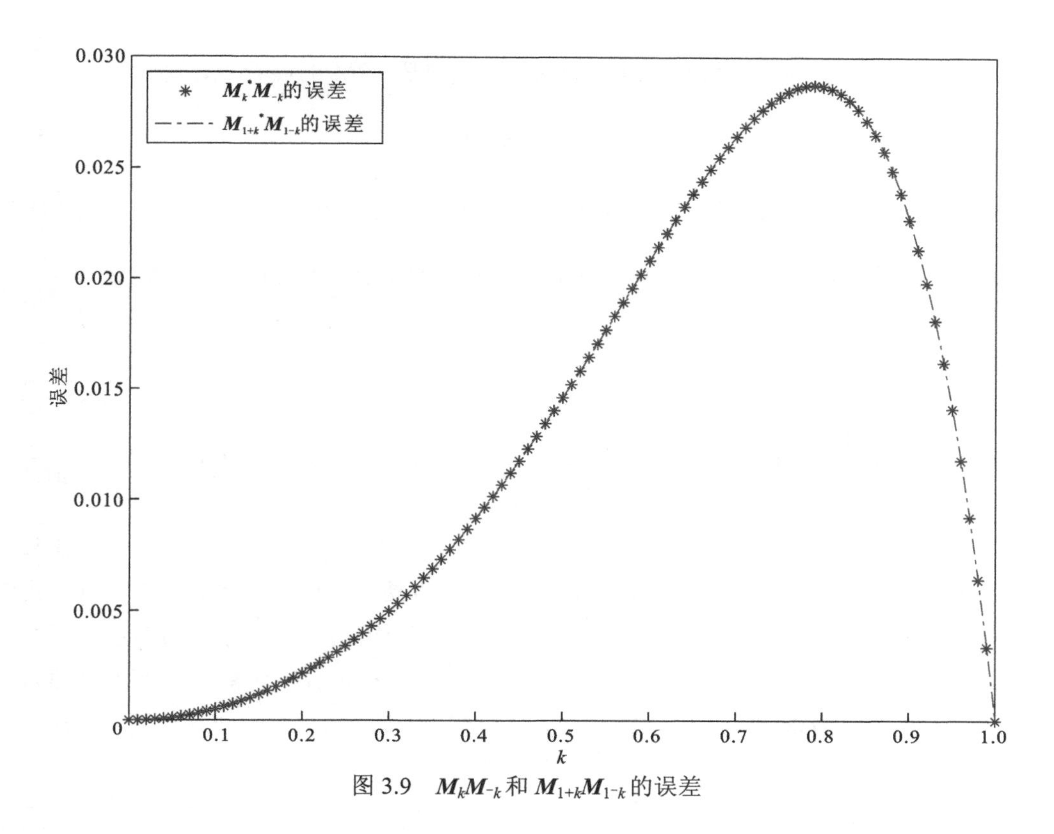

图 3.9 $\boldsymbol{M}_k\boldsymbol{M}_{-k}$ 和 $\boldsymbol{M}_{1+k}\boldsymbol{M}_{1-k}$ 的误差

得到的 TEMOM 模型（type II）为

$$\begin{cases}\dfrac{\mathrm{d}\boldsymbol{M}_0}{\mathrm{d}t}=-\dfrac{\sqrt{2}(5\boldsymbol{M}_\mathrm{C}+43)\boldsymbol{M}_0^2\boldsymbol{M}_1}{24}\left(\dfrac{\boldsymbol{M}_1}{\boldsymbol{M}_0}\right)^{\frac{1}{6}}\\ \dfrac{\mathrm{d}\boldsymbol{M}_1}{\mathrm{d}t}=0\\ \dfrac{\mathrm{d}\boldsymbol{M}_2}{\mathrm{d}t}=\dfrac{\sqrt{2}(-25\boldsymbol{M}_\mathrm{C}^2+89\boldsymbol{M}_\mathrm{C}+80)\boldsymbol{M}_1^2}{36}\left(\dfrac{\boldsymbol{M}_1}{\boldsymbol{M}_0}\right)^{\frac{1}{6}}\end{cases} \tag{3.48}$$

第三种展开方式是对矩方程中的所有非线性项作为整体进行展开：

$$[(\upsilon+v_1)^k-v^k-v_1^k]\left(\frac{1}{\upsilon}+\frac{1}{\upsilon_1}\right)^{\frac{1}{2}}\left(\upsilon^{\frac{1}{3}}+\upsilon_1^{\frac{1}{3}}\right)^2 \tag{3.49}$$

对应的矩 TEMOM 模型（type III）为

$$\begin{cases}\dfrac{\mathrm{d}\boldsymbol{M}_0}{\mathrm{d}t}=-\dfrac{\sqrt{2}(5\boldsymbol{M}_\mathrm{C}+43)\boldsymbol{M}_0^2}{24}\left(\dfrac{\boldsymbol{M}_1}{\boldsymbol{M}_0}\right)^{\frac{1}{6}}\\ \dfrac{\mathrm{d}\boldsymbol{M}_1}{\mathrm{d}t}=0\\ \dfrac{\mathrm{d}\boldsymbol{M}_2}{\mathrm{d}t}=\dfrac{\sqrt{2}(13\boldsymbol{M}_\mathrm{C}+35)\boldsymbol{M}_1^2}{12}\left(\dfrac{\boldsymbol{M}_1}{\boldsymbol{M}_0}\right)^{\frac{1}{6}}\end{cases} \tag{3.50}$$

除代数平均体积外，几何平均体积也可以作为 TEMOM 的展开点，即

$$u = \frac{M_1^2}{\sqrt{M_0^3 M_2}} \tag{3.51}$$

采用部分项$(\upsilon+\upsilon_1)^{1/2}$的泰勒展开方法，得到自由分子区第四种 TEMOM 模型（type IV）：

$$\begin{cases} \dfrac{\mathrm{d}M_0}{\mathrm{d}t} = \dfrac{\sqrt{2}M_0^2\left(65M_C^{\frac{9}{2}} - 6\,691M_C^{\frac{1}{2}} + 4\,388M_C^{\frac{3}{2}} - 1\,424M_C^3 + 214M_C^{\frac{5}{2}} - 6\,920M_C\right)}{5184M_C}\left(\dfrac{M_1}{M_0}\right)^{\frac{1}{6}} M_C^{\frac{5}{12}} \\ \dfrac{\mathrm{d}M_1}{\mathrm{d}t} = 0 \\ \dfrac{\mathrm{d}M_2}{\mathrm{d}t} = -\dfrac{\sqrt{2}M_1^2\left(701M_C^{\frac{9}{2}} + 65M_C^{\frac{1}{2}} - 6\,748M_C^{\frac{3}{2}} - 3176M_C^3 - 1\,034M_C^{\frac{5}{2}} - 176M_C\right)}{2\,592M_C^2}\left(\dfrac{M_1}{M_0}\right)^{\frac{1}{6}} M_C^{\frac{5}{12}} \end{cases} \tag{3.52}$$

几种展开方式的数值解及其误差的比较如图 3.10 所示，计算程序见程序 3.10。由结果可知，最大相对误差都保持在 15%以内。特别是 0 阶矩和 2 阶矩基本与渐近解保持一致，无量纲矩趋近于常数，说明这 4 种模型都捕捉到了自由分子区凝并问题的主要数学物理特征，具有等效性。

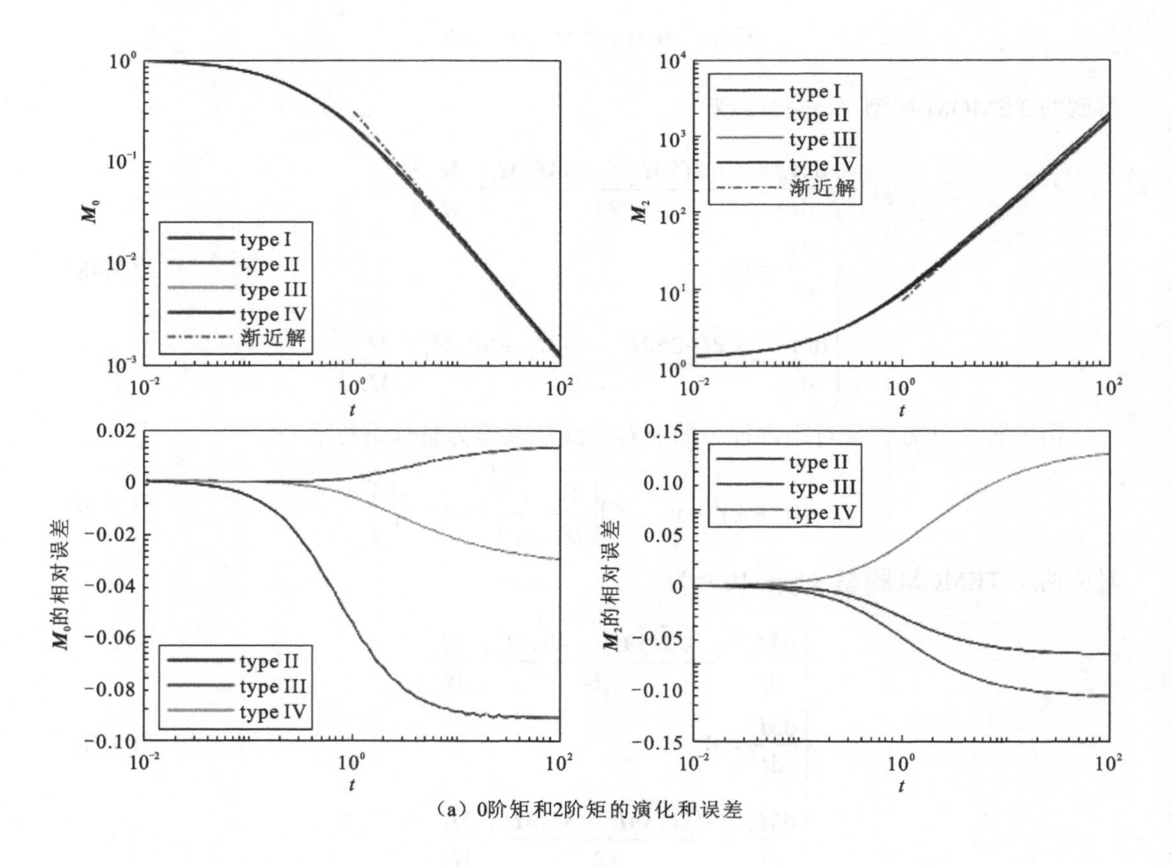

（a）0阶矩和2阶矩的演化和误差

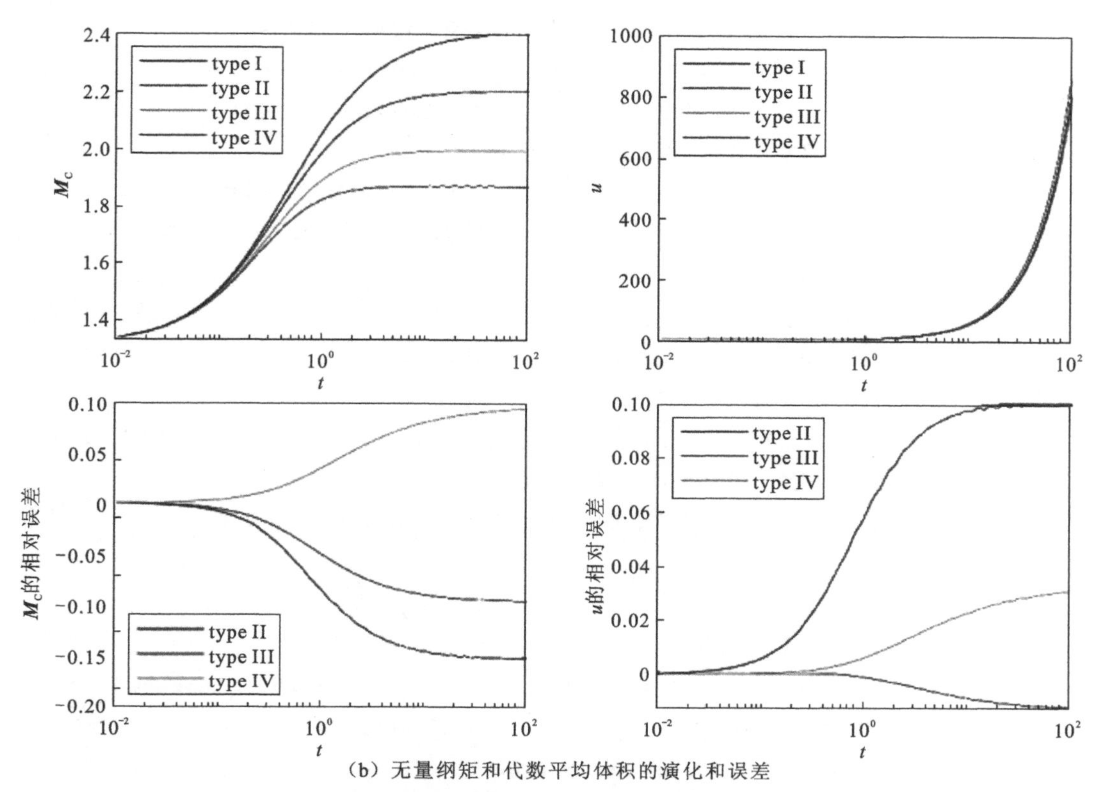

(b) 无量纲矩和代数平均体积的演化和误差

图 3.10　自由分子区凝并核函数不同的展开方式对 TEMOM 模型的影响

程序 3.10　展开方式对 TEMOM 模型的影响

```
% p18.m the effect of expansion mode on the TEMOM model
clear,
[t,y0] = ode45(@TEMOM_FM0,(1e-2:1e-2:1e2),[1; 1; 4/3]);
MC0 = y0(:,1).*y0(:,3)./y0(:,2).^2; u0 = y0(:,2)./y0(:,1);
[t,y1] = ode45(@TEMOM_FM1,(1e-2:1e-2:1e2),[1; 1; 4/3]);
MC1 = y1(:,1).*y1(:,3)./y1(:,2).^2; u1 = y1(:,2)./y1(:,1);
[t,y2] = ode45(@TEMOM_FM2,(1e-2:1e-2:1e2),[1; 1; 4/3]);
MC2 = y2(:,1).*y2(:,3)./y2(:,2).^2; u2 = y2(:,2)./y2(:,1);
[t,y3] = ode45(@TEMOM_FM3,(1e-2:1e-2:1e2),[1; 1; 4/3]);
MC3 = y3(:,1).*y3(:,3)./y3(:,2).^2; u3 = y3(:,2)./y3(:,1);
x = 1:1:100;
M0F = 0.313309932*1.^(-6/5).*x.^(-6/5);
M2F = 7.022205880*1.^(+6/5).*x.^(+6/5);
figure,
subplot(2,2,1),loglog(t,y0(:,1),t,y1(:,1),t,y2(:,1),t,y3(:,1),x,M0F,'-.'),
xlabel('t'), ylabel('M_0'), legend('type I','type II','type III',...
```

```
    'type IV','asymptotic solution','location','southwest')
subplot(2,2,3),semilogx(t,(y1(:,1)-y0(:,1))./y0(:,1),...
    t,(y2(:,1)-y0(:,1))./y0(:,1),t,(y3(:,1)-y0(:,1))./y0(:,1)),
xlabel('t'), ylabel('relative error of M_0')
legend('type II','type III','type IV','location','southwest')
subplot(2,2,2),loglog(t,y0(:,3),t,y1(:,3),t,y2(:,3),t,y3(:,3),x,M2F,'-.')
xlabel('t'), ylabel('M_2'),
legend('type I','type II','type III','type IV',...
    'asymptotic solution','location','northwest')
subplot(2,2,4),semilogx(t,(y1(:,3)-y0(:,3))./y0(:,3),...
            t,(y2(:,3)-y0(:,3))./y0(:,3),t,(y3(:,3)-y0(:,3))./y0(:,3))
xlabel('t'), ylabel('relative error of M_2')
legend('type II','type III','type IV','location','northwest')
figure,
subplot(2,2,1),semilogx(t,MC0,t,MC1,t,MC2,t,MC3)
xlabel('t'), ylabel('M_C'),
legend('type I','type II','type III','type IV','location','northwest')
subplot(2,2,3),semilogx(t,(MC1-MC0)./MC0,t,(MC2-MC0)./MC0,t,(MC3-MC0)./MC0)
xlabel('t'), ylabel('relative error of M_C'),
legend('type II','type III','type IV','location','southwest')
subplot(2,2,2),semilogx(t,u0,t,u1,t,u2,t,u3),
xlabel('t'), ylabel('u'),
legend('type I','type II','type III','type IV','location','northwest')
subplot(2,2,4),semilogx(t,(u1-u0)./u0,t,(u2-u0)./u0,t,(u3-u0)./u0),
xlabel('t'), ylabel('relative error of u'),
legend('type II','type III','type IV','location','northwest')
```

其中的子程序见程序 3.11。

程序 3.11　程序 3.10 的子程序

```
% the function in p18.m
function dydt = TEMOM_FM0(t,y0)
MC = y0(1)*y0(3)/y0(2)^2; u = y0(2)/y0(1);
dydt = [sqrt(2)*(65*MC^2-1210*MC-9223)/5184 *y0(1).^2*u.^(1/6);
        0;
      -sqrt(2)*(701*MC^2-4210*MC-6859)/2592*y0(2).^2*u.^(1/6)];
end
function dydt = TEMOM_FM1(t,y1)
```

```
MC = y1(1)*y1(3)/y1(2)^2; u = y1(2)/y1(1);
dydt = [sqrt(2)*(65*MC^(9/2)-6691*MC^(1/2)+4388*MC^(3/2)-...
   1424*MC^3+214*MC^(5/2)-6920*MC)*MC^(-7/12)/5184*y1(1).^2*u.^(1/6);
          0;
       -sqrt(2)*(701*MC^(9/2)+65*MC^(1/2)-6748*MC^(3/2)-...
   3176*MC^3-1034*MC^(5/2)-176*MC)*MC^(-19/12)/2592*y1(2).^2*u.^(1/6)];
end
function dydt = TEMOM_FM2(t,y2)
MC = y2(1)*y2(3)/y2(2)^2; u = y2(2)/y2(1);
dydt = [-sqrt(2)*(5*MC+43)/24 *y2(1).^2.*y2(2)*u.^(1/6);
          0;
        sqrt(2)*(-25*MC^2+89*MC+80)/36*y2(2).^2*u.^(1/6)];
end
function dydt = TEMOM_FM3(t,y3)
MC = y3(1)*y3(3)/y3(2)^2; u = y3(2)/y3(1);
dydt = [-sqrt(2)*( 5*MC+43)/24 *y3(1).^2.*y3(2)*u.^(1/6);
          0;
         sqrt(2)*(13*MC+35)/12*y3(2).^2*u.^(1/6)];
end
```

3.3 跨区间布朗凝并 TEMOM 模型

3.3.1 滑移区布朗凝并 TEMOM 模型

在滑移区，扩散系数需要进行修正：

$$D=\frac{C_C k_B T}{3\pi\mu_g d_p} \tag{3.53}$$

式中：k_B 为玻尔兹曼因子；T 为温度；μ_g 为气体的黏度；d_p 为粒子的直径，其中修正因子为

$$C_C=1+Kn\left[A_1+A_2\exp\left(-\frac{A_3}{Kn}\right)\right] \tag{3.54}$$

式中：Kn 为克努森数；A_1、A_2、A_3 为常数，其值见第 1 章。其渐近行为

$$Kn\to 0, C_C\to 1;\quad Kn\to\infty, C_C\to Kn \tag{3.55}$$

为了保持碰撞核函数的齐次性，需要辅以增强因子：

$$f(Kn)=\frac{1+E_1Kn+\cdots}{1+E_2Kn+E_3Kn^2+\cdots} \tag{3.56}$$

文献中的增强因子形式有多种，原则上它需要满足下列条件：

$$\begin{cases} Kn \to 0, f(Kn) \to 1 \\ Kn \to \infty, f(Kn) \to \dfrac{1}{Kn} \end{cases} \tag{3.57}$$

为了简洁起见，在本章的研究中继续保留第 2 章介绍的增强因子形式，则滑移区的碰撞核函数的形式为

$$\beta_{\mathrm{SC}} = \frac{2k_{\mathrm{B}}T}{3\mu_{\mathrm{g}}}\left[\frac{C_C(\upsilon)}{\upsilon^{\frac{1}{3}}} + \frac{C_C(\upsilon_1)}{\upsilon_1^{\frac{1}{3}}}\right]\left(\upsilon^{\frac{1}{3}} + \upsilon_1^{\frac{1}{3}}\right) f(Kn) \tag{3.58}$$

为了得到滑移区的泰勒展开矩模型，需要对修正因子进行泰勒展开：

$$C_C = 1 + g_0(u) + g_1(u)(\upsilon - u) + g_2(u)(\upsilon - u)^2 + \cdots \tag{3.59}$$

其中，函数 $g_0(u)$、$g_1(u)$、$g_2(u)$ 分别为

$$\begin{cases} g_0(u) = \dfrac{B}{u^{\frac{1}{3}}}\left[A_1 + A_2 \exp\left(-\dfrac{A_3 u^{\frac{1}{3}}}{B}\right)\right] \\ g_1(u) = -\dfrac{A_2 A_3}{3u}\exp\left(-\dfrac{A_3 u^{\frac{1}{3}}}{B}\right) - \dfrac{B}{3u^{\frac{4}{3}}}\left[A_1 + A_2 \exp\left(-\dfrac{A_3 u^{\frac{1}{3}}}{B}\right)\right] \\ g_2(u) = \dfrac{2B}{9u^{\frac{7}{3}}}\left[A_1 + A_2 \exp\left(-\dfrac{A_3 u^{\frac{1}{3}}}{B}\right)\right] + \dfrac{A_2 A_3 (4B + A_3 u^{\frac{1}{3}})}{18Bu^2}\exp\left(-\dfrac{A_3 u^{\frac{1}{3}}}{B}\right) \end{cases} \tag{3.60}$$

常数 B 和 Kn_0 分别为

$$\begin{cases} B = Kn_0\left(\dfrac{\boldsymbol{M}_1}{\boldsymbol{M}_{00}}\right)^{\frac{1}{3}} \\ Kn_0 = \lambda_{\mathrm{m}}\left(\dfrac{4\pi \boldsymbol{M}_{00}}{\boldsymbol{M}_1}\right)^{\frac{1}{3}} \end{cases} \tag{3.61}$$

式中：Kn_0 为初始克努森数；λ_{m} 为分子平均自由程；$\boldsymbol{M}_{00}$ 为初始 0 阶矩。最终得到滑移区的 TEMOM 模型[20]：

$$\begin{cases} \dfrac{\mathrm{d}\boldsymbol{M}_0}{\mathrm{d}t} = -B_2\boldsymbol{M}_0^2\left[-\dfrac{1}{81}(1+g_0(u))(2\boldsymbol{M}_{\mathrm{C}}^2 - 13\boldsymbol{M}_{\mathrm{C}} - 151) + \dfrac{1}{27}g_1(u)u(\boldsymbol{M}_{\mathrm{C}}^2 - 11\boldsymbol{M}_{\mathrm{C}} + 10)\right. \\ \qquad \left. -\dfrac{1}{9}g_2(u)u^2(\boldsymbol{M}_{\mathrm{C}}^2 - 20\boldsymbol{M}_{\mathrm{C}} + 19)\right] f(Kn) \\ \dfrac{\mathrm{d}\boldsymbol{M}_1}{\mathrm{d}t} = 0 \\ \dfrac{\mathrm{d}\boldsymbol{M}_2}{\mathrm{d}t} = 2B_2\boldsymbol{M}_1^2\left[-\dfrac{1}{81}(1+g_0(u))(2\boldsymbol{M}_{\mathrm{C}}^2 - 13\boldsymbol{M}_{\mathrm{C}} - 151) + \dfrac{1}{27}g_1(u)u(4\boldsymbol{M}_{\mathrm{C}}^2 + 37\boldsymbol{M}_{\mathrm{C}} - 41)\right. \\ \qquad \left. +\dfrac{2}{9}g_2(u)u^2(\boldsymbol{M}_{\mathrm{C}}^2 + 20\boldsymbol{M}_{\mathrm{C}} - 21)\right] f(Kn) \end{cases} \tag{3.62}$$

对修正因子线性化，即

$$C_C = 1 + A_1 Kn \tag{3.63}$$

函数 $g_0(u)$、$g_1(u)$、$g_2(u)$ 分别可简化为

$$\begin{cases} g_0(u) = \dfrac{BA_1}{u^{\frac{1}{3}}} \\ g_1(u)u = -\dfrac{BA_1}{3u^{\frac{1}{3}}} \\ g_2(u)u^2 = \dfrac{2BA_1}{9u^{\frac{1}{3}}} \end{cases} \tag{3.64}$$

对应的 TEMOM 模型为

$$\begin{cases} \dfrac{\mathrm{d}\boldsymbol{M}_0}{\mathrm{d}t} = -\dfrac{B_2\boldsymbol{M}_0^2}{81}\left[-(2\boldsymbol{M}_\mathrm{C}^2 - 13\boldsymbol{M}_\mathrm{C} - 151) - \dfrac{BA_1}{u^{\frac{1}{3}}}(5\boldsymbol{M}_\mathrm{C}^2 - 64\boldsymbol{M}_\mathrm{C} - 103)\right] f(Kn) \\ \dfrac{\mathrm{d}\boldsymbol{M}_1}{\mathrm{d}t} = 0 \\ \dfrac{\mathrm{d}\boldsymbol{M}_2}{\mathrm{d}t} = \dfrac{2B_2\boldsymbol{M}_1^2}{81}\left[-(2\boldsymbol{M}_\mathrm{C}^2 - 13\boldsymbol{M}_\mathrm{C} - 151) - \dfrac{BA_1}{u^{\frac{1}{3}}}(2\boldsymbol{M}_\mathrm{C}^2 - 4\boldsymbol{M}_\mathrm{C} - 160)\right] f(Kn) \end{cases} \tag{3.65}$$

与文献[21]的结果一致。在粒子尺寸分布比较窄的情况下，为了进一步简化 TEMOM 模型在工程中的应用，可以处理修正因子如下：

$$C_C(\upsilon_i) \sim C_C(\upsilon_j) \sim C_C(u) \tag{3.66}$$

对应的 TEMOM 模型为

$$\begin{cases} \dfrac{\mathrm{d}\boldsymbol{M}_0}{\mathrm{d}t} = \dfrac{B_2(2\boldsymbol{M}_\mathrm{C}^2 - 13\boldsymbol{M}_\mathrm{C} - 151)\boldsymbol{M}_0^2}{81} C_C(u) f(Kn) \\ \dfrac{\mathrm{d}\boldsymbol{M}_1}{\mathrm{d}t} = 0 \\ \dfrac{\mathrm{d}\boldsymbol{M}_2}{\mathrm{d}t} = -\dfrac{2B_2(2\boldsymbol{M}_\mathrm{C}^2 - 13\boldsymbol{M}_\mathrm{C} - 151)\boldsymbol{M}_1^2}{81} C_C(u) f(Kn) \end{cases} \tag{3.67}$$

当忽略修正因子，泰勒展开矩方法模型退化到连续区的 TEMOM 模型形式。

滑移区 TEMOM 模型的求解，相关程序见程序 3.12，结果如图 3.11 所示，数值结果表明滑移区的 TEMOM 模型存在渐近解，且其形式基本与连续区的 TEMOM 模型一致。

程序 3.12　滑移区布朗凝并 TEMOM 模型的数值解

```
% p19.m solution of TEMOM model in slip regime with ODE45
clear,
[t,y] = ode45(@TEMOM_TR,(1e-3:1e-3:1e3),[1; 1; 4/3]);
MC = y(:,1).*y(:,3)./y(:,2).^2; u = y(:,2)./y(:,1); figure,
subplot(2,2,1),loglog(t,y(:,1)), xlabel('t'), ylabel('M_0')
subplot(2,2,2),loglog(t,y(:,3)), xlabel('t'), ylabel('M_2')
subplot(2,2,3),loglog(t,MC),    xlabel('t'), ylabel('M_C')
```

```
subplot(2,2,4),loglog(t,u),      xlabel('t'), ylabel('u')
function dydt = TEMOM_TR(t,y)
% M0 = y(1); M1 = y(2); M2 = y(3); u = y(2)/y(1);
MC = y(1)*y(3)/y(2)^2; u = y(2)/y(1);
A1 = 1.257; A2 = 0.400; A3 = 1.100; Kn0 = 1; Kn = Kn0 * u^(1/3);
Cc = A1 + A2*exp(-A3*u^(1/3)/Kn);
g0 = Kn/u^(1/3)*Cc;
g1 = -A2*A3/3/u*exp(-A3*u^(1/3)/Kn)-Kn/3/u^(4/3)*Cc;
g2 = 2*Kn/9/u^(7/3)*Cc+A2*A3/18/Kn/u^2*...
      exp(-A3*u^(1/3)/Kn)*(4*Kn+A3*u^(1/3));
dM0dt = - y(1)^2 *(-1/81*(1+g0)*(2*MC^2 - 13*MC - 151) +...
       1/27*g1*u*(1*MC^2-11*MC+10)-1/9*g2*u^2*(MC^2-20*MC+19));
dM2dt = 2*y(2)^2 *(-1/81*(1+g0)*(2*MC^2 - 13*MC - 151) +...
       1/27*g1*u*(4*MC^2+37*MC-41)+2/9*g2*u^2*(MC^2+20*MC-21));
dydt = [dM0dt;
       0;
       dM2dt];
end
```

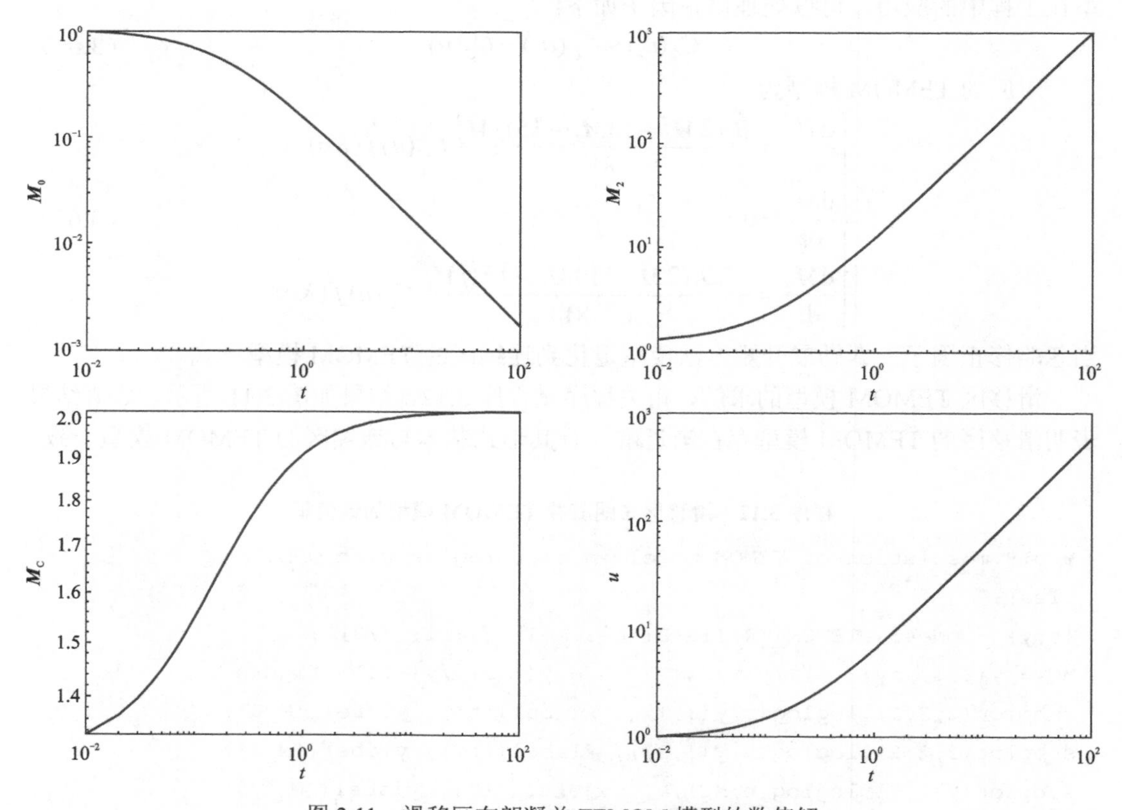

图 3.11 滑移区布朗凝并 TEMOM 模型的数值解

3.3.2 过渡区布朗凝并 TEMOM 模型

过渡区的布朗凝并 TEMOM 模型主要有两种处理方式：一种是调和平均方法，另一种是 Dahneke 方案。调和平均方法的思路简洁，且模型易于处理，因此得到了广泛的应用。

采用调和平均方法时，过渡区的碰撞核函数为

$$\beta_{\mathrm{TR}}=\frac{\beta_{\mathrm{CR}}\beta_{\mathrm{FM}}}{\beta_{\mathrm{CR}}+\beta_{\mathrm{FM}}} \tag{3.68}$$

对应的矩方程组的形式为

$$\left.\frac{\mathrm{d}\boldsymbol{M}_k}{\mathrm{d}t}\right|_{\mathrm{TR}}=\frac{\left.\frac{\mathrm{d}\boldsymbol{M}_k}{\mathrm{d}t}\right|_{\mathrm{CR}}\left.\frac{\mathrm{d}\boldsymbol{M}_k}{\mathrm{d}t}\right|_{\mathrm{FM}}}{\left.\frac{\mathrm{d}\boldsymbol{M}_k}{\mathrm{d}t}\right|_{\mathrm{CR}}+\left.\frac{\mathrm{d}\boldsymbol{M}_k}{\mathrm{d}t}\right|_{\mathrm{FM}}} \tag{3.69}$$

由此，可得到过渡区布朗凝并的 TEMOM 模型：

$$\begin{cases}\dfrac{\mathrm{d}\boldsymbol{M}_0}{\mathrm{d}t}=\dfrac{\dfrac{\sqrt{2}B_1(65\boldsymbol{M}_{\mathrm{C}}^2-1\,210\boldsymbol{M}_{\mathrm{C}}-9\,223)\boldsymbol{M}_0^2}{5184}\left(\dfrac{\boldsymbol{M}_1}{\boldsymbol{M}_0}\right)^{\frac{1}{6}}\dfrac{B_2(2\boldsymbol{M}_{\mathrm{C}}^2-13\boldsymbol{M}_{\mathrm{C}}-151)\boldsymbol{M}_0^2}{81}}{\dfrac{\sqrt{2}B_1(65\boldsymbol{M}_{\mathrm{C}}^2-1\,210\boldsymbol{M}_{\mathrm{C}}-9\,223)\boldsymbol{M}_0^2}{5184}\left(\dfrac{\boldsymbol{M}_1}{\boldsymbol{M}_0}\right)^{\frac{1}{6}}+\dfrac{B_2(2\boldsymbol{M}_{\mathrm{C}}^2-13\boldsymbol{M}_{\mathrm{C}}-151)\boldsymbol{M}_0^2}{81}}\\ \dfrac{\mathrm{d}\boldsymbol{M}_1}{\mathrm{d}t}=0\\ \dfrac{\mathrm{d}\boldsymbol{M}_2}{\mathrm{d}t}=-\dfrac{\dfrac{\sqrt{2}B_1(701\boldsymbol{M}_{\mathrm{C}}^2-4\,210\boldsymbol{M}_{\mathrm{C}}-6\,859)\boldsymbol{M}_1^2}{2\,592}\left(\dfrac{\boldsymbol{M}_1}{\boldsymbol{M}_0}\right)^{\frac{1}{6}}\dfrac{2B_2(2\boldsymbol{M}_{\mathrm{C}}^2-13\boldsymbol{M}_{\mathrm{C}}-151)\boldsymbol{M}_1^2}{81}}{\dfrac{\sqrt{2}B_1(701\boldsymbol{M}_{\mathrm{C}}^2-4\,210\boldsymbol{M}_{\mathrm{C}}-6\,859)\boldsymbol{M}_1^2}{2\,592}\left(\dfrac{\boldsymbol{M}_1}{\boldsymbol{M}_0}\right)^{\frac{1}{6}}+\dfrac{2B_2(2\boldsymbol{M}_{\mathrm{C}}^2-13\boldsymbol{M}_{\mathrm{C}}-151)\boldsymbol{M}_1^2}{81}}\end{cases} \tag{3.70}$$

其数值求解程序见程序 3.13。

程序 3.13 过渡区布朗凝并 TEMOM 模型的数值解（调和平均方法）

```
% p20.m solution of TEMOM model in TR with ODE45 and HM
clear,
[t,y] = ode45(@TEMOM_HM,(1e-2:1e-2:1e4),[1; 1; 4/3]);
MC = y(:,1).*y(:,3)./y(:,2).^2;
figure, loglog(t,y(:,1)), xlabel('t'), ylabel('M_0')
figure, loglog(t,y(:,3)), xlabel('t'), ylabel('M_2')
figure, loglog(t,MC),     xlabel('t'), ylabel('M_C')
function dydt = TEMOM_HM(t,y)
% M0 = y(1); M1 = y(2); M2 = y(3); u = y(2)/y(1);
MC = y(1)*y(3)/y(2)^2; u = y(2)/y(1);
FM0 =  1*sqrt(2)*( 65*MC^2-1210*MC-9223)*y(1)^2*u^(1/6)/5184;
```

```
FM2 = -2*sqrt(2)*(701*MC^2-4210*MC-6859)*y(2)^2*u^(1/6)/5184;
CR0 =  1*(2*MC^2-13*MC-151)*y(1)^2/81;
CR2 = -2*(2*MC^2-13*MC-151)*y(2)^2/81;
dydt = [FM0*CR0/(FM0+CR0);
        0;
        FM2*CR2/(FM2+CR2)];
end
```

根据 Dahneke 方案，过渡区的矩方程可处理成

$$\left.\frac{\mathrm{d}\boldsymbol{M}_k}{\mathrm{d}t}\right|_{\mathrm{TR}}=\left.\frac{\mathrm{d}\boldsymbol{M}_k}{\mathrm{d}t}\right|_{\mathrm{CR}}\frac{1+Kn_{M_k}}{1+f(\ln\sigma)Kn_{M_k}+2Kn_{M_k}^2} \tag{3.71}$$

其中关于方差的函数为

$$f(\ln\sigma)=2+0.7\ln^2\sigma+0.85\ln^3\sigma \tag{3.72}$$

以及基于矩的克努森数定义为

$$Kn_{M_k}=\frac{1}{2}\frac{\left.\frac{\mathrm{d}\boldsymbol{M}_k}{\mathrm{d}t}\right|_{\mathrm{CR}}}{\left.\frac{\mathrm{d}\boldsymbol{M}_k}{\mathrm{d}t}\right|_{\mathrm{FM}}} \tag{3.73}$$

特别的，基于 0 阶矩和 2 阶矩克努森数的计算公式为

$$\begin{cases}Kn_{M_0}=\dfrac{32B_2(2\boldsymbol{M}_{\mathrm{C}}^2-13\boldsymbol{M}_{\mathrm{C}}-151)}{\sqrt{2}B_1(65\boldsymbol{M}_{\mathrm{C}}^2-1\,210\boldsymbol{M}_{\mathrm{C}}-9\,223)}\left(\dfrac{\boldsymbol{M}_0}{\boldsymbol{M}_1}\right)^{\frac{1}{6}}\\ Kn_{M_2}=\dfrac{32B_2(2\boldsymbol{M}_{\mathrm{C}}^2-13\boldsymbol{M}_{\mathrm{C}}-151)}{\sqrt{2}B_1(701\boldsymbol{M}_{\mathrm{C}}^2-4\,210\boldsymbol{M}_{\mathrm{C}}-6\,859)}\left(\dfrac{\boldsymbol{M}_0}{\boldsymbol{M}_1}\right)^{\frac{1}{6}}\end{cases} \tag{3.74}$$

需要指出的是，Dahneke 方案也是基于半经验性质的，且形式比较复杂，在工程和理论研究中应用有限。基于 Dahneke 方案的过渡区矩方程计算程序见程序 3.14。

程序 3.14　过渡区布朗凝并 TEMOM 模型的数值解（Dahneke 法）

```
% p21.m solution of TEMOM model in TR with ODE45 and DH
clear,
[t,y] = ode45(@TEMOM_DH,(1e-2:1e-2:1e4),[1; 1; 4/3]);
MC = y(:,1).*y(:,3)./y(:,2).^2; u = y(:,2)./y(:,1);
figure,
subplot(2,2,1),loglog(t,y(:,1)), xlabel('t'), ylabel('M_0')
subplot(2,2,2),loglog(t,y(:,3)), xlabel('t'), ylabel('M_2')
subplot(2,2,3),loglog(t,MC),     xlabel('t'), ylabel('M_C')
subplot(2,2,4),loglog(t,u),      xlabel('t'), ylabel('u')
function dydt = TEMOM_DH(t,y)
% M0 = y(1); M1 = y(2); M2 = y(3); u = y(2)/y(1);
```

```
MC = y(1)*y(3)/y(2)^2; u = y(2)/y(1);
FM0 =  1*sqrt(2)*( 65*MC^2-1210*MC-9223)*y(1)^2*u^(1/6)/5184;
FM2 = -2*sqrt(2)*(701*MC^2-4210*MC-6859)*y(2)^2*u^(1/6)/5184;
CR0 =  1*(2*MC^2-13*MC-151)*y(1)^2/81;
CR2 = -2*(2*MC^2-13*MC-151)*y(2)^2/81;
Kn0 = 1/2 * CR0/FM0; Kn2 = 1/2 * CR2/FM2;
logsigma = sqrt(1/9*log(MC));
f = 2 + 0.7 *logsigma^2 +0.85*logsigma^3;
f0 = (1 + Kn0)/(1 + f*Kn0 + 2*Kn0^2);
f2 = (1 + Kn2)/(1 + f*Kn2 + 2*Kn2^2);
dydt = [CR0*f0;
        0;
        CR2*f2];
end
```

调和平均方法和 Dahneke 方案在处理过渡区碰撞核函数时，二者具有显著差异（图 2.4），前者强调核函数在连续区的吻合度，后者强调核函数在自由分子区的吻合度。但是，过渡区凝并核的两种处理方式所对应的 TEMOM 模型的数值解表明（图 3.12），二者差异不大。

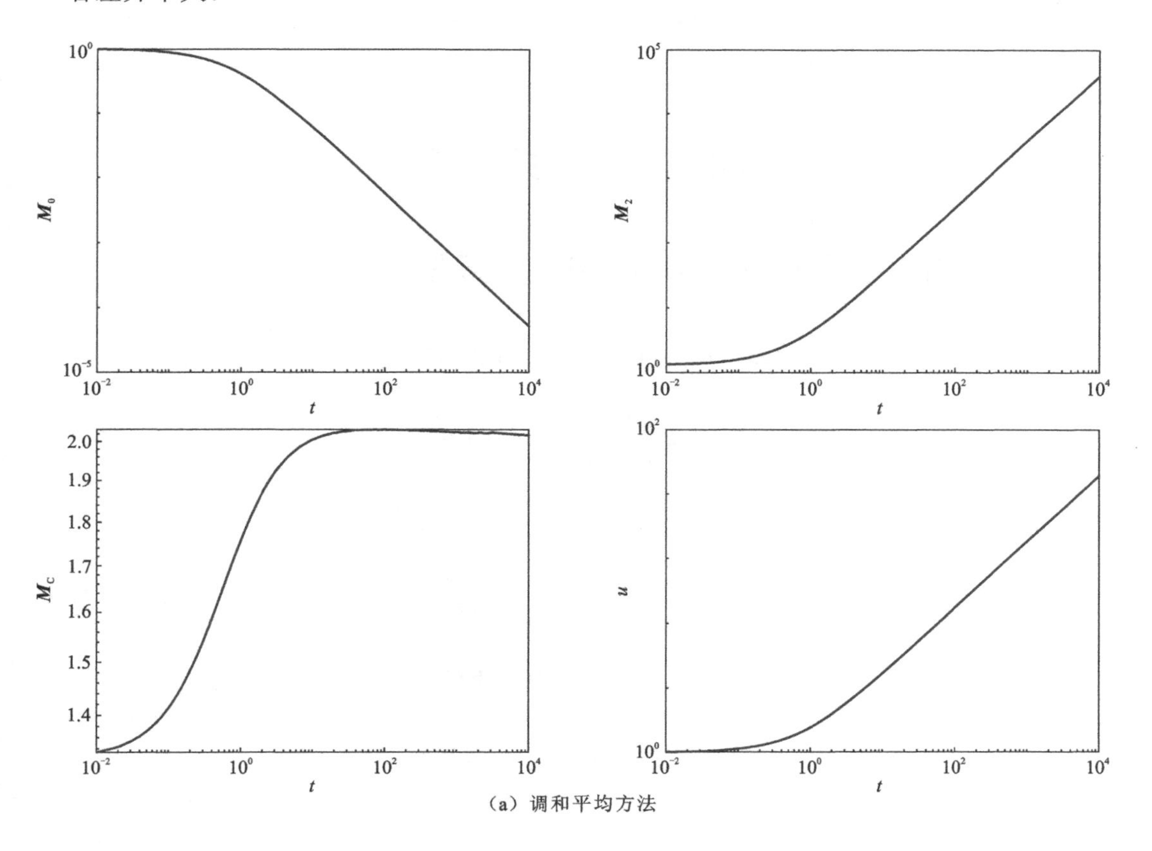

（a）调和平均方法

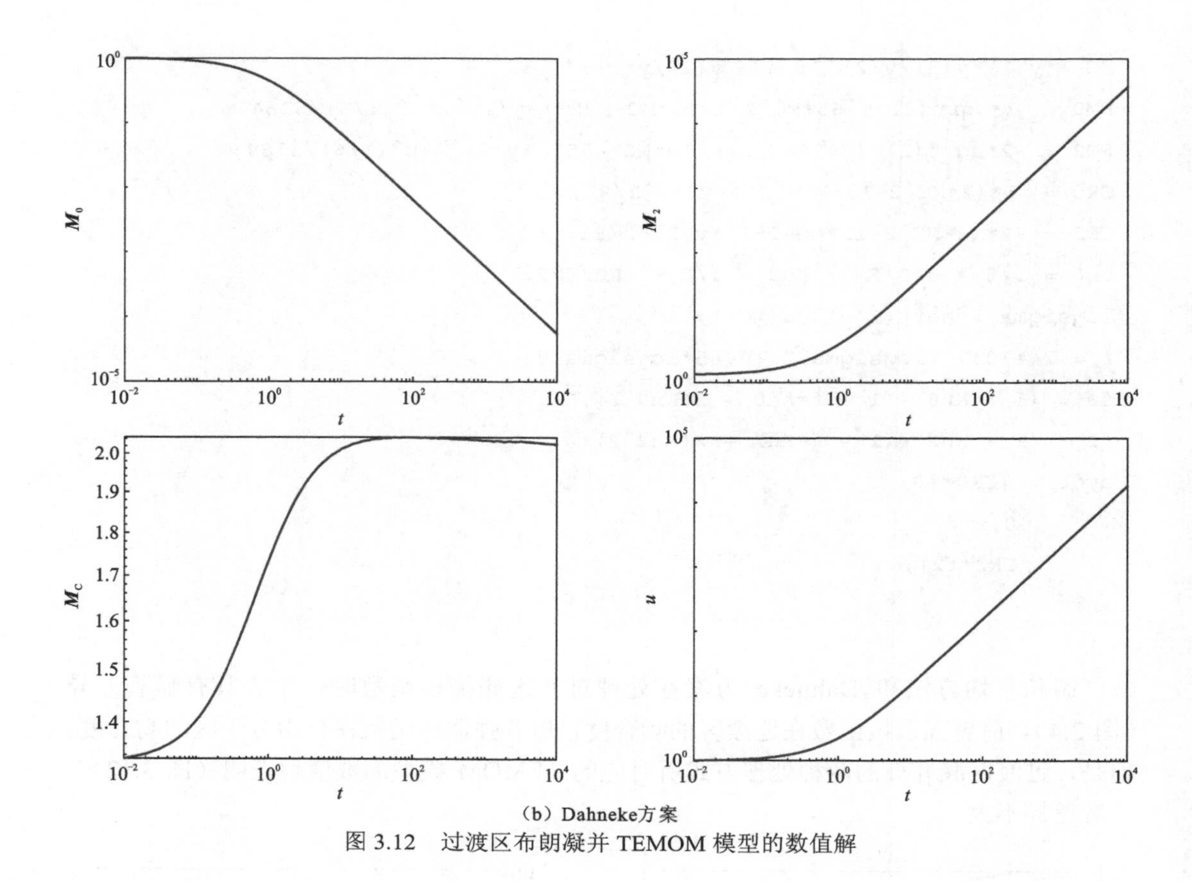

（b）Dahneke方案

图 3.12　过渡区布朗凝并 TEMOM 模型的数值解

3.4　分形维数的影响

3.4.1　自由分子区布朗絮凝 TEMOM 模型

在自由分子区，分形维数（D_f）作用于碰撞核函数的形式为

$$\beta_{FM}=B_1\left(\frac{1}{\upsilon}+\frac{1}{\upsilon_1}\right)^{\frac{1}{2}}\left(\upsilon^{\frac{1}{D_f}}+\upsilon_1^{\frac{1}{D_f}}\right)^2 \tag{3.75}$$

其中系数

$$B_1=\left(\frac{3}{4\pi}\right)^{\frac{2}{D_f}-\frac{1}{2}}\left(\frac{6k_BT}{\rho_p}\right)^{\frac{1}{2}}a_{p0}^{2-\frac{6}{D_f}} \tag{3.76}$$

式中：a_{p0} 为初级凝并颗粒的半径。对应的 TEMOM 模型为[12]

$$
\begin{cases}
\dfrac{\mathrm{d}\boldsymbol{M}_0}{\mathrm{d}t} = -\dfrac{\sqrt{2}B_1}{64}\dfrac{\boldsymbol{M}_0^2}{D_\mathrm{f}^4}\left(\dfrac{\boldsymbol{M}_1}{\boldsymbol{M}_0}\right)^{\frac{4-D_\mathrm{f}}{2D_\mathrm{f}}}(a_0\boldsymbol{M}_\mathrm{C}^2 + a_1\boldsymbol{M}_\mathrm{C} + a_2) \\
\dfrac{\mathrm{d}\boldsymbol{M}_1}{\mathrm{d}t} = 0 \\
\dfrac{\mathrm{d}\boldsymbol{M}_2}{\mathrm{d}t} = -\dfrac{\sqrt{2}B_1}{32}\dfrac{\boldsymbol{M}_1^2}{D_\mathrm{f}^4}\left(\dfrac{\boldsymbol{M}_1}{\boldsymbol{M}_0}\right)^{\frac{4-D_\mathrm{f}}{2D_\mathrm{f}}}(b_0\boldsymbol{M}_\mathrm{C}^2 + b_1\boldsymbol{M}_\mathrm{C} + b_2)
\end{cases} \tag{3.77}
$$

其中的参数 a_0、a_1、a_2 和 b_0、b_1、b_2 分别为

$$
\begin{cases}
a_0 = 16 - 48D_\mathrm{f} + 70D_\mathrm{f}^2 - 24D_\mathrm{f}^3 + D_\mathrm{f}^4 \\
a_1 = -32 + 96D_\mathrm{f} + 52D_\mathrm{f}^2 - 144D_\mathrm{f}^3 + 54D_\mathrm{f}^4 \\
a_2 = 16 - 48D_\mathrm{f} - 122D_\mathrm{f}^2 + 168D_\mathrm{f}^3 + 73D_\mathrm{f}^4
\end{cases} \tag{3.78}
$$

$$
\begin{cases}
b_0 = -16 - 16D_\mathrm{f} + 10D_\mathrm{f}^2 + 16D_\mathrm{f}^3 + 3D_\mathrm{f}^4 \\
b_1 = 32 + 32D_\mathrm{f} - 212D_\mathrm{f}^2 - 96D_\mathrm{f}^3 + 2D_\mathrm{f}^4 \\
b_2 = -16 - 16D_\mathrm{f} + 202D_\mathrm{f}^2 + 80D_\mathrm{f}^3 - 133D_\mathrm{f}^4
\end{cases} \tag{3.79}
$$

对应的计算程序见程序 3.15。

程序 3.15 自由分子区布朗絮凝 TEMOM 模型的数值解

```
% p22.m solution of TEMOM model in FM with ODE45 and Df
clear,
format long
[t,y] = ode45(@TEMOM_FM,(1e-2:1e-2:1e4),[1; 1; 4/3]);
MC = y(:,1).*y(:,3)./y(:,2).^2; u = y(:,2)./y(:,1);
figure,
subplot(2,2,1),loglog(t,y(:,1)), xlabel('t'), ylabel('M_0')
subplot(2,2,2),loglog(t,y(:,3)), xlabel('t'), ylabel('M_2')
subplot(2,2,3),loglog(t,MC),     xlabel('t'), ylabel('M_C')
subplot(2,2,4),loglog(t,u),      xlabel('t'), ylabel('u')
function dydt = TEMOM_FM(t,y)
% M0 = y(1); M1 = y(2); M2 = y(3); u = y(2)/y(1);
Df = 3; MC = y(1)*y(3)/y(2)^2; u = y(2)/y(1);
a0 = +16-48*Df+ 70*Df^2- 24*Df^3+  1*Df^4;
a1 = -32+96*Df+ 52*Df^2-144*Df^3+ 54*Df^4;
a2 = +16-48*Df-122*Df^2+168*Df^3+ 73*Df^4;
b0 = -16-16*Df+ 10*Df^2+ 16*Df^3+  3*Df^4;
b1 = +32+32*Df-212*Df^2- 96*Df^3+  2*Df^4;
b2 = -16-16*Df+202*Df^2+ 80*Df^3-133*Df^4;
dydt = [-1*sqrt(2)*(a0*MC^2+a1*y(1)*y(3)/y(2)^2+a2)*...
          y(1)^2*u^((4-Df)/2/Df)/64/Df^4;
          0;
```

```
    -2*sqrt(2)*(b0*MC^2+b1*y(1)*y(3)/y(2)^2+b2)*...
      y(2)^2*u^((4-Df)/2/Df)/64/Df^4;];
end
```

3.4.2 连续区布朗絮凝 TEMOM 模型

在连续区，分形维数作用于碰撞核函数的形式为

$$\beta_{\mathrm{CR}}=B_2\left(\upsilon^{-\frac{1}{D_f}}+\upsilon_1^{-\frac{1}{D_f}}\right)\left(\upsilon^{\frac{1}{D_f}}+\upsilon_1^{\frac{1}{D_f}}\right) \tag{3.80}$$

其中系数为

$$B_2=\frac{3k_{\mathrm{B}}T}{2\mu} \tag{3.81}$$

对应的 TEMOM 模型为[12]

$$\begin{cases}\dfrac{\mathrm{d}\boldsymbol{M}_0}{\mathrm{d}t}=-\dfrac{B_2\boldsymbol{M}_0^2}{4D_f^4}[(1-D_f^2)\boldsymbol{M}_C^2+(-2+6D_f^2)\boldsymbol{M}_C+(1-5D_f^2+8D_f^4)]\\ \dfrac{\mathrm{d}\boldsymbol{M}_1}{\mathrm{d}t}=0\\ \dfrac{\mathrm{d}\boldsymbol{M}_2}{\mathrm{d}t}=+\dfrac{B_2\boldsymbol{M}_1^2}{2D_f^4}[(1-D_f^2)\boldsymbol{M}_C^2+(-2+6D_f^2)\boldsymbol{M}_C+(1-5D_f^2+8D_f^4)]\end{cases} \tag{3.82}$$

其计算程序见程序 3.16。布朗絮凝 TEMOM 模型的数值解如图 3.13 所示。

程序 3.16 连续区布朗絮凝 TEMOM 模型的数值解

```
% p23.m solution of TEMOM model in CR with ODE45 and Df
clear,
[t,y] = ode45(@TEMOM_CR,(1e-2:1e-2:1e2),[1; 1; 4/3]);
MC = y(:,1).*y(:,3)./y(:,2).^2; u = y(:,2)./y(:,1);
figure,
subplot(2,2,1),loglog(t,y(:,1)), xlabel('t'), ylabel('M_0')
subplot(2,2,2),loglog(t,y(:,3)), xlabel('t'), ylabel('M_2')
subplot(2,2,3),loglog(t,MC),     xlabel('t'), ylabel('M_C')
subplot(2,2,4),loglog(t,u),      xlabel('t'), ylabel('u')
function dydt = TEMOM_CR(t,y)
% M0 = y(1); M1 = y(2); M2 = y(3);
Df = 3; MC = y(1)*y(3)/y(2)^2;
a0 = +1-1*Df^2; a1 = -2+6*Df^2; a2 = +1-5*Df^2+8*Df^4;
dydt = [-1*(a0*MC^2+a1*MC+a2)*y(1)^2/4/Df^4;
        0;
       +2*(a0*MC^2+a1*MC+a2)*y(2)^2/4/Df^4];
end
```

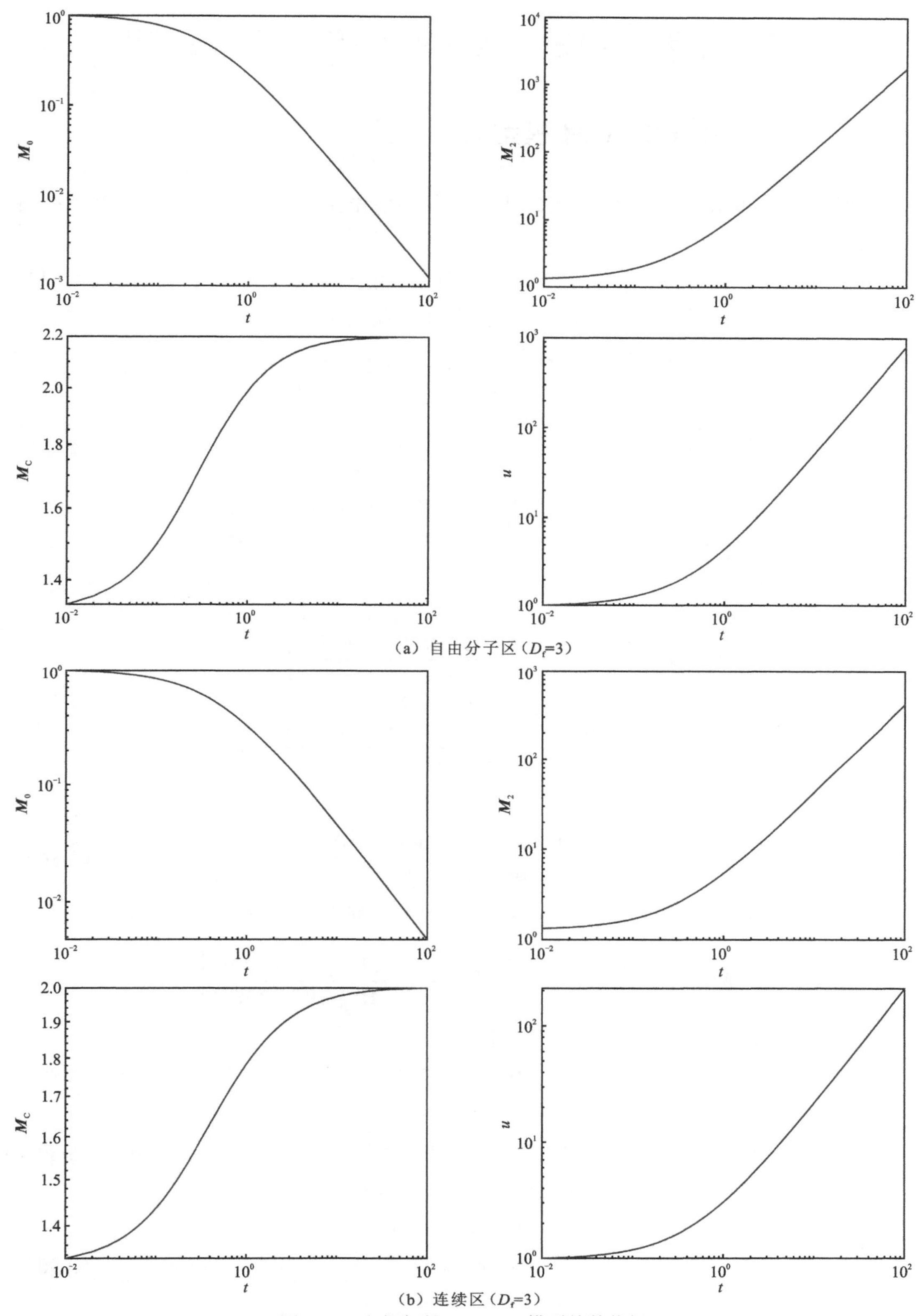

图 3.13 布朗絮凝 TEMOM 模型的数值解

3.5 布朗凝并 TEMOM 模型的渐近解和解析解

3.5.1 布朗凝并 TEMOM 模型的渐近解

通过数值解可以发现，在双对数坐标下，矩的演化存在一条渐近线，且无量纲矩趋近于一个常数，即

$$\boldsymbol{M}_{\mathrm{C}}=\boldsymbol{M}_{\mathrm{C}\infty} \tag{3.83}$$

以自由分子区的布朗凝并问题为例，则模型可简化为

$$\begin{cases}\dfrac{\mathrm{d}\boldsymbol{M}_0}{\mathrm{d}t}=\dfrac{\sqrt{2}B_1(65\boldsymbol{M}_{\mathrm{C}\infty}^2-1\,210\boldsymbol{M}_{\mathrm{C}\infty}-9\,223)\boldsymbol{M}_0^2}{5184}\left(\dfrac{\boldsymbol{M}_1}{\boldsymbol{M}_0}\right)^{\frac{1}{6}}\\ \dfrac{\mathrm{d}\boldsymbol{M}_1}{\mathrm{d}t}=0\\ \dfrac{\mathrm{d}\boldsymbol{M}_2}{\mathrm{d}t}=-\dfrac{\sqrt{2}B_1(701\boldsymbol{M}_{\mathrm{C}\infty}^2-4\,210\boldsymbol{M}_{\mathrm{C}\infty}-6\,859)\boldsymbol{M}_1^2}{2\,592}\left(\dfrac{\boldsymbol{M}_1}{\boldsymbol{M}_0}\right)^{\frac{1}{6}}\end{cases} \tag{3.84}$$

则其渐近解为[10]

$$\begin{cases}\boldsymbol{M}_0\to\left[-\dfrac{5}{6}\dfrac{\sqrt{2}B_1(65\boldsymbol{M}_{\mathrm{C}\infty}^2-1\,210\boldsymbol{M}_{\mathrm{C}\infty}-9\,223)}{5184}\right]^{-\frac{6}{5}}\boldsymbol{M}_1^{-\frac{1}{5}}t^{-\frac{6}{5}}\\ \boldsymbol{M}_2\to\left[-\dfrac{5}{6}\dfrac{\sqrt{2}B_1(701\boldsymbol{M}_{\mathrm{C}\infty}^2-4\,210\boldsymbol{M}_{\mathrm{C}\infty}-6\,859)}{2\,592\boldsymbol{M}_{\mathrm{C}\infty}^{1/6}}\right]^{\frac{6}{5}}\boldsymbol{M}_1^{\frac{11}{5}}t^{\frac{6}{5}}\end{cases} \tag{3.85}$$

相对增长率为

$$-\frac{1}{\boldsymbol{M}_0}\frac{\mathrm{d}\boldsymbol{M}_0}{\mathrm{d}t}=\frac{1}{\boldsymbol{M}_2}\frac{\mathrm{d}\boldsymbol{M}_2}{\mathrm{d}t}=\frac{1.2}{t} \tag{3.86}$$

由上可得到关于无量纲矩在渐近条件下满足的方程为

$$\boldsymbol{M}_{\mathrm{C}\infty}=\frac{\boldsymbol{M}_0\boldsymbol{M}_2}{\boldsymbol{M}_1^2}\Big|_{t\to\infty}=\left[\frac{2(701\boldsymbol{M}_{\mathrm{C}\infty}^2-4\,210\boldsymbol{M}_{\mathrm{C}\infty}-6\,859)}{(65\boldsymbol{M}_{\mathrm{C}\infty}^2-1\,210\boldsymbol{M}_{\mathrm{C}\infty}-9\,223)\boldsymbol{M}_{\mathrm{C}\infty}^{1/6}}\right]^{\frac{6}{5}} \tag{3.87}$$

这是一个非线性方程，由二分法可解得

$$\boldsymbol{M}_{\mathrm{C}\infty}=2.200\,1 \tag{3.88}$$

其实，式（3.87）可转化为

$$(65\boldsymbol{M}_{\mathrm{C}\infty}^2-1\,210\boldsymbol{M}_{\mathrm{C}\infty}-9\,223)\boldsymbol{M}_{\mathrm{C}\infty}-2(701\boldsymbol{M}_{\mathrm{C}\infty}^2-4\,210\boldsymbol{M}_{\mathrm{C}\infty}-6\,859)=0 \tag{3.89}$$

式（3.89）是一个一元三次方程。理论上应有三个解，即

$$\begin{cases}\boldsymbol{M}_{\mathrm{C}1}=40.3611\\ \boldsymbol{M}_{\mathrm{C}2}=-2.376\,7\\ \boldsymbol{M}_{\mathrm{C}3}=+2.200\,1\end{cases} \tag{3.90}$$

但要满足以下约束条件：

$$
\begin{cases}
\dfrac{\mathrm{d}\boldsymbol{M}_0}{\mathrm{d}t} \leqslant 0 \\
\dfrac{\mathrm{d}\boldsymbol{M}_2}{\mathrm{d}t} \geqslant 0
\end{cases}
\tag{3.91}
$$

则只有一个解满足，即

$$
\boldsymbol{M}_{\mathrm{C}\infty} = 2.2001 \tag{3.92}
$$

结果与二分法的结果一致。因此，渐近解可简化为

$$
\begin{cases}
\boldsymbol{M}_0 \to 0.3133 B_1^{-\frac{6}{5}} \boldsymbol{M}_1^{-\frac{1}{5}} t^{-\frac{6}{5}} \\
\boldsymbol{M}_2 \to 7.0222 B_1^{\frac{6}{5}} \boldsymbol{M}_1^{\frac{11}{5}} t^{\frac{6}{5}}
\end{cases}
\tag{3.93}
$$

对连续区 TEMOM 模型

$$
\begin{cases}
\dfrac{\mathrm{d}\boldsymbol{M}_0}{\mathrm{d}t} = +\dfrac{B_2(2\boldsymbol{M}_{\mathrm{C}}^2 - 13\boldsymbol{M}_{\mathrm{C}} - 151)\boldsymbol{M}_0^2}{81} \\
\dfrac{\mathrm{d}\boldsymbol{M}_1}{\mathrm{d}t} = 0 \\
\dfrac{\mathrm{d}\boldsymbol{M}_2}{\mathrm{d}t} = -\dfrac{2B_2(2\boldsymbol{M}_{\mathrm{C}}^2 - 13\boldsymbol{M}_{\mathrm{C}} - 151)\boldsymbol{M}_1^2}{81}
\end{cases}
\tag{3.94}
$$

采用类似的推导过程，可得[10]

$$
\begin{cases}
\boldsymbol{M}_0 \to -\dfrac{81}{(2\boldsymbol{M}_{\mathrm{C}}^2 - 13\boldsymbol{M}_{\mathrm{C}} - 151)} B_2^{-1} t^{-1} \\
\boldsymbol{M}_2 \to -\dfrac{2(2\boldsymbol{M}_{\mathrm{C}}^2 - 13\boldsymbol{M}_{\mathrm{C}} - 151)}{81} B_2 \boldsymbol{M}_1^2 t
\end{cases}
\tag{3.95}
$$

其相对增长率为

$$
-\frac{1}{\boldsymbol{M}_0}\frac{\mathrm{d}\boldsymbol{M}_0}{\mathrm{d}t} = \frac{1}{\boldsymbol{M}_2}\frac{\mathrm{d}\boldsymbol{M}_2}{\mathrm{d}t} = \frac{1.2}{t} \tag{3.96}
$$

无量纲矩则为

$$
\boldsymbol{M}_{\mathrm{C}\infty} = \left.\frac{\boldsymbol{M}_0 \boldsymbol{M}_2}{\boldsymbol{M}_1^2}\right|_{t\to\infty} = 2 \tag{3.97}
$$

对应的渐近解可简化为

$$
\begin{cases}
\boldsymbol{M}_0 \to \dfrac{81}{169} B_2^{-1} t^{-1} \\
\boldsymbol{M}_2 \to \dfrac{338}{81} B_2 \boldsymbol{M}_1^2 t
\end{cases}
\tag{3.98}
$$

对于过渡区和滑移区的布朗凝并 TEMOM 模型，代数平均体积将不断增加，有

$$
\lim_{t\to\infty} u = \lim_{t\to\infty} \frac{\boldsymbol{M}_1}{\boldsymbol{M}_0} = \infty \tag{3.99}
$$

则克努森数的极限为

$$
\lim_{t\to\infty} Kn = \lim_{t\to\infty} \frac{\lambda}{\left(\dfrac{3u}{4\pi}\right)^{\frac{1}{3}}} = 0 \tag{3.100}
$$

基于矩的克努森数

$$\lim_{t\to\infty} Kn_{M_k} = 0 \tag{3.101}$$

则修正因子的极限为

$$\lim_{t\to\infty} C_C(u) = 1 \tag{3.102}$$

以及增强因子的极限为

$$\lim_{t\to\infty} f(Kn) = 1 \tag{3.103}$$

则滑移区和过渡区的核函数将趋近于连续区的核函数。

$$\lim_{t\to\infty} \beta_{\mathrm{TR}} = \lim_{t\to\infty} \beta_{\mathrm{SC}} = \beta_{\mathrm{CR}} \tag{3.104}$$

即过渡区的渐近解与连续区的 TEMOM 模型的解是一致的。这个结果在物理上也是可以理解的，即在凝并过程的开始阶段，颗粒初始粒度较小，粒径处于自由分子区，经过凝并，颗粒的粒度不断增长，先后经历过渡区和滑移区，最终到达连续区。

3.5.2 布朗絮凝 TEMOM 模型的渐近解

对于絮凝问题[12]，如果 TEMOM 模型存在渐近解，则有

$$\boldsymbol{M}_{\mathrm{C}\infty} = \text{constant} \tag{3.105}$$

即

$$\frac{\mathrm{d}\boldsymbol{M}_{\mathrm{C}}}{\mathrm{d}t} = \frac{\boldsymbol{M}_0 \mathrm{d}\boldsymbol{M}_2}{\mathrm{d}t} + \frac{\boldsymbol{M}_2 \mathrm{d}\boldsymbol{M}_0}{\mathrm{d}t} = 0 \tag{3.106}$$

在自由分子区有

$$c_0 \boldsymbol{M}_{\mathrm{C}}^3 + c_1 \boldsymbol{M}_{\mathrm{C}}^2 + c_2 \boldsymbol{M}_{\mathrm{C}} + c_3 = 0 \tag{3.107}$$

式中：系数 c_0、c_1、c_2、c_3 分别为

$$\begin{cases} c_0 = a_0 = +16 - 48D_{\mathrm{f}} + 70D_{\mathrm{f}}^2 - 24D_{\mathrm{f}}^3 + D_{\mathrm{f}}^4 \\ c_1 = a_1 + 2b_0 = -64 + 64D_{\mathrm{f}} + 72D_{\mathrm{f}}^2 - 112D_{\mathrm{f}}^3 + 60D_{\mathrm{f}}^4 \\ c_2 = a_2 + 2b_1 = +80 + 16D_{\mathrm{f}} - 546D_{\mathrm{f}}^2 - 24D_{\mathrm{f}}^3 + 77D_{\mathrm{f}}^4 \\ c_3 = 2b_2 = -32 - 32D_{\mathrm{f}} + 404D_{\mathrm{f}}^2 + 160D_{\mathrm{f}}^3 - 266D_{\mathrm{f}}^4 \end{cases} \tag{3.108}$$

根据根与系数的关系，可得到 $\boldsymbol{M}_{\mathrm{C}\infty}$ 的三个解为

$$\begin{cases} \boldsymbol{M}_{\mathrm{C1}} = \dfrac{1}{c_0}\left(\dfrac{1}{6}d_3 + \dfrac{2}{3}\dfrac{d_4}{d_3} - \dfrac{1}{3}c_1\right) \\ \boldsymbol{M}_{\mathrm{C2}} = \dfrac{1}{c_0}\left[\left(-\dfrac{1}{12}d_3 - \dfrac{1}{3}\dfrac{d_4}{d_3} - \dfrac{1}{3}c_1\right) + \mathrm{i}\dfrac{\sqrt{3}}{2}\left(\dfrac{1}{6}d_3 - \dfrac{2}{3}\dfrac{d_4}{d_3}\right)\right] \\ \boldsymbol{M}_{\mathrm{C2}} = \dfrac{1}{c_0}\left[\left(-\dfrac{1}{12}d_3 - \dfrac{1}{3}\dfrac{d_4}{d_3} - \dfrac{1}{3}c_1\right) - \mathrm{i}\dfrac{\sqrt{3}}{2}\left(\dfrac{1}{6}d_3 - \dfrac{2}{3}\dfrac{d_4}{d_3}\right)\right] \end{cases} \tag{3.109}$$

其中的系数 d_1、d_2、d_3、d_4 分别为

$$\begin{cases} d_1 = 36c_0c_1c_2 - 108c_0^2c_3 - 8c_1^3 \\ d_2 = c_0(12c_0c_2^3 - 3c_1^2c_2^2 - 54c_0c_1c_2c_3 + 81c_0^2c_3^2 + 12c_1^3c_3)^{\frac{1}{2}} \\ d_3 = (d_1 + 12d_2)^{\frac{1}{3}} \\ d_4 = -3c_0c_2 + c_1^2 \end{cases} \tag{3.110}$$

根据上面的一元三次方程的解，可得到分形维数（D_f）与无量纲矩（$\boldsymbol{M}_C$）之间的关系，如图 3.14 所示。在有效分形维数范围内（$1 \leqslant D_f \leqslant 3$），无量纲矩随着分形维数的增大而减小。其计算程序见程序 3.17。

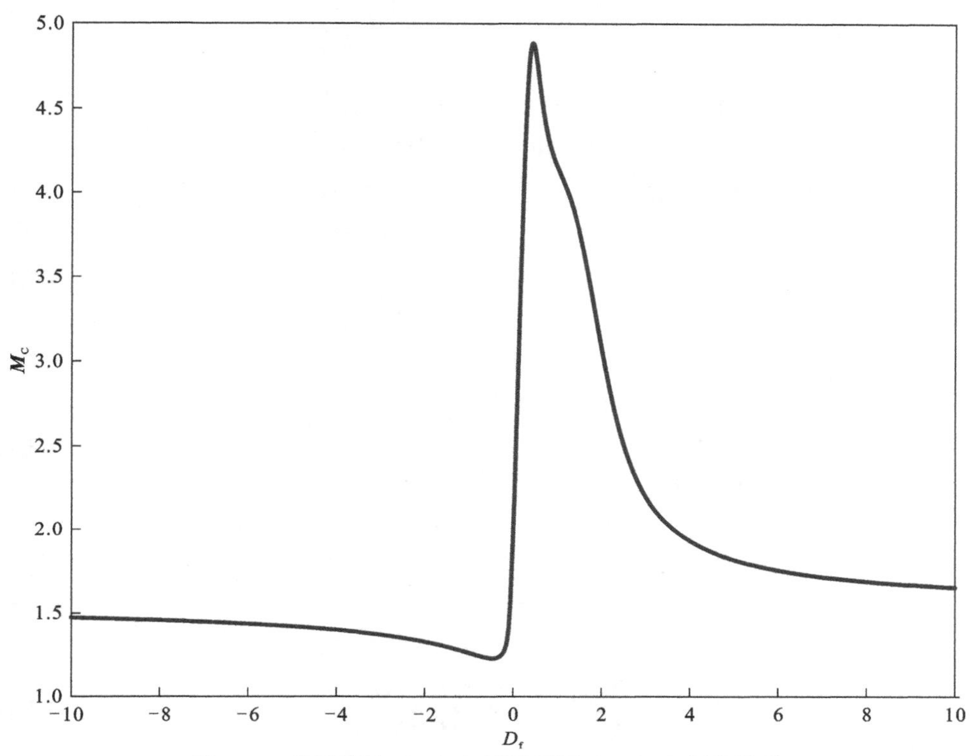

图 3.14　分形维数（D_f）与无量纲矩（$\boldsymbol{M}_C$）之间的关系

为便于分析，令

$$\begin{cases} G_1(D_f) = -\dfrac{\sqrt{2}B_1}{64}\dfrac{1}{D_f^4}\boldsymbol{M}_1^{\frac{4-D_f}{2D_f}}(a_0\boldsymbol{M}_C^2 + a_1\boldsymbol{M}_C + a_2) \\ G_2(D_f) = -\dfrac{\sqrt{2}B_1}{32}\dfrac{\boldsymbol{M}_1^2}{D_f^4}(\boldsymbol{M}_1\boldsymbol{M}_C)^{-\frac{4-D_f}{2D_f}}(b_0\boldsymbol{M}_C^2 + b_1\boldsymbol{M}_C + b_2) \end{cases} \tag{3.111}$$

其中，$G_1(D_f)$、$G_2(D_f)$ 是分形维数的函数，在分形维数给定时，可视为常数，则 TEMOM 模型简化为

$$\begin{cases} \dfrac{\mathrm{d}\boldsymbol{M}_0}{\mathrm{d}t} = G_1(D_f)\boldsymbol{M}_0^{\frac{5D_f-4}{2D_f}} \\ \dfrac{\mathrm{d}\boldsymbol{M}_1}{\mathrm{d}t} = 0 \\ \dfrac{\mathrm{d}\boldsymbol{M}_2}{\mathrm{d}t} = G_2(D_f)\boldsymbol{M}_2^{\frac{4-D_f}{2D_f}} \end{cases} \tag{3.112}$$

其渐近解为[12]

$$
\begin{cases}
\boldsymbol{M}_0 \to \left(\dfrac{4-3D_\mathrm{f}}{2D_\mathrm{f}} G_1(D_\mathrm{f}) t\right)^{\frac{2D_\mathrm{f}}{4-3D_\mathrm{f}}} \\
\boldsymbol{M}_2 \to \left(-\dfrac{4-3D_\mathrm{f}}{2D_\mathrm{f}} G_2(D_\mathrm{f}) t\right)^{-\frac{2D_\mathrm{f}}{4-3D_\mathrm{f}}}
\end{cases}
\tag{3.113}
$$

则矩的相对增长率为

$$
-\frac{1}{\boldsymbol{M}_0}\frac{\mathrm{d}\boldsymbol{M}_0}{\mathrm{d}t} = \frac{1}{\boldsymbol{M}_2}\frac{\mathrm{d}\boldsymbol{M}_2}{\mathrm{d}t} = \left(-\frac{4-3D_\mathrm{f}}{2D_\mathrm{f}} t\right)^{-1}, \quad D_\mathrm{f} > \frac{4}{3}
\tag{3.114}
$$

粒子的矩与初始粒径的关系为

$$
\begin{cases}
\boldsymbol{M}_0 \propto a_{\mathrm{p}0}^{\frac{4D_\mathrm{f}-12}{4-3D_\mathrm{f}}} \\
\boldsymbol{M}_2 \propto a_{\mathrm{p}0}^{-\frac{4D_\mathrm{f}-12}{4-3D_\mathrm{f}}}
\end{cases}
\tag{3.115}
$$

渐近解可写成如下的形式：

$$
\frac{\boldsymbol{M}_0(t)}{\boldsymbol{M}_0(0)} = \left(1 + \frac{4-3D_\mathrm{f}}{2D_\mathrm{f}} G_1(D_\mathrm{f}) t \boldsymbol{M}_0(0)^{-\frac{4-3D_\mathrm{f}}{2D_\mathrm{f}}}\right)^{\frac{2D_\mathrm{f}}{4-3D_\mathrm{f}}}
\tag{3.116}
$$

令

$$
\frac{4-3D_\mathrm{f}}{2D_\mathrm{f}} = \lambda
\tag{3.117}
$$

则，渐近解可简化为

$$
\frac{\boldsymbol{M}_0(t)}{\boldsymbol{M}_0(0)} = \left(1 + \frac{G_1(D_\mathrm{f})\lambda t}{\boldsymbol{M}_0(0)^{\lambda}}\right)^{\frac{1}{\lambda}}
\tag{3.118}
$$

对于连续区的布朗絮凝 TEMOM 模型，其无量纲矩的渐近解可直接得到

$$
\boldsymbol{M}_{\mathrm{C}\infty} = 2
\tag{3.119}
$$

其值与分形维数无关。则 TEMOM 模型可简化为

$$
\begin{cases}
\dfrac{\mathrm{d}\boldsymbol{M}_0}{\mathrm{d}t} = -\dfrac{B_2 \boldsymbol{M}_0^2}{4D_\mathrm{f}^4}(1 + 3D_\mathrm{f}^2 + 8D_\mathrm{f}^4) \\
\dfrac{\mathrm{d}\boldsymbol{M}_1}{\mathrm{d}t} = 0 \\
\dfrac{\mathrm{d}\boldsymbol{M}_2}{\mathrm{d}t} = +\dfrac{B_2 \boldsymbol{M}_1^2}{2D_\mathrm{f}^4}(1 + 3D_\mathrm{f}^2 + 8D_\mathrm{f}^4)
\end{cases}
\tag{3.120}
$$

渐近解为[12]

$$
\begin{cases}
\boldsymbol{M}_0 \to \dfrac{4D_\mathrm{f}^4}{(1 + 3D_\mathrm{f}^2 + 8D_\mathrm{f}^4)} B_2^{-1} t^{-1} \\
\boldsymbol{M}_2 \to \dfrac{(1 + 3D_\mathrm{f}^2 + 8D_\mathrm{f}^4)}{2D_\mathrm{f}^4} B_2 \boldsymbol{M}_1^2 t
\end{cases}
\tag{3.121}
$$

对应的标度增长率为

$$-\frac{1}{\boldsymbol{M}_0}\frac{\mathrm{d}\boldsymbol{M}_0}{\mathrm{d}t}=\frac{1}{\boldsymbol{M}_2}\frac{\mathrm{d}\boldsymbol{M}_2}{\mathrm{d}t}=\frac{1}{t} \tag{3.122}$$

其渐近解可写成下列等式：

$$\frac{\boldsymbol{M}_0(t)}{\boldsymbol{M}_0(0)}=\frac{1}{1+\dfrac{B_2\boldsymbol{M}_0(0)}{4D_\mathrm{f}^4}(1+3D_\mathrm{f}^2+8D_\mathrm{f}^4)t} \tag{3.123}$$

值得指出的是，对连续区的核函数而言，当分形维数趋近于无穷时，碰撞核函数趋近于常数。这也解释了为何在一些工程应用领域用常数核函数替代复杂的核函数。这只是说明常数核函数在矩的演化方面的作用，而不能说明常数核函数导致的分布函数在现实中有意义。

程序 3.17　分形维数 D_f 与无量纲矩 M_C 的关系

```
% p24.m the relationship between D_f and M_C
clear,
Df_step = 0.001; Df = -10:Df_step:10;
N = (Df(end)-Df(1))/Df_step+1;
for i = 1:N
  MC(i) = moment(Df(i));
  N_A(i) = ((1/(Df(i)^2)-1/Df(i))*MC(i)-1/(Df(i)^2)+1/1/Df(i)+2)/2;
  N_M(i) = ((1/(Df(i)^2)+1/Df(i))*MC(i)-1/(Df(i)^2)-1/1/Df(i)+2)/2;
end
MC = MC';
plot(Df,MC,'.'); xlabel('D_f'); ylabel('M_C');
function MC = moment(Df)
a1 = +16-48.*Df+ 70.*Df.^2- 24.*Df.^3+      Df.^4;
a2 = -32+96.*Df+ 52.*Df.^2-144.*Df.^3+ 54.*Df.^4;
a3 = +16-48.*Df-122.*Df.^2+168.*Df.^3+ 73.*Df.^4;
b1 = -16-16.*Df+ 10.*Df.^2+ 16.*Df.^3+  3.*Df.^4;
b2 = +32+32.*Df-212.*Df.^2- 96.*Df.^3+  2.*Df.^4;
b3 = -16-16.*Df+202.*Df.^2+ 80.*Df.^3-133.*Df.^4;
c1 = a1; c2 = a2+2.*b1; c3 = a3+2.*b2; c4 = 2.*b3;
s = c1; p = c2; q = c3; r = c4;
a = 36.*q.*p.*s-108.*r.*s.^2-8.*p.^3;
c = 12.*q.^3.*s-3.*q.^2.*p.^2-...
   54.*q.*p.*r.*s+81.*r.^2.*s.^2+12.*r.*p.^3;
b = sqrt(c).*s; s1 = (a + 12*b).^(1/3); s2 = -3.*q.*s + p.^2;
MC1 = s1./6+2*s2./s1/3- p./3;
MC2 = -s1./12-1*s2./s1/3-p./3+1i*sqrt(3/4)*(s1./6-2*s2./s1/3);
MC3 = -s1./12-1*s2./s1/3-p./3-1i*sqrt(3/4)*(s1./6-2*s2./s1/3);
```

```
MC1 = MC1./c1; MC2 = MC2./c1; MC3 = MC3./c1;
Df1 = 2.470770884165541; Df2 = 20.733719161110642;
if Df <= Df1
   MC = MC1;
elseif Df > Df1  && Df <= Df2
   MC = MC2;
elseif Df >= Df2
   MC = MC1;
end
end
```

3.5.3 布朗凝并 TEMOM 模型的解析解

布朗凝并的 TEMOM 模型的形式是如此简洁，以至于可以得到其解析解[13]，这是以往的矩方法模型难以实现的。以自由分子区的 TEMOM 模型为例：

$$\begin{cases} \dfrac{\mathrm{d}\boldsymbol{M}_0}{\mathrm{d}t}=\dfrac{\sqrt{2}B_1(65\boldsymbol{M}_\mathrm{C}^2-1\,210\boldsymbol{M}_\mathrm{C}-9\,223)\boldsymbol{M}_0^2}{5184}\left(\dfrac{\boldsymbol{M}_1}{\boldsymbol{M}_0}\right)^{\frac{1}{6}} \\ \dfrac{\mathrm{d}\boldsymbol{M}_1}{\mathrm{d}t}=0 \\ \dfrac{\mathrm{d}\boldsymbol{M}_2}{\mathrm{d}t}=-\dfrac{\sqrt{2}B_1(701\boldsymbol{M}_\mathrm{C}^2-4\,210\boldsymbol{M}_\mathrm{C}-6\,859)\boldsymbol{M}_1^2}{2\,592}\left(\dfrac{\boldsymbol{M}_1}{\boldsymbol{M}_0}\right)^{\frac{1}{6}} \end{cases} \tag{3.124}$$

第三个方程除以第一个方程，得到

$$\frac{\mathrm{d}\boldsymbol{M}_2}{\mathrm{d}\boldsymbol{M}_0}=-\frac{2(701\boldsymbol{M}_\mathrm{C}^2-4\,210\boldsymbol{M}_\mathrm{C}-6\,859)\boldsymbol{M}_1^2}{(65\boldsymbol{M}_\mathrm{C}^2-1\,210\boldsymbol{M}_\mathrm{C}-9\,223)\boldsymbol{M}_0^2} \tag{3.125}$$

由无量纲矩的定义

$$\boldsymbol{M}_\mathrm{C}=\frac{\boldsymbol{M}_0\boldsymbol{M}_2}{\boldsymbol{M}_1^2} \tag{3.126}$$

从而有

$$\frac{\boldsymbol{M}_0^2}{\boldsymbol{M}_1^2}\frac{\mathrm{d}\boldsymbol{M}_2}{\mathrm{d}\boldsymbol{M}_0}=\boldsymbol{M}_0\frac{\mathrm{d}\boldsymbol{M}_\mathrm{C}}{\mathrm{d}\boldsymbol{M}_0}-\boldsymbol{M}_\mathrm{C} \tag{3.127}$$

由此可得到

$$\boldsymbol{M}_0\frac{\mathrm{d}\boldsymbol{M}_\mathrm{C}}{\mathrm{d}\boldsymbol{M}_0}=\boldsymbol{M}_\mathrm{C}-\frac{2(701\boldsymbol{M}_\mathrm{C}^2-4\,210\boldsymbol{M}_\mathrm{C}-6\,859)\boldsymbol{M}_1^2}{(65\boldsymbol{M}_\mathrm{C}^2-1\,210\boldsymbol{M}_\mathrm{C}-9\,223)\boldsymbol{M}_0^2} \tag{3.128}$$

通过运算，可将式（3.128）变形为

$$\frac{\mathrm{d}\boldsymbol{M}_0}{\boldsymbol{M}_0}=\frac{A_1\mathrm{d}\boldsymbol{M}_\mathrm{C}}{\boldsymbol{M}_\mathrm{C}-k_1}+\frac{A_2\mathrm{d}\boldsymbol{M}_\mathrm{C}}{\boldsymbol{M}_\mathrm{C}-k_2}+\frac{A_3\mathrm{d}\boldsymbol{M}_\mathrm{C}}{\boldsymbol{M}_\mathrm{C}-k_3} \tag{3.129}$$

这里的常数 k_1、k_2、k_3 是下列一元三次方程的根

$$65\boldsymbol{M}_{\mathrm{C}}^{3}-2\,612\boldsymbol{M}_{\mathrm{C}}^{2}-803\boldsymbol{M}_{\mathrm{C}}+13\,718=0 \tag{3.130}$$

其值为

$$k_1=40.3611,\quad k_2=-2.376\,7,\quad k_3=2.2001 \tag{3.131}$$

对应的常数 A_1、A_2、A_3 的值为

$$A_1=0.451\,2,\quad A_2=-0.470\,4,\quad A_3=1.019\,2 \tag{3.132}$$

因此，可得到 0 阶矩的解析解为

$$\frac{\boldsymbol{M}_0(t)}{\boldsymbol{M}_0(0)}=\left[\frac{\boldsymbol{M}_{\mathrm{C}}(t)-k_1}{\boldsymbol{M}_{\mathrm{C}}(0)-k_1}\right]^{A_1}\left[\frac{\boldsymbol{M}_{\mathrm{C}}(t)-k_2}{\boldsymbol{M}_{\mathrm{C}}(0)-k_2}\right]^{A_2}\left[\frac{\boldsymbol{M}_{\mathrm{C}}(t)-k_3}{\boldsymbol{M}_{\mathrm{C}}(0)-k_3}\right]^{A_3} \tag{3.133}$$

因此问题的关键在于找到无量纲矩（$\boldsymbol{M}_{\mathrm{C}}$）随时间的演化方程。通过对无量纲矩进行微分，可得

$$\begin{aligned}
\frac{\mathrm{d}\boldsymbol{M}_C}{\mathrm{d}t}&=\frac{\boldsymbol{M}_2}{\boldsymbol{M}_1^2}\frac{\mathrm{d}\boldsymbol{M}_0}{\mathrm{d}t}+\frac{\boldsymbol{M}_0}{\boldsymbol{M}_1^2}\frac{\mathrm{d}\boldsymbol{M}_2}{\mathrm{d}t}\\
&=\frac{\sqrt{2}B_1(65\boldsymbol{M}_{\mathrm{C}}^2-1\,210\boldsymbol{M}_{\mathrm{C}}-9\,223)\boldsymbol{M}_0^2\boldsymbol{M}_2}{5184\boldsymbol{M}_1^2}\left(\frac{\boldsymbol{M}_1}{\boldsymbol{M}_0}\right)^{\frac{1}{6}}\\
&\quad-\frac{\sqrt{2}B_1(701\boldsymbol{M}_{\mathrm{C}}^2-4\,210\boldsymbol{M}_{\mathrm{C}}-6\,859)\boldsymbol{M}_0\boldsymbol{M}_1^2}{2\,592\boldsymbol{M}_1^2}\left(\frac{\boldsymbol{M}_1}{\boldsymbol{M}_0}\right)^{\frac{1}{6}}\\
&=\sqrt{2}B_1\left[\frac{(65\boldsymbol{M}_{\mathrm{C}}^2-1\,210\boldsymbol{M}_{\mathrm{C}}-9\,223)\boldsymbol{M}_{\mathrm{C}}-2(701\boldsymbol{M}_{\mathrm{C}}^2-4\,210\boldsymbol{M}_{\mathrm{C}}-6\,859)}{5184}\right]\boldsymbol{M}_0\left(\frac{\boldsymbol{M}_1}{\boldsymbol{M}_0}\right)^{\frac{1}{6}}\\
&=\sqrt{2}B_1\left[\frac{65\boldsymbol{M}_{\mathrm{C}}^3-2\,612\boldsymbol{M}_{\mathrm{C}}^2-803\boldsymbol{M}_{\mathrm{C}}+13\,718}{5184}\right]\boldsymbol{M}_0\left(\frac{\boldsymbol{M}_1}{\boldsymbol{M}_0}\right)^{\frac{1}{6}}\\
&=65\sqrt{2}B_1\left[\frac{(\boldsymbol{M}_{\mathrm{C}}-k_1)(\boldsymbol{M}_{\mathrm{C}}-k_2)(\boldsymbol{M}_{\mathrm{C}}-k_3)}{5184}\right]\boldsymbol{M}_1^{\frac{1}{6}}\boldsymbol{M}_0^{\frac{5}{6}}
\end{aligned} \tag{3.134}$$

由此，结合 0 阶矩的解析解

$$\boldsymbol{M}_0(t)^{\frac{5}{6}}=\left[\boldsymbol{M}_0(0)\left(\frac{\boldsymbol{M}_{\mathrm{C}}(t)-k_1}{\boldsymbol{M}_{\mathrm{C}}(0)-k_1}\right)^{A_1}\left(\frac{\boldsymbol{M}_{\mathrm{C}}(t)-k_2}{\boldsymbol{M}_{\mathrm{C}}(0)-k_2}\right)^{A_2}\left(\frac{\boldsymbol{M}_{\mathrm{C}}(t)-k_3}{\boldsymbol{M}_{\mathrm{C}}(0)-k_3}\right)^{A_3}\right]^{\frac{5}{6}} \tag{3.135}$$

代入 $\boldsymbol{M}_{\mathrm{C}}$ 的方程可得

$$\frac{5184}{65\sqrt{2}B_1\boldsymbol{M}_1^{\frac{1}{6}}\boldsymbol{M}_0(0)^{\frac{5}{6}}}\frac{\mathrm{d}\boldsymbol{M}_{\mathrm{C}}}{\mathrm{d}t}=\frac{(\boldsymbol{M}_{\mathrm{C}}(t)-k_1)^{1+\frac{5A_1}{6}}}{(\boldsymbol{M}_{\mathrm{C}}(0)-k_1)^{\frac{5A_1}{6}}}\frac{(\boldsymbol{M}_{\mathrm{C}}(t)-k_2)^{1+\frac{5A_1}{6}}}{(\boldsymbol{M}_{\mathrm{C}}(0)-k_2)^{\frac{5A_1}{6}}}\frac{(\boldsymbol{M}_{\mathrm{C}}(t)-k_3)^{1+\frac{5A_1}{6}}}{(\boldsymbol{M}_{\mathrm{C}}(0)-k_3)^{\frac{5A_1}{6}}} \tag{3.136}$$

为了能够得到 $\boldsymbol{M}_{\mathrm{C}}$ 的解，需要对其中的项再一次进行泰勒级数展开：

$$\frac{1}{(\boldsymbol{M}_{\mathrm{C}}(t)-k_1)^{1+\frac{5A_1}{6}}(\boldsymbol{M}_{\mathrm{C}}(t)-k_2)^{1+\frac{5A_1}{6}}}=a_0+a_1(\boldsymbol{M}_{\mathrm{C}}(t)-k_3)+a_2(\boldsymbol{M}_{\mathrm{C}}(t)-k_3)^2+\cdots \tag{3.137}$$

其中展开项的系数的计算公式为

$$a_i=\frac{1}{i!}\frac{\mathrm{d}}{\mathrm{d}\boldsymbol{M}_{\mathrm{C}}}\left[\frac{1}{(\boldsymbol{M}_{\mathrm{C}}(t)-k_1)^{1+\frac{5A_1}{6}}(\boldsymbol{M}_{\mathrm{C}}(t)-k_2)^{1+\frac{5A_1}{6}}}\right]\Bigg|_{\boldsymbol{M}_{\mathrm{C}}=k_3},\quad i=0,1,2,\cdots \tag{3.138}$$

利用符号运算软件，可得前十项系数的值为

$$\begin{cases} a_0 = -0.001\,0 \times 10^0 \\ a_1 = 9.719\,2 \times 10^{-5} \\ a_2 = -1.975\,1 \times 10^{-5} \\ a_3 = 3.722\,8 \times 10^{-6} \\ a_4 = -7.396\,2 \times 10^{-7} \\ a_5 = 1.493\,4 \times 10^{-7} \\ a_6 = -3.056\,3 \times 10^{-8} \\ a_7 = 6.313\,2 \times 10^{-9} \\ a_8 = -1.313\,2 \times 10^{-9} \\ a_9 = 2.746\,7 \times 10^{-10} \end{cases}$$

可以看出，以上系数构成一个数列，其符号是交错更替的，即交错数列，且数列的值随着项数的增加而急剧减少，如图 3.15 所示。确定系数值的方程是一个超越函数，因此，较难从理论上严格证明级数的收敛性。对于封闭系统，粒子体积守恒，则颗粒数量随时间逐渐减少，而粒子的体积不断增大，这就要求 $\boldsymbol{M}_{\mathrm{C}} \leqslant 7.338\,9$。另外，无量纲矩须有物理意义，则 $\boldsymbol{M}_{\mathrm{C}} \geqslant 0$。此外，交错级数收敛，意味着：

$$\lim_{i\to\infty} \frac{a_{i+1}(\boldsymbol{M}_{\mathrm{C}} - k_3)^{(i+1)}}{a_i(\boldsymbol{M}_{\mathrm{C}} - k_3)^i} = \lim_{i\to\infty} \frac{a_{i+1}(\boldsymbol{M}_{\mathrm{C}} - k_3)}{a_i} < 1 \tag{3.139}$$

或

$$\lim_{i\to\infty} \frac{a_{i+1}}{a_i} < \frac{1}{(\boldsymbol{M}_{\mathrm{C}} - k_3)} \tag{3.140}$$

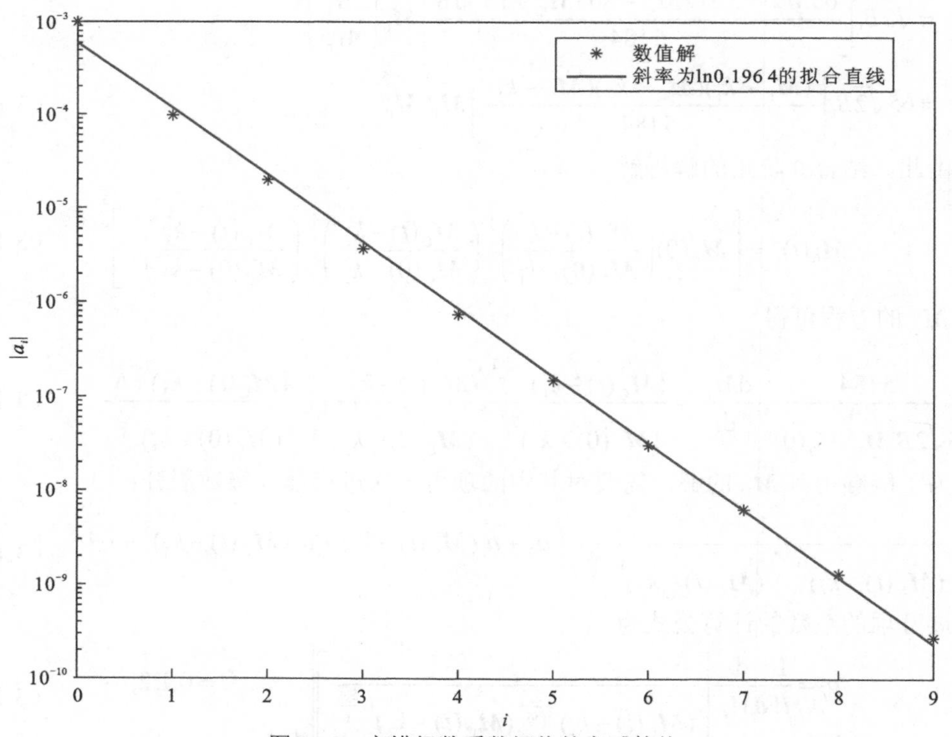

图 3.15　交错级数系数幅值的衰减趋势

由上面的分析，有

$$\min\frac{1}{(\boldsymbol{M}_{\mathrm{C}}-k_3)}=\frac{1}{7.3389-2.2001}=0.1964 \tag{3.141}$$

通过在半对数坐标下的斜率为 $\ln 0.1964$ 辅助线可以看出，泰勒级数的系数基本落在辅助线上，从而说明了级数的收敛性。

一般三阶泰勒展开对于 $\boldsymbol{M}_{\mathrm{C}}=2.2001$ 附近已经吻合得较好，当距离 $\boldsymbol{M}_{\mathrm{C}}=2.2001$ 较远时，则级数需要更多的项来逼近或近似，如图 3.16 所示。由此得到 $\boldsymbol{M}_{\mathrm{C}}$ 的隐式解：

$$\frac{a_0(\boldsymbol{M}_{\mathrm{C}}(t)-k_3)^{-\frac{5A_3}{6}}}{-\frac{5A_3}{6}}+\frac{a_1(\boldsymbol{M}_{\mathrm{C}}(t)-k_3)^{1-\frac{5A_3}{6}}}{1-\frac{5A_3}{6}}+\frac{a_2(\boldsymbol{M}_{\mathrm{C}}(t)-k_3)^{2-\frac{5A_3}{6}}}{2-\frac{5A_3}{6}}+\cdots=C_0+C_1t \tag{3.142}$$

其中系数 C_0、C_1 分别为

$$C_0=\frac{a_0(\boldsymbol{M}_{\mathrm{C}}(0)-k_3)^{-\frac{5A_1}{6}}}{-\frac{5A_1}{6}}+\frac{a_1(\boldsymbol{M}_{\mathrm{C}}(0)-k_3)^{1-\frac{5A_1}{6}}}{1-\frac{5A_1}{6}}+\frac{a_2(\boldsymbol{M}_{\mathrm{C}}(0)-k_3)^{2-\frac{5A_1}{6}}}{2-\frac{5A_1}{6}}+\cdots \tag{3.143}$$

$$C_1=\frac{65\sqrt{2}B_1\boldsymbol{M}_1^{\frac{1}{6}}\boldsymbol{M}_0(0)^{\frac{5}{6}}}{5184(\boldsymbol{M}_{\mathrm{C}}(0)-k_1)^{\frac{5A_1}{6}}(\boldsymbol{M}_{\mathrm{C}}(0)-k_2)^{\frac{5A_2}{6}}(\boldsymbol{M}_{\mathrm{C}}(0)-k_3)^{\frac{5A_3}{6}}} \tag{3.144}$$

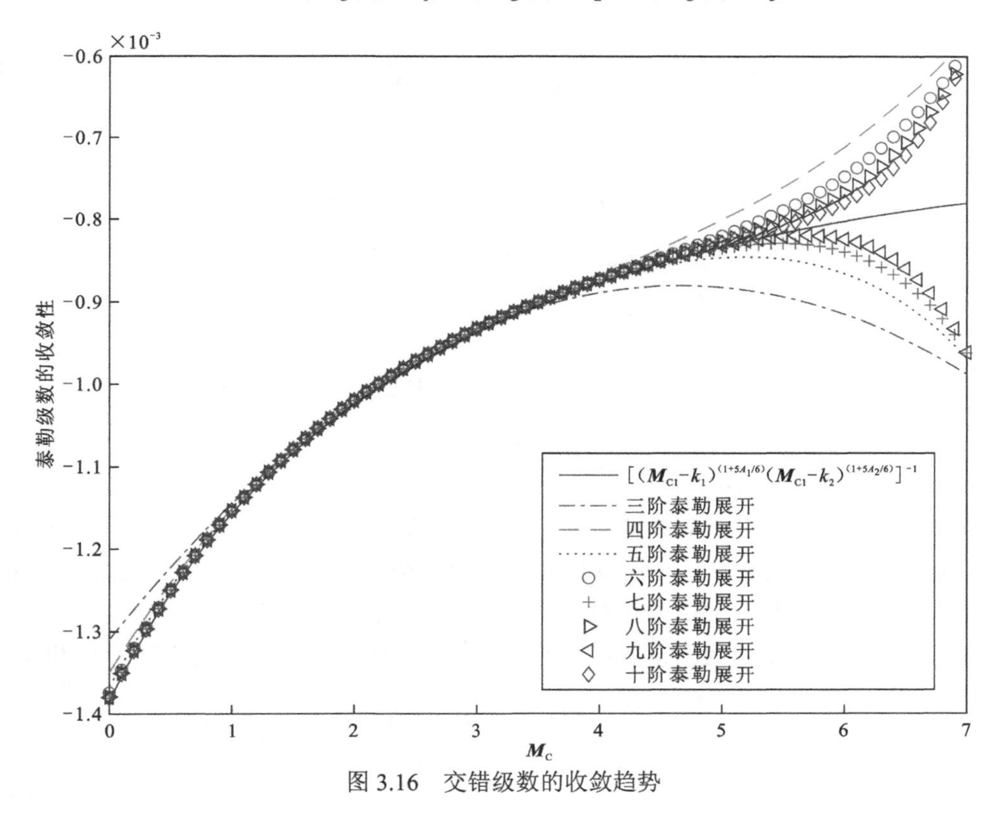

图 3.16　交错级数的收敛趋势

对于连续区的凝并问题，其解析解要简单得多[13-14]。由连续区 TEMOM 模型的第三个方程除以第一个方程，可得

$$\frac{\mathrm{d}\boldsymbol{M}_2}{\mathrm{d}\boldsymbol{M}_0}=-\frac{2\boldsymbol{M}_1^2}{\boldsymbol{M}_0^2} \tag{3.145}$$

直接解得

$$\boldsymbol{M}_2=\frac{2\boldsymbol{M}_1^2}{\boldsymbol{M}_0}+C_2 \tag{3.146}$$

其中，积分常数为

$$C_2=\boldsymbol{M}_{20}-\frac{2\boldsymbol{M}_1^2}{\boldsymbol{M}_{00}} \tag{3.147}$$

根据无量纲矩的定义，得到

$$\boldsymbol{M}_{\mathrm{C}}=2+\boldsymbol{M}_0C_3,\quad C_3=\frac{C_2}{\boldsymbol{M}_1^2} \tag{3.148}$$

代入连续区 TEMOM 模型的第一个方程，有

$$\frac{\mathrm{d}\boldsymbol{M}_0}{\mathrm{d}t}=\frac{B_2(2C_3^2\boldsymbol{M}_0^2-5C_3\boldsymbol{M}_0-169)\boldsymbol{M}_0^2}{81} \tag{3.149}$$

重新整理得到

$$\left(\frac{k_4\boldsymbol{M}_0+k_5}{\boldsymbol{M}_0^2}+\frac{k_6\boldsymbol{M}_0+k_7}{2C_3^2\boldsymbol{M}_0^2-5C_3\boldsymbol{M}_0-169}\right)\mathrm{d}\boldsymbol{M}_0=\frac{B_2}{81}\mathrm{d}t \tag{3.150}$$

其中，常数为

$$k_4=\frac{5C_3}{13^4},\quad k_5=-\frac{1}{169},\quad k_6=-\frac{10C_3^3}{13^4},\quad k_7=\frac{363C_3^2}{13^4} \tag{3.151}$$

从而得到隐式的解析解为

$$\begin{aligned}&5\ln\boldsymbol{M}_0+\frac{169}{C_2\boldsymbol{M}_0}-\frac{5}{2}\ln\left|2C_3^2\boldsymbol{M}_0^2-5C_3\boldsymbol{M}_0-169\right|\\&-\frac{701}{9\sqrt{17}}\operatorname{arctanh}\frac{|4C_2\boldsymbol{M}_0-5|}{9\sqrt{17}}=\frac{13^4B_2}{3^4C_2}t+C_4\end{aligned} \tag{3.152}$$

其中，积分常数 C_4 定义为

$$\begin{aligned}C_4=&5\ln\boldsymbol{M}_{00}+\frac{169}{C_2\boldsymbol{M}_{00}}-\frac{5}{2}\ln|2C_3^2\boldsymbol{M}_{00}^2-5C_3\boldsymbol{M}_{00}-169|\\&-\frac{701}{9\sqrt{17}}\operatorname{arctanh}\frac{|4C_2\boldsymbol{M}_{00}-5|}{9\sqrt{17}}\end{aligned} \tag{3.153}$$

本节给出了布朗凝并问题的解析解，尽管解的形式比较复杂，但说明了 TEMOM 模型足够简单，这是以往的模型所无法比拟的。更复杂的解析解见相关参考文献，这里不再赘述。在科学与工程实践中，相对于解析解，渐近解显得更为重要。

此外，工程中经常遇到的常剪切率的剪切凝并问题[15]，其对应的 TEMOM 模型为

$$\begin{cases}\dfrac{\mathrm{d}\boldsymbol{M}_0}{\mathrm{d}t}=-\dfrac{1}{27\pi}(\boldsymbol{M}_{\mathrm{C}}^2-20\boldsymbol{M}_{\mathrm{C}}+127)\boldsymbol{M}_0\boldsymbol{M}_1\dfrac{\mathrm{d}v}{\mathrm{d}x}\\\dfrac{\mathrm{d}\boldsymbol{M}_1}{\mathrm{d}t}=0\\\dfrac{\mathrm{d}\boldsymbol{M}_2}{\mathrm{d}t}=\dfrac{4G}{27\pi\boldsymbol{M}_0}(5\boldsymbol{M}_{\mathrm{C}}^2+35\boldsymbol{M}_{\mathrm{C}}+14)\boldsymbol{M}_1^3\dfrac{\mathrm{d}v}{\mathrm{d}x}\end{cases} \tag{3.154}$$

式中：dv/dx 为剪切率。根据上述方法也可得到该模型的渐近解。由无量纲矩的定义，得到

$$\begin{aligned}\frac{\mathrm{d}\boldsymbol{M}_{\mathrm{C}}}{\mathrm{d}t}&=\frac{\boldsymbol{M}_2}{\boldsymbol{M}_1^2}\frac{\mathrm{d}\boldsymbol{M}_0}{\mathrm{d}t}+\frac{\boldsymbol{M}_0}{\boldsymbol{M}_1^2}\frac{\mathrm{d}\boldsymbol{M}_2}{\mathrm{d}t}\\&=\frac{\boldsymbol{M}_1}{27\pi}\frac{\mathrm{d}v}{\mathrm{d}x}[-\boldsymbol{M}_{\mathrm{C}}(\boldsymbol{M}_{\mathrm{C}}^2-20\boldsymbol{M}_{\mathrm{C}}+127)+4(5\boldsymbol{M}_{\mathrm{C}}^2+35\boldsymbol{M}_{\mathrm{C}}+14)]\end{aligned}\tag{3.155}$$

如果存在渐近解，则有

$$\boldsymbol{M}_{\mathrm{C}}^3-40\boldsymbol{M}_{\mathrm{C}}^2-13\boldsymbol{M}_{\mathrm{C}}-56=0\tag{3.156}$$

解得

$$\begin{cases}\boldsymbol{M}_{\mathrm{C1}}=40.36\\\boldsymbol{M}_{\mathrm{C2}}=-0.178\,3+1.164i\\\boldsymbol{M}_{\mathrm{C3}}=-0.178\,3-1.164i\end{cases}\tag{3.157}$$

其中只有 $\boldsymbol{M}_{\mathrm{C1}}=40.36$，有物理意义，则模型可简化为

$$\begin{cases}\dfrac{\mathrm{d}\boldsymbol{M}_0}{\mathrm{d}t}=-11.18\boldsymbol{M}_0\boldsymbol{M}_1\dfrac{\mathrm{d}v}{\mathrm{d}x}\\\dfrac{\mathrm{d}\boldsymbol{M}_1}{\mathrm{d}t}=0\\\dfrac{\mathrm{d}\boldsymbol{M}_2}{\mathrm{d}t}=11.18\boldsymbol{M}_1\boldsymbol{M}_2G\dfrac{\mathrm{d}v}{\mathrm{d}x}\end{cases}\tag{3.158}$$

其渐近解为

$$\begin{cases}\boldsymbol{M}_0\sim\boldsymbol{M}_{00}\mathrm{e}^{-11.18\boldsymbol{M}_1t\frac{\mathrm{d}v}{\mathrm{d}x}}\\\boldsymbol{M}_2\sim\boldsymbol{M}_{20}\mathrm{e}^{+11.18\boldsymbol{M}_1t\frac{\mathrm{d}v}{\mathrm{d}x}}\end{cases}\tag{3.159}$$

标度增长率为

$$-\frac{1}{\boldsymbol{M}_0}\frac{\mathrm{d}\boldsymbol{M}_0}{\mathrm{d}t}=\frac{1}{\boldsymbol{M}_2}\frac{\mathrm{d}\boldsymbol{M}_2}{\mathrm{d}t}=11.18\boldsymbol{M}_1\frac{\mathrm{d}v}{\mathrm{d}x}\tag{3.160}$$

无量纲矩随时间演化的解析解为

$$a_1\ln|\boldsymbol{M}_{\mathrm{C}}+k_1|+\frac{a_2}{2}\ln(\boldsymbol{M}_{\mathrm{C}}^2+k_2\boldsymbol{M}_{\mathrm{C}}+k_3)+\frac{2a_3-a_2k_2}{\sqrt{4k_3-k_2^2}}\arctan\frac{2\boldsymbol{M}_{\mathrm{C}}+k_2}{\sqrt{4k_3-k_2^2}}=\frac{\boldsymbol{M}_1t}{27\pi}\frac{\mathrm{d}v}{\mathrm{d}x}+C\tag{3.161}$$

其中，常数的计算结果为

$$\begin{cases}k_1=-40.36\\k_2=0.356\,5\\k_3=1.388\,0\end{cases}\tag{3.162}$$

和

$$\begin{cases}a_1=-0.000\,608\,1\\a_2=0.000\,608\,1\\a_3=0.024\,76\end{cases}\tag{3.163}$$

需要指出的是，剪切凝并的 TEMOM 模型存在渐近解和解析解，但剪切凝并的 PBE 却不存在相似解（见第 4 章），导致这种现象出现的数学物理机制还有待进一步研究。

3.5.4 布朗凝并 TEMOM 模型解的稳定性

线性稳定性理论将动力学系统分解为平均场和脉动场，通过分析脉动场的增长特性，来判断解的稳定性[22]。由此，引入脉动量：

$$\begin{cases} n(v,t) = \overline{n}(v,t) + n'(v,t) \\ \boldsymbol{M}_k(t) = \overline{\boldsymbol{M}_k}(t) + \boldsymbol{M}'_k(t) \end{cases} \tag{3.164}$$

通过对矩方法模型进行线性化，可将稳定性问题转化为广义特征值问题：

$$\frac{\mathrm{d}X}{\mathrm{d}t} = \boldsymbol{AX} \tag{3.165}$$

或表示为矩阵形式为

$$\frac{\mathrm{d}}{\mathrm{d}t}\begin{bmatrix} \boldsymbol{M}'_0 \\ \boldsymbol{M}'_2 \end{bmatrix} = \begin{bmatrix} A_{11} & A_{12} \\ A_{21} & A_{22} \end{bmatrix}\begin{bmatrix} \boldsymbol{M}'_0 \\ \boldsymbol{M}'_2 \end{bmatrix} \tag{3.166}$$

在自由分子区，分块矩阵元素 A_{11}、A_{12}、A_{21}、A_{22} 分别为

$$\begin{cases} A_{11} = \dfrac{11}{6}\dfrac{\sqrt{2}B_1(65\boldsymbol{M}_\mathrm{C}^2 - 1\,210\boldsymbol{M}_\mathrm{C} - 9\,223)\boldsymbol{M}_0}{5184}\left(\dfrac{\boldsymbol{M}_1}{\boldsymbol{M}_0}\right)^{\frac{1}{6}} \\ \qquad + \dfrac{\sqrt{2}B_1(2\times 65\boldsymbol{M}_\mathrm{C} - 1\,210)\boldsymbol{M}_0^2\boldsymbol{M}_2}{5184\boldsymbol{M}_1^2}\left(\dfrac{\boldsymbol{M}_1}{\boldsymbol{M}_0}\right)^{\frac{1}{6}} \\ A_{12} = \dfrac{\sqrt{2}B_1(2\times 65\boldsymbol{M}_\mathrm{C} - 1\,210)\boldsymbol{M}_0^3}{5184}\left(\dfrac{\boldsymbol{M}_1}{\boldsymbol{M}_0}\right)^{\frac{1}{6}} \\ A_{21} = \dfrac{1}{6}\dfrac{\sqrt{2}B_1(701\boldsymbol{M}_\mathrm{C}^2 - 4\,210\boldsymbol{M}_\mathrm{C} - 6\,859)\boldsymbol{M}_1^2}{2\,592\boldsymbol{M}_0}\left(\dfrac{\boldsymbol{M}_1}{\boldsymbol{M}_0}\right)^{\frac{1}{6}} \\ \qquad - \dfrac{\sqrt{2}B_1(2\times 701\boldsymbol{M}_\mathrm{C} - 4\,210)\boldsymbol{M}_1^2\boldsymbol{M}_2}{2\,592\boldsymbol{M}_1^2}\left(\dfrac{\boldsymbol{M}_1}{\boldsymbol{M}_0}\right)^{\frac{1}{6}} \\ A_{22} = -\dfrac{\sqrt{2}B_1(2\times 701\boldsymbol{M}_\mathrm{C} - 4\,210)\boldsymbol{M}_0\boldsymbol{M}_1^2}{2\,592\boldsymbol{M}_1^2}\left(\dfrac{\boldsymbol{M}_1}{\boldsymbol{M}_0}\right)^{\frac{1}{6}} \end{cases} \tag{3.167}$$

对应地，连续区的分块矩阵元素 A_{11}、A_{12}、A_{21}、A_{22} 分别为

$$\begin{cases} A_{11} = \dfrac{2B_2(2\boldsymbol{M}_\mathrm{C}^2 - 13\boldsymbol{M}_\mathrm{C} - 151)\boldsymbol{M}_0}{81} + \dfrac{B_2(4\boldsymbol{M}_\mathrm{C} - 13)\boldsymbol{M}_0^2\boldsymbol{M}_2}{81\boldsymbol{M}_1^2} \\ A_{12} = \dfrac{B_2(4\boldsymbol{M}_\mathrm{C} - 13)\boldsymbol{M}_0^3}{81\boldsymbol{M}_1^2} \\ A_{21} = -\dfrac{2B_2(4\boldsymbol{M}_\mathrm{C} - 13)\boldsymbol{M}_1^2\boldsymbol{M}_2}{81\boldsymbol{M}_1^2} \\ A_{22} = -\dfrac{2B_2(4\boldsymbol{M}_\mathrm{C} - 13)\boldsymbol{M}_0\boldsymbol{M}_1^2}{81\boldsymbol{M}_1^2} \end{cases} \tag{3.168}$$

在自由分子区，其特征值（λ_1, λ_2）演化满足下列渐近关系式

$$\begin{cases} \lambda_1 = -\dfrac{2.4081}{t} \\ \lambda_2 = \dfrac{0.2308}{t} \end{cases} \tag{3.169}$$

在连续区，对应的特征值（λ_1, λ_2）的关系式为

$$\begin{cases} \lambda_1 = -\dfrac{2.0575}{t} \\ \lambda_2 = \dfrac{0.0575}{t} \end{cases} \tag{3.170}$$

计算程序见程序 3.18，计算结果如图 3.17 所示，布朗凝并问题的解是渐近稳定的。

程序 3.18　连续区与自由分子区的布朗凝并 TEMOM 模型的线性稳定性

```
% p25.m stability of TEMOM model in FM and CR
clear,
t = 1e-2:1e-2:1e2; nt = length(t); B1 = 1; M1 = 1;
M0 = 0.3133*B1^(-6/5)*M1^(-1/5)*t.^(-6/5);
M2 = 7.0222*B1^(+6/5)*M1^(11/5)*t.^(+6/5);
MC = 2.2001; u = M1./M0; % asymptotic solution in FM
A11=11/6*(sqrt(2)*B1*(65*MC^2-1210*MC-9223)*M0.*u.^(1/6))/5184+...
    sqrt(2)*B1*(2*65*MC-1210)*M0.^2.*M2.*u.^(1/6)/5184/M1^2;
A12=sqrt(2)*B1*(2*65*MC-1210)*M0.^2.*M0.*u.^(1/6)/5184/M1^2;
A21=(sqrt(2)*B1*(701*MC^2-4210*MC-6859)*M1^2*M0.^(-1).*u.^(1/6))/2592/6...
    -(sqrt(2)*B1*(2*701*MC-4210)*M1^2*M2.^(+1).*u.^(1/6))/2592/M1^2;
A22=-(sqrt(2)*B1*(2*701*MC-4210)*M1^2*M0.^(+1).*u.^(1/6))/2592/M1^2;
for i = 1:nt
    A = [A11(i) A12(i); A21(i) A22(i)];
    blamda = eig(A); lamda1(i)=blamda(1); lamda2(i)=blamda(2);
end
B2 = 1; M1 = 1; MC = 2; % asymptotic solution in CR
M0 = 81/169 * B2^(-1).*t.^(-1); M2 = 338/81 * B2^(+1).*t.^(+1);
A11 = 2*B2*(2*MC^2-13*MC-151)*M0/81 + B2*(4*MC-13).*M0.^2.*M2/81/M1^2;
A12 = B2*(4*MC-13).*M0.^3/81/M1^2;
A21 = -2*B2*(4*MC-13).*M1.^2.*M2/81/M1^2;
A22 = -2*B2*(4*MC-13).*M1.^2.*M0/81/M1^2;
for i = 1:nt
    A = [A11(i) A12(i); A21(i) A22(i)];
    blamda = eig(A); lamda3(i)=blamda(1); lamda4(i)=blamda(2);
end
```

```
figure,loglog(t,-lamda1,'.',t,lamda2,'.',t,-lamda3,'-.',t,lamda4,'-.')
axis([1e-2 1e2 -200 25])
legend('\lambda_1 in the FM','\lambda_2 in the FM',...
    '\lambda_1 in the CR','\lambda_2 in the CR','location','northeast')
xlabel('t','fontangle','italic')
ylabel('ç‰¹å3/4å€1/4')
a1 = t.*lamda1; a2 = t.*lamda2; a3 = t.*lamda3; a4 = t.*lamda4;
```

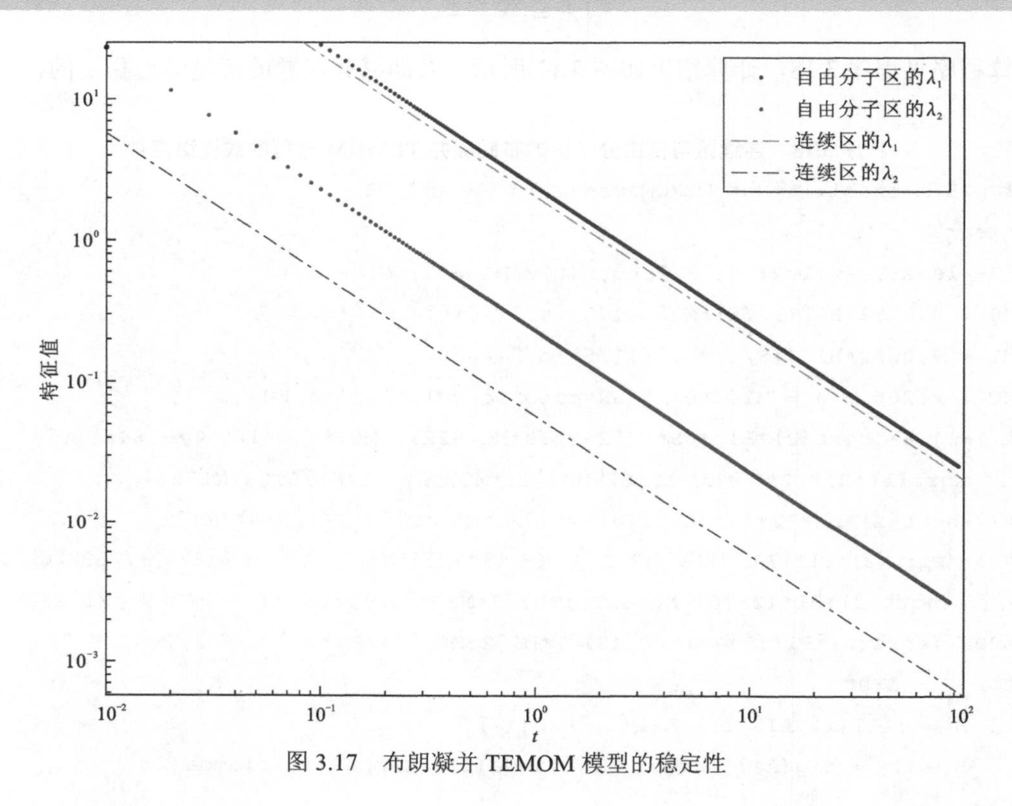

图 3.17　布朗凝并 TEMOM 模型的稳定性

3.5.5　TEMOM 模型渐近解的实验验证

根据瑞利散射（Rayleigh scattering）公式，单球形粒子的散射效率为

$$K_{\text{scat}}=\frac{8}{3}\left(\frac{\pi d_{\text{p}}}{\lambda}\right)^4\left|\frac{m^2-1}{m^2+1}\right|^2,\quad d_{\text{p}}\ll\lambda \tag{3.171}$$

式中：m 为粒子的折射率；λ 为入射光的波长；d_{p} 为粒子的直径，则总削光系数（后向散射系数）为

$$\begin{aligned}b_{\text{scat}}&=\int_0^\infty\frac{\pi d_{\text{p}}^2}{4}K_{\text{scat}}I_\lambda n_d\text{d}(d_{\text{p}})\\&=\frac{2}{3}\frac{\pi^5}{\lambda^4}\left(\frac{m^2-1}{m^2+1}\right)^2I_\lambda\int_0^\infty n_d d_{\text{p}}^6\text{d}(d_{\text{p}})\end{aligned}$$

$$=\frac{2}{3}\frac{\pi^5}{\lambda^4}\left(\frac{m^2-1}{m^2+1}\right)^2 I_\lambda\int_0^\infty n\left(\frac{6\upsilon}{\pi}\right)^2 \mathrm{d}\upsilon$$

$$=24\frac{\pi^3}{\lambda^4}\left(\frac{m^2-1}{m^2+1}\right)^2 I_\lambda \boldsymbol{M}_2 \tag{3.172}$$

即削光系数与颗粒粒度分布的二阶矩成正比，式中，I_λ 为入射光强度。在自由分子区，基于 TEMOM 模型的二阶矩的渐近解为

$$\boldsymbol{M}_2 \to \left[-\frac{5}{6}\frac{\sqrt{2}B_1(701\boldsymbol{M}_{C\infty}^2-4\,210\boldsymbol{M}_{C\infty}-6\,859)}{2\,592\boldsymbol{M}_{C\infty}^{1/6}}\right]^{\frac{6}{5}}\boldsymbol{M}_1^{\frac{11}{5}}t^{\frac{6}{5}}$$

因此，有总削光系数随时间的变化率有如下关系式：

$$b_{\text{scat}} \sim t^{\frac{6}{5}} \tag{3.173}$$

在双对数坐标中，上述关系式对应着斜率为 6 / 5 的直线。现有的实验数据显示这条线斜率为 1.18[23]。理论值与实验值非常接近，很好地证实了布朗凝并核函数和 TEMOM 模型的有效性与正确性。

参 考 文 献

[1] Smoluchowski M V. Drei vorträge über diffusion, brownsche molekularbewegung und koagulation von kolloidteilchen. Zeitschrift fur Physik, 1916, 17: 557-585.

[2] Einstein A. Über die von der molekularkinetischen Theorie der Wärme geforderte Bewegung von in ruhenden Flüssigkeiten suspendierten Teilchen. Annalen der Physik, 1905, 322(8): 549-560.

[3] Pratsinis S E. Simultaneous nucleation, condensation, and coagulation in aerosol reactor. Journal of Colloid and Interface Science, 1988, 124(2): 416-427.

[4] Lee K W, Chen H, Gieseke J A. Log-Normally preserving size distribution for brownian coagulation in the free-molecule regime. Aerosol Science and Technology, 1984, 3(1): 53-62.

[5] Frenklach M, Harris S J. Aerosol dynamics modeling using the method of moments. Journal of Colloid and Interface Science, 1987, 118(1): 252-261.

[6] McGraw R. Description of aerosol dynamics by the quadrature method of moments. Aerosol Science and Technology, 1997, 27(2): 255-265.

[7] Marchisio D L, Fox R O. Solution of population balance equations using the direct quadrature method of moments. Journal of Aerosol Science, 2005, 36(1): 43-73.

[8] Yu M Z, Lin J Z, Chan T L. A new moment method for solving the coagulation equation for particles in Brownian motion. Aerosol Science and Technology, 2008, 42(9): 705-713.

[9] Xie M L. Error estimation of TEMOM for Brownian coagulation. Aerosol Science and Technology, 2016, 50(9): 919-925.

[10] Xie M L, Wang L P. Asymptotic solution of population balance equation based on TEMOM model. Chemical Engineering Science, 2013, 94: 79-83.

[11] Xie M L. Asymptotic behavior of TEMOM model for particle population balance equation over the entire particle size regimes. Journal of Aerosol Science, 2014, 67: 157-165.

[12] Xie M L. Asymptotic solution of moment approximation of the particle population balance equation for Brownian agglomeration. Aerosol Science and Technology, 2015, 49(2): 109-114.

[13] Xie M L, He Q. Analytical solution of TEMOM model for particle population balance equation due to Brownian coagulation. Journal of Aerosol Science, 2013, 66: 24-30.

[14] He Q, Shchekin A K, Xie M L. New analytical TEMOM solutions for a class of collision kernels in the theory of Brownian coagulation. Physica A: Statistical Mechanics and Its Application, 2015, 428: 435-442.

[15] Xie M L, He Q. On the coagulation rate in a laminar shear flow. Journal of Aerosol Science, 2016, 100: 88-90.

[16] Hansen L P. Large sample properties of generalized method of moments estimators. Econometrica, 1982, 50(4): 1029-1054.

[17] Harrington R F. Time-harmonic electromagnetic fields. New York: McGraw-Hill Book Co, 1961.

[18] Xie M L. The invariant solution of Smoluchowski coagulation equation with homogeneous kernels based on one parameter group transformation. Communications in Nonlinear Science and Numerical Simulation, 2023, 123: 107271.

[19] Xie M L, He Q. The fundamental aspects of TEMOM model for particle coagulation due to Brownian motion. Part I: In the free molecule regimes. International Journal of Heat and Mass Transfer, 2014, 70: 1115-1120.

[20] Xie M L, Li J, Kong T T, et al. An improved particle population balance equation in the continuum-slip regime. Thermal Science, 2016, 20(3): 921-926.

[21] Yu M Z, Zhang X T, Jin G D, et al. A new analytical solution for solving the population balance equation in the continuum-slip regime. Journal of Aerosol Science, 2015, 80: 1-10.

[22] Xie M L, Kong T T, Li J, et al. The asymptotic stability of the Taylor-series expansion method of moment model for Brownian coagulation. Thermal Science, 2018, 22(4): 1651-1657.

[23] Friedlander S K. Smoke, dust, and haze: Fundamentals of aerosol dynamics. 2nd edition. New York: Oxford University Press, 2000.

第4章 相似理论与自保形分布

气溶胶颗粒系统在充分长时间之后，在某种或者某几种机制作用下，颗粒群尺度谱将达到所谓的自保形分布（self-preserving size distribution，SPSD）[1]，即颗粒粒度分布函数的所有特征变量在进行适当的无量纲化后具有稳定的表达式，且并不依赖初始颗粒粒度分布的函数形式，而只与当地特征变量的参数相关。

自保形分布假说（self-preserving hypothesis）是 Friedlander 等于 1966 年提出[2]，原文为：*The self-preserving hypothesis can be stated as follows: The particle size spectra of coagulating dispersion approach a form independent of the initial distribution after a sufficiently long time. This holds true for certain classes of particle collision mechanisms. The hypothesis is shown to be true for the case of constant kernel. for Brownian coagulation, arguments are presented to support the hypothesis, but the proof is incomplete.*（自保形分布假说可以表述为：在足够长的时间后，凝聚分散体的粒径谱接近与初始分布无关的形式。这对于某些类型的粒子碰撞机制也是如此。对于常数核的情况，该假设被证明是正确的。对于布朗凝并，提出了论据来支持该假设，但证明是不完整的。）

同时期，Swift 等的实验证明不管初始颗粒粒度分布如何，在足够长时间之后，在布朗凝并机制的作用下，颗粒粒度分布将达到自保形分布[3]。Hidy 的数值模拟表明达到自保持状态的时间与初始分布有关，但是不管初始分布如何都将达到自保形分布[4]。自保形分布假说是颗粒群平衡方程（PBE）研究工作的一个里程碑，可极好地帮助人们理解颗粒群凝并机制下的演变规律，也大量地应用于检验求解 PBE 的数值方法。

对于初始单分散性颗粒，在常凝并核的机制作用下，Schumann 于 1940 年得到了对应 PBE 方程的解析解[5]。后来 Friedlander 等经过数学分析认为，在足够长的时间之后，颗粒粒度分布函数将达到自保形分布，并符合如下数学表达式[2]：

$$\psi(\eta)=\mathrm{e}^{-\eta} \tag{4.1}$$

式中：ψ 为无量纲的分布函数；η 为无量纲体积。

对于初始单分散性颗粒，在连续区布朗凝并核机理的作用下，Friedlander 等经过数学分析认为，在足够长的时间之后，颗粒粒度分布函数也将达到自保形分布，并且在颗粒粒径较小的下端区域，颗粒粒度分布函数存在如下数学关系[2]：

$$\psi(\eta)=\frac{0.5086}{\eta^{1.06}}\exp\left(1.758\eta^{\frac{1}{3}}-1.275\eta^{-\frac{1}{3}}\right) \tag{4.2}$$

在颗粒粒径较大的上端区域，满足如下数学关系[2]：

$$\psi(\eta)=0.915\mathrm{e}^{-0.95\eta} \tag{4.3}$$

整体来说，综合上端区和下端区的颗粒粒度分布曲线，发现这条颗粒粒度分布曲线非常类似于对数正态分布曲线。此时的粒度分布曲线，特别是下端区的分布曲线，非常明显地受凝并核的影响。

本章将基于 TEMOM 的渐近解[6]，结合相似理论[7-8]，给出 PBE 相似性解存在的判别标准，并开发出求解自保形分布控制方程的通用计算程序（iDNS），得到 PBE 的不变解。

4.1 连续区布朗凝并的自相似粒子粒度分布

4.1.1 半经验分析

在布朗凝并的连续区，Friedlander 给出了自保形分布函数的控制方程[1]

$$(1+ab)\eta\frac{\mathrm{d}\psi}{\mathrm{d}\eta}+\left(2ab-b\eta^{\frac{1}{3}}-a\eta^{-\frac{1}{3}}\right)\psi+\int_0^{\eta}\psi(\eta-\eta_1)\psi(\eta_1)\left[1+\left(\frac{\eta-\eta_1}{\eta_1}\right)^{\frac{1}{3}}\right]\mathrm{d}\eta_1=0 \tag{4.4}$$

式中：η 为无量纲体积；ψ 为无量纲分布函数；常数 a 和 b 分别为

$$\begin{cases} a=\int_0^{\eta}\eta^{\frac{1}{3}}\psi(\eta)\mathrm{d}\eta \\ b=\int_0^{\eta}\eta^{-\frac{1}{3}}\psi(\eta)\mathrm{d}\eta \end{cases} \tag{4.5}$$

它们是待求的自保形分布的函数。该方程需要满足下列数学物理约束条件：

$$\begin{cases} \int_0^{\eta}\psi(\eta)\mathrm{d}\eta=1 \\ \int_0^{\eta}\eta\psi(\eta)\mathrm{d}\eta=1 \\ \psi\geqslant 0 \end{cases} \tag{4.6}$$

以及边界条件

$$\begin{cases} \psi(0)=0 \\ \psi(\infty)=0 \end{cases} \tag{4.7}$$

该方程的特征有以下几项。

（1）非线性多数学物理约束条件的微积分方程。

（2）方程中的参数是待求函数的函数，方程是隐式的。

（3）方程中的卷积积分项是一种变上限的第二类沃尔泰拉（Volterra）方程。

（4）卷积积分项是关于待求函数的自相关函数的积分。

（5）分布函数具有多尺度特征。

这些特征决定了该方程很难直接数值求解。

在 Friedlander 的渐近分析中[2]，在下端区（Lower-end），卷积积分项可忽略，即

$$s(\eta)=\int_0^{\eta}\psi(\eta-\eta_1)\psi(\eta_1)\left[1+\left(\frac{\eta-\eta_1}{\eta_1}\right)^{\frac{1}{3}}\right]\mathrm{d}\eta_1=0 \tag{4.8}$$

从而得到

$$(1+ab)\eta\frac{\mathrm{d}\psi_1}{\mathrm{d}\eta}+\left(2ab-b\eta^{\frac{1}{3}}-a\eta^{-\frac{1}{3}}\right)\psi_1=0 \tag{4.9}$$

其解为

$$\psi_1(\eta)=\exp\left(\frac{-2ab\ln\eta+3b\eta^{\frac{1}{3}}-3a\eta^{-\frac{1}{3}}}{1+ab}\right) \tag{4.10}$$

在上端区（Upper-end），由于分布函数需要满足有界条件，则有

$$\eta\psi(\infty)=0 \tag{4.11}$$

从而非线性项可忽略，得到

$$(1+ab)\eta\frac{\mathrm{d}\psi}{\mathrm{d}\eta}+\int_0^{\eta}\psi(\eta-\eta_1)\psi(\eta_1)\left[1+\left(\frac{\eta-\eta_1}{\eta_1}\right)^{\frac{1}{3}}\right]\mathrm{d}\eta_1=0 \tag{4.12}$$

其解约为

$$\psi_2(\eta)=\exp\left(-\frac{2}{1+ab}\eta\right) \tag{4.13}$$

因此自保形分布函数的解可以近似表示为

$$\psi(\eta)=\frac{\psi_1(\eta)\psi_2(\eta)}{\int_0^{\infty}\psi_1(\eta)\psi_2(\eta)\mathrm{d}\eta} \tag{4.14}$$

通过与经典的数值解进行比较，发现误差较大，且缺乏通用性（计算程序见程序 4.1，计算结果如图 4.1 所示）。因此需要寻找数值求解自保形分布控制方程的一般方法。

程序 4.1　连续区布朗凝并自保形分布的半经验解

```
% p26.m semi-empirical solution of SPSD in CR
clear,
load('p26.mat')
dx = deta;
x = dx:dx:2e1;
a = sum((eta+eps/10).^(+1/3).*phi)*deta;
b = sum((eta+eps/10).^(-1/3).*phi)*deta;
c = (1+a*b)/2;
y1 = exp((-2*a*b*log(x) + 3*b*x.^(1/3) - 3*a*x.^(-1/3))/(1+a*b));
y2 = exp(-1/c*x);
d = sum(y1.*y2)*dx;
z = y1.*y2/d;
```

```
figure,
semilogx(x,y1,'-.',x,y2,'-.',x,z,'-',eta,phi,'.')
axis([5e-4 2e1 -0.01 1.01])
legend('approximation at lower-end of SPSD in CR',...
    'approximation at upper-end of SPSD in CR',...
    'semi-empirical solution of SPSD in CR',...
    'numerical solution of SPSD in CR (Xie,2023)','location','south')
xlabel('\eta'),
ylabel('\psi(\eta)')
```

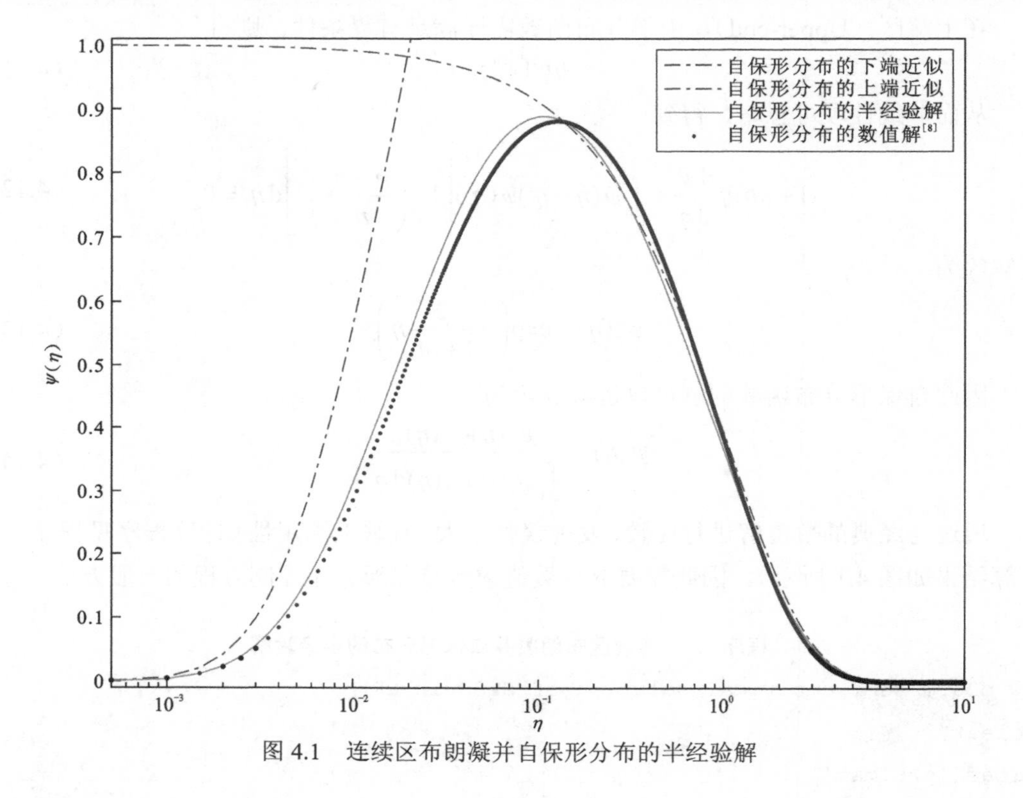

图 4.1　连续区布朗凝并自保形分布的半经验解

4.1.2　基于 TEMOM 渐近解的数值方法

基于 TEMOM 的渐近解，笔者最近发展了迭代的直接数值卷积积分的算法，求解连续区布朗凝并的自保形分布的控制方程，其框架如图 4.2 所示。程序主体分为以下 4 部分。

（1）由渐近解给出常数 a 和 b 的初始值。

（2）给出次边界条件。

（3）给出卷积积分的复合梯形积分计算格式。

（4）给出微分方程的前向差分递推格式。

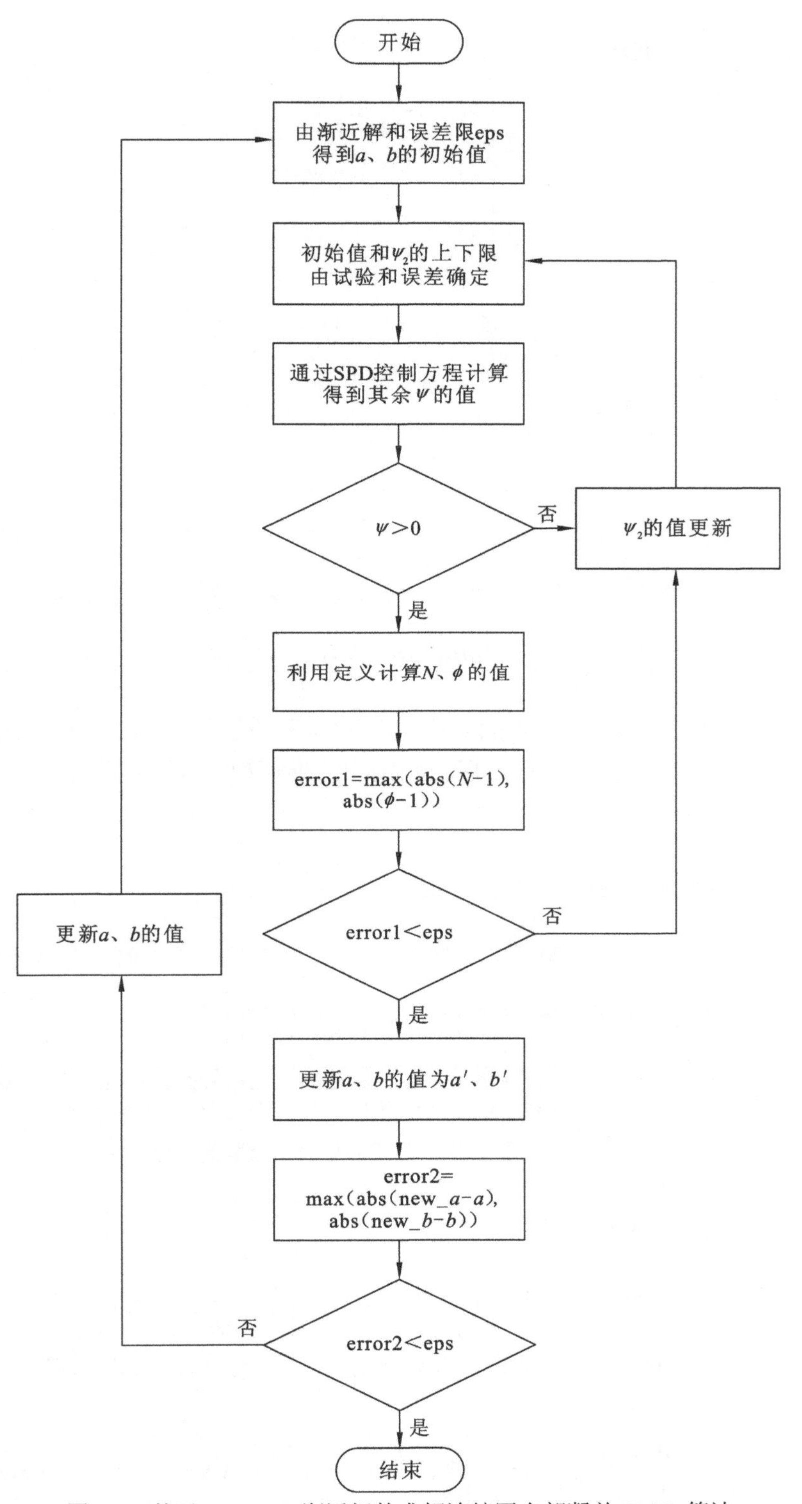

图 4.2　基于 TEMOM 渐近解的求解连续区布朗凝并 SPSD 算法

主要算法如下。

（1）由连续区 TEMOM 模型的渐近解可知[6]：

$$\begin{cases} \boldsymbol{M}_0 = \dfrac{81}{169} B_2^{-1} t^{-1} \\ \boldsymbol{M}_2 = \dfrac{338}{81} B_2 \boldsymbol{M}_1^2 t \\ \boldsymbol{M}_\mathrm{C} = 2 \end{cases} \tag{4.15}$$

再由 $\boldsymbol{M}_k$ 的近似公式

$$\boldsymbol{M}_k = \frac{\boldsymbol{M}_1^k}{\boldsymbol{M}_0^{k-1}} \left[1 + \frac{k(k-1)(\boldsymbol{M}_\mathrm{C}-1)}{2} \right] \tag{4.16}$$

可得到常数 a 和 b 的初始值：

$$\begin{cases} a = \dfrac{8}{9} \\ b = \dfrac{11}{9} \end{cases} \tag{4.17}$$

（2）由自保形分布下端区的渐近解，在计算步长为 $\Delta\eta$ 时，下端区的次边界条件可得

$$\psi(\Delta\eta) = \exp\left(\frac{-2ab\ln\Delta\eta + 3b(\Delta\eta)^{\frac{1}{3}} - 3a(\Delta\eta)^{-\frac{1}{3}}}{1+ab} \right) \tag{4.18}$$

（3）对于卷积积分项，目前没有现成的计算程序，这里采用归纳法，用简单的具有一阶代数精度的梯形积分公式进行处理。归纳法的推理如图 4.3 所示。

$k=1$（区间 $\Delta\eta$）

$s(1\Delta\eta) = [\beta(0,1\Delta\eta)\psi(0)\psi(1\Delta\eta) + \beta(1\Delta\eta,0)\psi(1\Delta\eta)\psi(0)]\Delta\eta/4$

$k=2$

$s(2\Delta\eta) = [\beta(0,2\Delta\eta)\psi(0)\psi(2\Delta\eta) + 2\beta(1\Delta\eta,1\Delta\eta)\psi(1\Delta\eta)\psi(1\Delta\eta) + \beta(2\Delta\eta,0)\psi(2\Delta\eta)\psi(0)]\Delta\eta/4$

$k=3$

$s(3\Delta\eta) = [\beta(0,3\Delta\eta)\psi(0)\psi(3\Delta\eta) + 2\beta(1\Delta\eta,2\Delta\eta)\psi(1\Delta\eta)\psi(2\Delta\eta) + 2\beta(2\Delta\eta,1\Delta\eta)\psi(2\Delta\eta)\psi(1\Delta\eta) + \beta(3\Delta\eta,0)\psi(3\Delta\eta)\psi(0)]\Delta\eta/4$

$k=4$

$s(4\Delta\eta) = [\beta(0,4\Delta\eta)\psi(0)\psi(4\Delta\eta) + 2\beta(1\Delta\eta,3\Delta\eta)\psi(1\Delta\eta)\psi(3\Delta\eta) + 2\beta(2\Delta\eta,2\Delta\eta)\psi(2\Delta\eta)\psi(2\Delta\eta) + 2\beta(3\Delta\eta,1\Delta\eta)\psi(3\Delta\eta)\psi(1\Delta\eta) + \beta(4\Delta\eta,0)\psi(4\Delta\eta)\psi(0)]\Delta\eta/4$

图 4.3　基于复合梯形积分公式的卷积积分数值计算方法

从而得到卷积积分的计算格式为

$$s(k\Delta\eta) = \sum_{i=2}^{k-1} \psi[(k-\mathrm{i})\Delta\eta]\psi(\mathrm{i}\Delta\eta) \left\{ 1 + \left[\frac{(k-\mathrm{i})\Delta\eta}{\mathrm{i}\Delta\eta} \right]^{\frac{1}{3}} \right\} \Delta\eta \tag{4.19}$$

（4）对自保形分布控制方程进行离散，微分方程可采用简单的前向差分格式（欧拉公式），即可得递推公式：

$$\psi[(k+1)\Delta\eta] = \frac{\left\{ \dfrac{(1+ab)k\Delta\eta}{\Delta\eta}\psi(k\Delta\eta) - \left[2ab - a(k\Delta\eta)^{-\frac{1}{3}} - b(k\Delta\eta)^{\frac{1}{3}} \right]\psi(k\Delta\eta) - s(k\Delta\eta) \right\}\Delta\eta}{(1+ab)k\Delta\eta} \tag{4.20}$$

基于上述 4 步处理方法，进行程序设计，见程序 4.2，其计算结果如图 4.4 所示。

程序 4.2　连续区布朗凝并自保形分布的求解程序

```
% p27.m the program for sefl-preserving size distribution in CR
clear, format long
a = 8/9; b = 11/9; err1 = 1; N = 1e4; deta = 1e-3;
eta = 0:deta:N*deta; etab = (eta(1:end-1) + eta(2:end))/2;
phi(1) = 0; s(1) = 0; s(2) = 0;
ini = exp((-2*a*b*log(eta(2))-a*3*(eta(2))^(-1/3)...
        +b*3*(eta(2))^(1/3))/(1+a*b));
while err1 > deta
    a1 = a; b1 = b; c = 1; d = 20; err = 1;
    while err > deta
        f = (c+d)/2; phi(2) = f*ini;
        for i = 3:N+1
            s(i) = 0;
            phi(i) = ((1+a*b)*eta(i-1)*phi(i-1)/deta...
                    -(2*a*b-b*eta(i-1)^(1/3)...
                    - a*eta(i-1)^(-1/3))*phi(i-1)...
                    -s(i-1))*deta/((1+a*b)*eta(i-1));
            for j = 2:i-1
                s(i) = s(i)+phi(i+1-j)*phi(j)*(1+((eta(i)...
                    -(j-1)*deta)/((j-1)*deta))^(1/3))*deta;
            end
        end
    m0 = sum(phi)*deta; m1 = sum(eta.*phi)*deta;
    if m1 > 1; c = (c+d)/2; else, d = (c+d)/2; end
    if abs(d-c) < deta; err = deta; else, err = abs(m1-1); end
    end
    a = sum(etab.^(1/3).*phib0)*deta;b = sum(etab.^(-1/3).*phib0)*deta;
    err1 = max(abs(a-a1),abs(b-b1));
end
```

通过对数值计算方法的描述可知，本算法仅借助了 TEMOM 模型的渐近解，不需要假设初始粒径分布。由计算结果可以发现，只需要 6 次迭代，即可达到预设的计算精度（$\varepsilon=5\times10^{-4}$），如图 4.4 所示，表 4.1 给出了各参数的收敛过程。通过与经典的结果进行比较可以发现，本小节的数值与 1994 年 Vemury 等的结果[9]高度吻合。为了定量分析，表 4.2 给出了达到收敛标准的自保形分布的典型矩的数值。通过比较可以看出本小节所列结果的精度是最高的，这也说明了 TEMOM 模型的渐近解是准确可靠的。

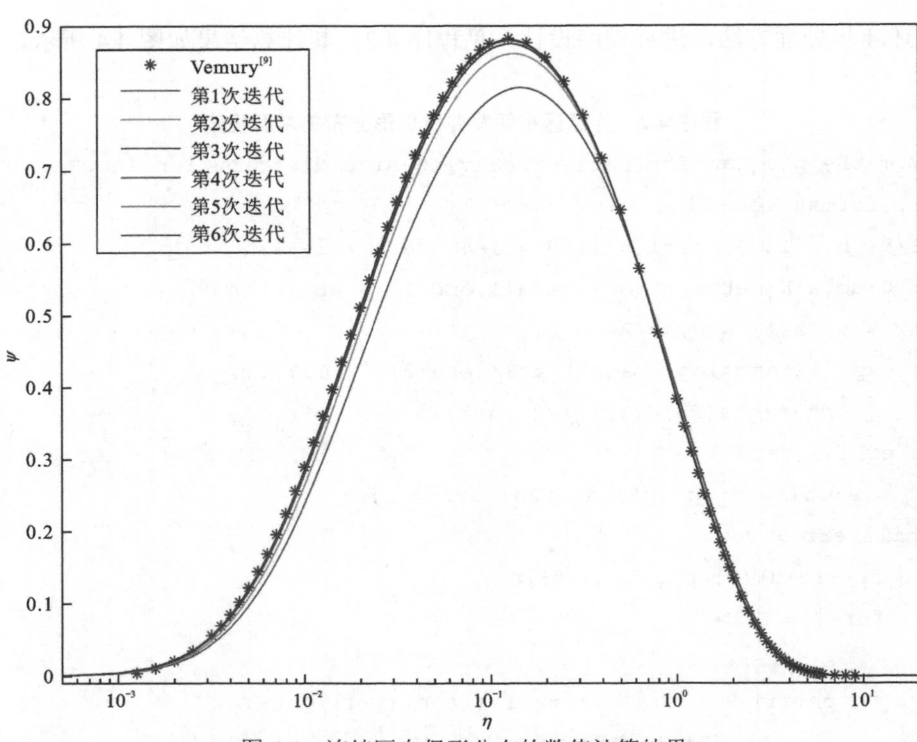

图 4.4 连续区自保形分布的数值计算结果

表 4.1 迭代过程中参数的收敛性

迭代次数	a	b	$\boldsymbol{M}_0$	$\boldsymbol{M}_1$	$\boldsymbol{M}_2$	$\boldsymbol{M}_C$
0	0.888 9	1.222 2	1.000 0	1.000 0	2.000 0	2.000 0
1	0.916 8	1.241 5	1.001 0	1.000 1	1.518 3	1.519 3
2	0.908 4	1.258 5	1.000 4	1.000 0	1.817 7	1.818 4
3	0.906 0	1.263 8	1.000 1	0.999 7	1.887 8	1.887 8
4	0.905 4	1.265 4	1.000 1	1.000 0	1.912 0	1.912 1
5	0.905 1	1.265 9	1.000 0	1.000 0	1.919 4	1.919 3
6	0.905 1	1.266 0	1.000 0	1.000 2	1.922 5	1.921 8

表 4.2 典型矩的数值与参考文献的比较

i	Vemury [9]	Friedlander 和 Wang [2]	本文解	渐近解[6]
−1/2	1.518 1	1.447 6	1.516 0	1.375 0
−1/3	1.267 3	1.239 3	1.266 0	1.222 2
−1/6	1.104 6	1.084 3	1.103 8	1.097 2
0	1.000 3	0.984 7	1.000 0	1.000 0

续表

i	Vemury [9]	Friedlander 和 Wang [2]	本文解	渐近解[6]
1/6	0.937 3	0.924 2	0.937 2	0.930 6
1/3	0.904 9	0.892 8	0.905 1	0.888 9
1/2	0.897 3	0.884 7	0.897 7	0.875 0
2/3	0.911 2	0.896 7	0.911 7	0.888 9
5/6	0.945 1	0.927 4	0.945 8	0.930 6
1	0.999 4	0.976 5	1.000 2	1.000 0
2	1.923 4	1.778 8	1.922 5	2.000 0

4.2 自保形分布控制方程

4.2.1 自保形分布控制方程的一般形式

4.1 节介绍了连续区的布朗凝并问题的自保形分布计算方法，为了扩展数值计算方法的通用性和适用范围，需要对自保形分布的理论进行一般化处理[7]。

由凝并问题的 PBE：

$$\frac{\partial n(\upsilon,t)}{\partial t}=\frac{1}{2}\int_0^{v}\beta(\upsilon_1,\upsilon-\upsilon_1)n(\upsilon_1)n(\upsilon-\upsilon_1)\mathrm{d}\upsilon_1-\int_0^{\infty}\beta(\upsilon_1,\upsilon)n(\upsilon_1)n(\upsilon)\mathrm{d}\upsilon_1 \tag{4.21}$$

采用相似变换

$$\begin{cases}\eta=\dfrac{\upsilon}{u}\\ u=\dfrac{\boldsymbol{M}_1}{\boldsymbol{M}_0}\end{cases} \tag{4.22}$$

质量守恒 $\boldsymbol{M}_1$ 为常数，同时 $\boldsymbol{M}_1$、$\boldsymbol{M}_0$ 是关于体积的积分，因此与体积无关，但 $\boldsymbol{M}_0$ 是时间的函数，因此，η 也是与时间相关的变量。由概率密度的归一性，有

$$\frac{n(\upsilon,t)}{\boldsymbol{M}_0(t)}\mathrm{d}v=\psi(\eta)\mathrm{d}\eta \tag{4.23}$$

由此可得

$$n(\upsilon,t)=\frac{\boldsymbol{M}_0(t)^2}{\boldsymbol{M}_1}\psi(\eta) \tag{4.24}$$

根据微分法则，PBE 等号的左边经相似变换后得到

$$\frac{\partial n(\upsilon,t)}{\partial t}=\frac{\boldsymbol{M}_0}{\boldsymbol{M}_1}\frac{\mathrm{d}\boldsymbol{M}_0}{\mathrm{d}t}\left(2\psi+\eta\frac{\mathrm{d}\psi}{\mathrm{d}\eta}\right) \tag{4.25}$$

其中，$\mathrm{d}\boldsymbol{M}_0/\mathrm{d}t$ 可由矩变换准确求得

$$\frac{\mathrm{d}\boldsymbol{M}_0}{\mathrm{d}t}=-\frac{1}{2}\int_0^{\infty}\int_0^{\infty}\beta(\upsilon,\upsilon_1)n(\upsilon,t)n(\upsilon_1,t)\mathrm{d}\upsilon_1\mathrm{d}\upsilon \tag{4.26}$$

PBE 等号的右边第一项和第二项经过相似变换后可得

$$\begin{cases}\dfrac{1}{2}\displaystyle\int_0^{\upsilon}\beta(\upsilon_1,\upsilon-\upsilon_1)n(\upsilon_1)n(\upsilon-\upsilon_1)\mathrm{d}\upsilon_1=\dfrac{1}{2}\dfrac{\boldsymbol{M}_0^3}{\boldsymbol{M}_1}\displaystyle\int_0^{u\eta}\beta(u\eta_1,u(\eta-\eta_1))\psi(\eta_1)\psi(\eta-\eta_1)\mathrm{d}\eta_1\\ \displaystyle\int_0^{\infty}\beta(\upsilon_1,\upsilon)n(\upsilon_1)n(\upsilon)\mathrm{d}\upsilon_1=\dfrac{\boldsymbol{M}_0^3}{\boldsymbol{M}_1}\displaystyle\int_0^{\infty}\beta(u\eta_1,\eta)\psi(\eta_1)\psi(\eta)\mathrm{d}\eta_1\end{cases} \tag{4.27}$$

因此，PBE 通过相似变换为

$$A\left[2\psi(\eta)+\eta\frac{\mathrm{d}\psi(\eta)}{\mathrm{d}\eta}\right]=s(\eta)-\psi(\eta)g(\eta) \tag{4.28}$$

其中，总碰撞频率 A 、卷积积分 $s(\eta)$ 及函数 $g(\eta)$ 分别为

$$\begin{cases}A=-\dfrac{1}{2}\displaystyle\int_0^{\infty}\int_0^{\infty}\beta(u\eta,u\eta_1)\psi(\eta)\psi(\eta_1)\mathrm{d}\eta\mathrm{d}\eta_1\\ s(\eta)=\dfrac{1}{2}\displaystyle\int_0^{u\eta}\beta(u\eta_1,u(\eta-\eta_1))\psi(\eta_1)\psi(\eta-\eta_1)\mathrm{d}\eta_1\\ g(\eta)=\displaystyle\int_0^{\infty}\beta(u\eta_1,u\eta)\psi(\eta_1)\mathrm{d}\eta_1\end{cases} \tag{4.29}$$

式（4.29）就是自保形分布控制方程的一般形式。其数学物理约束条件为

$$\begin{cases}\displaystyle\int_0^{\infty}\psi(\eta)\mathrm{d}\eta=1\\ \displaystyle\int_0^{\infty}\eta\psi(\eta)\mathrm{d}\eta=1\\ \psi(\eta)\geqslant 0\end{cases} \tag{4.30}$$

需要指出的是，在经典的相似理论中，代数平均体积取为 $u=1$ [1]。PBE 经过相似变换后得到的自保形分布控制方程的解的存在性与碰撞核函数在边界处的渐近性质相关。

4.2.2 边界条件

为了给出自保形分布控制方程的边界条件[8]，利用恒等式：

$$\int_0^{\infty}\int_0^{\infty}\beta(u\eta,u\eta_1)\psi(\eta)\psi(\eta_1)\mathrm{d}\eta\mathrm{d}\eta_1=\int_0^{\infty}\int_0^{u\eta}\beta(u\eta_1,u(\eta-\eta_1))\psi(\eta_1)\psi(\eta-\eta_1)\mathrm{d}\eta_1 \tag{4.31}$$

对 PBE 方程两边进行积分，可得

$$\int_0^{\infty}\eta\mathrm{d}\psi=-1 \tag{4.32}$$

通过分部积分，可得

$$\eta\psi\big|_0^{\infty}=0 \tag{4.33}$$

由于粒子的总体积为一有限常数，即

$$\int_0^{\infty}\eta\psi\mathrm{d}\eta=1,\ \eta\geqslant 0,\ \psi\geqslant 0 \tag{4.34}$$

意味着：

$$\psi(\eta)\to 0,\ \eta\to\infty \tag{4.35}$$

且其衰减速率要大于 $1/\eta$ ，同时：

$$\eta\psi(\eta)\to 0,\quad \eta\to 0 \tag{4.36}$$

式（4.35）和式（4.36）就是自保形分布一般控制方程的边界条件。

边界条件与碰撞核函数的性质相关，为了便于程序设计，需要对其进一步简化处理，当$\eta\to 0$，卷积积分项可忽略，即

$$\lim_{\eta\to 0}s(\eta)=\frac{1}{2}\int_0^{u\eta}\beta(u\eta_1,u(\eta-\eta_1))\psi(\eta_1)\psi(\eta-\eta_1)\mathrm{d}\eta_1=0 \tag{4.37}$$

控制方程可简化为

$$A\left(2\psi(\eta)+\eta\frac{\mathrm{d}\psi(\eta)}{\mathrm{d}\eta}\right)=-\psi(\eta)g(\eta) \tag{4.38}$$

它的解为

$$\psi(\eta)\sim\eta^{-2}\exp\left(-\frac{1}{A}\int\frac{g(\eta)}{\eta}\mathrm{d}\eta\right) \tag{4.39}$$

因此，下端边界条件转换为

$$\eta\psi=\eta^{-1}\exp\left(-\frac{1}{A}\int\frac{g(\eta)}{\eta}\mathrm{d}\eta\right)\to 0,\quad \eta\to 0 \tag{4.40}$$

如果碰撞核函数的渐近性质满足边界条件，PBE 存在相似解，否则，相似解不存在。下面通过对齐次核函数的性质进行分析和讨论，给出 PBE 相似解存在性的判别方法。

4.2.3 齐次核函数的性质与分类

4.2.2 小节提到自保形分布控制方程的下端边界条件与碰撞核函数的性质密切相关，本小节将讨论齐次碰撞核函数的性质[8]。所谓齐次核函数，它在数学上需满足以下条件：

$$\begin{cases}\beta(\alpha\eta,\alpha\eta_1)=\alpha^{\gamma}\beta(\eta,\eta_1)\\ \beta(\eta,\eta_1)=\beta(\eta_1,\eta)\\ \beta(\eta,\eta_1)\geqslant 0\end{cases} \tag{4.41}$$

式中：α 为缩放因子；γ 为指数常数。这些条件使得齐次核函数满足以下微分方程：

$$\eta\frac{\partial\beta}{\partial\eta}+\eta_1\frac{\partial\beta}{\partial\eta_1}-\gamma\beta=0 \tag{4.42}$$

其通解可表示为

$$\beta=\eta_1^{\gamma}H\left(\frac{\eta}{\eta_1}\right) \tag{4.43}$$

其中 H 为可微函数，根据函数 H 在 $\eta\to 0$ 的渐近性质，可将齐次核函数分为三类：

$$H(0)\to 0$$

$$H(0)\to 1$$

$$H(0)\to\infty$$

对于第一类核函数 $H(0)\to 0$，则函数 $g(\eta)$ 可直接积分得到

$$g(\eta)=\int_0^{\infty}\beta(u\eta_1,u\eta)\psi(\eta_1)\mathrm{d}\eta_1=0,\quad \eta\to 0 \tag{4.44}$$

代入下端边界条件，可得

$$\eta\psi(\eta)=\eta^{-1}\exp\left(-\frac{1}{A}\int\frac{g(\eta)}{\eta}\mathrm{d}\eta\right)\sim\eta^{-1}\to\infty,\quad \eta\to 0 \tag{4.45}$$

这意味着带第一类核函数的 PBE 无相似性解。

对于第二类核函数 $H(0)\propto 1$，根据一阶泰勒级数展开，有

$$\beta\propto\eta_1^{\gamma+a}\left[1+b\left(\frac{\eta}{\eta_1}\right)^a\right],\quad a\geqslant 0,\quad b\geqslant 0 \tag{4.46}$$

则函数 $g(\eta)$ 可积分得到

$$g(\eta)=\int_0^\infty\beta(u\eta_1,u\eta)\psi(\eta_1)\mathrm{d}\eta_1=\boldsymbol{M}_{\gamma+a}+b\eta^a\boldsymbol{M}_\gamma \tag{4.47}$$

则总的碰撞频率为

$$A=-\frac{1}{2}\int_0^\infty\int_0^\infty\beta(u\eta,u\eta_1)\psi(\eta)\psi(\eta_1)\mathrm{d}\eta\mathrm{d}\eta_1=-\frac{1}{2}(\boldsymbol{M}_{\gamma+a}+b\boldsymbol{M}_\gamma\boldsymbol{M}_a) \tag{4.48}$$

代入下端边界条件，有

$$\eta\psi(\eta)=\eta^{-1+\frac{2\boldsymbol{M}_{\gamma+a}}{\boldsymbol{M}_{\gamma+a}+b\boldsymbol{M}_\gamma\boldsymbol{M}_a}}\exp\left(\frac{2\dfrac{b}{a}\eta^a\boldsymbol{M}_\gamma}{\boldsymbol{M}_{\gamma+a}+b\boldsymbol{M}_\gamma\boldsymbol{M}_a}\right) \tag{4.49}$$

要使带第二类核函数的 PBE 有相似性解，则需要满足下列条件：

$$\frac{2\boldsymbol{M}_{\gamma+a}}{\boldsymbol{M}_{\gamma+a}+b\boldsymbol{M}_\gamma\boldsymbol{M}_a}>1\ \text{或}\ \boldsymbol{M}_{\gamma+a}>b\boldsymbol{M}_\gamma\boldsymbol{M}_a \tag{4.50}$$

对于第三类核函数 $H(0)\to\infty$，对应的一阶泰勒级数近似为

$$\beta=\eta_1^\gamma H\left(\frac{\eta}{\eta_1}\right)\propto\eta_1^{\gamma+c}\eta^{-c},\quad c>0 \tag{4.51}$$

则函数 $g(\eta)$ 可积分得到

$$g(\eta)=\int_0^\infty\beta(u\eta_1,u\eta)\psi(\eta_1)\mathrm{d}\eta_1\sim\boldsymbol{M}_{\gamma+c}\eta^{-c} \tag{4.52}$$

则总的碰撞频率为

$$A=-\frac{1}{2}\int_0^\infty\int_0^\infty\beta(u\eta,u\eta_1)\psi(\eta)\psi(\eta_1)\mathrm{d}\eta\mathrm{d}\eta_1=-\frac{1}{2}k\boldsymbol{M}_{\gamma+c}\boldsymbol{M}_{-c} \tag{4.53}$$

代入下端边界条件，有

$$\eta\psi(\eta)\sim\eta^{-1}\exp\left(-\frac{2}{c\boldsymbol{M}_{-c}}\eta^{-c}\right)\to 0\ \text{且}\ \psi(0)=0 \tag{4.54}$$

这意味着带第三类核函数的 PBE 方程通常存在相似性解。下面通过几个真实算例进行说明。

1. 常数核函数

常数核函数可表示为

$$\beta\propto 1 \tag{4.55}$$

它属于第二类核齐次碰撞函数，则函数 $g(\eta)$ 可计算为

$$g(\eta)=\int_0^\infty\beta(u\eta_1,u\eta)\psi(\eta_1)\mathrm{d}\eta_1=1 \tag{4.56}$$

总的碰撞频率为

$$A=-\frac{1}{2}\int_0^\infty\int_0^\infty \beta(u\eta,u\eta_1)\psi(\eta)\psi(\eta_1)\mathrm{d}\eta\mathrm{d}\eta_1=-\frac{1}{2} \tag{4.57}$$

代入下端区的渐近解，可得到$\psi(0)$的值为

$$\psi(0)\sim\eta^{-2}\exp\left(-\frac{1}{A}\int\frac{g(\eta)}{\eta}\mathrm{d}\eta\right)=1 \tag{4.58}$$

从而下端边界为

$$\eta\psi(0)=\eta\to 0 \tag{4.59}$$

这说明带常数核的 PBE 有相似性解。1940 年，Schumann 得到了其解析解为

$$n(v,t)=\frac{N_0^2}{V\left(1+\frac{1}{2}N_0k_0t\right)^2}\exp\left[-\frac{N_0v}{V\left(1+\frac{1}{2}N_0k_0t\right)}\right] \tag{4.60}$$

式中：k_0为碰撞核函数的比例系数；N_0为初始粒子总数量，则颗粒数N将随凝并演化而逐渐减少为

$$N=\frac{N_0}{1+\frac{1}{2}N_0k_0t}\sim\frac{1}{t} \tag{4.61}$$

与连续区的布朗凝并的 TEMOM 模型的渐近解一致。对 Schumann 的解析解进行相似变换，得到

$$\psi(\eta)=\exp(-\eta) \tag{4.62}$$

需要指出的是下端边界条件为$\psi(0)=1$，这在物理现实中不存在，因此常数核函数是一种数学上的理想化条件。进一步分析带常数核的 PBE 的相似性解，可发现无量纲矩的渐近值为

$$\boldsymbol{M}_{\mathrm{C}}=\boldsymbol{M}_2=\int_0^\infty\eta^2\exp(-\eta)\mathrm{d}\eta=2 \tag{4.63}$$

与连续区的布朗凝并结果相同。以上结果说明连续区的 TEMOM 模型可用常数核的 TEMOM 模型来近似替代。但在自保形分布方面，二者存在本质上的差别，如对于常数核，有$\psi(0)=1$，而对于连续区布朗凝并核，$\psi(0)=0$。

2. 加核函数

加核函数的形式为

$$\beta=\eta+\eta_1 \tag{4.64}$$

它属于第二类核函数，则函数$g(\eta)$可计算为

$$g(\eta)=\int_0^\infty\beta(u\eta_1,u\eta)\psi(\eta_1)\mathrm{d}\eta_1=\boldsymbol{M}_1+\eta \tag{4.65}$$

总的碰撞频率为

$$A=-\frac{1}{2}\int_0^\infty\int_0^\infty\beta(u\eta,u\eta_1)\psi(\eta)\psi(\eta_1)\mathrm{d}\eta\mathrm{d}\eta_1=-\boldsymbol{M}_1 \tag{4.66}$$

代入下端区的渐近解，可得到$\psi(0)$的值为

$$\psi(0)\sim\eta^{-2}\exp\left(-\frac{1}{A}\int\frac{g(\eta)}{\eta}\mathrm{d}\eta\right)\sim\eta^{-1}\exp\left(\frac{\eta}{\boldsymbol{M}_1}\right) \tag{4.67}$$

则边界条件为

$$\eta\psi(0)=\exp\left(\frac{0}{\boldsymbol{M}_1}\right)=1 \tag{4.68}$$

不满足相似性解存在的条件，无相似性解。

3. 乘核函数

乘核函数的形式为

$$\beta=\eta\eta_1 \tag{4.69}$$

它属于第一类核函数，则函数 $g(\eta)$ 可计算为

$$g(\eta)=\int_0^{\infty}\beta(u\eta_1,u\eta)\psi(\eta_1)\mathrm{d}\eta_1=\boldsymbol{M}_1\eta \tag{4.70}$$

总的碰撞频率为

$$A=-\frac{1}{2}\int_0^{\infty}\int_0^{\infty}\beta(u\eta,u\eta_1)\psi(\eta)\psi(\eta_1)\mathrm{d}\eta\mathrm{d}\eta_1=-\frac{1}{2}\boldsymbol{M}_1^2 \tag{4.71}$$

代入下端区的渐近解，可得到 $\psi(0)$ 的值为

$$\psi(0)\sim\eta^{-2}\exp\left(-\frac{1}{A}\int\frac{g(\eta)}{\eta}\mathrm{d}\eta\right)\sim\eta^{-2}\exp\left(\frac{2\eta}{\boldsymbol{M}_1}\right) \tag{4.72}$$

则边界条件为

$$\eta\psi(0)=\eta^{-1}\exp\left(\frac{0}{\boldsymbol{M}_1}\right)\sim\infty \tag{4.73}$$

不满足相似性解存在的条件，无相似性解。

4. 剪切凝并核函数

剪切凝并核函数可简化为

$$\beta\propto\left(\eta^{\frac{1}{3}}+\eta_1^{\frac{1}{3}}\right)^3 \tag{4.74}$$

它的一阶泰勒展开为

$$\lim_{\eta\to 0}\beta\to\eta_1+3\eta^{\frac{1}{3}}\eta_1^{\frac{2}{3}}=\eta_1\left[1+3\left(\frac{\eta}{\eta_1}\right)^{\frac{1}{3}}\right] \tag{4.75}$$

属于第二类齐次碰撞核函数。由于其形式较为简单，剪切凝并核函数可完全展开为

$$\beta\propto\left(\eta^{\frac{1}{3}}+\eta_1^{\frac{1}{3}}\right)^3=\eta+\eta_1+3\eta^{\frac{1}{3}}\eta_1^{\frac{2}{3}}+3\eta^{\frac{2}{3}}\eta_1^{\frac{1}{3}} \tag{4.76}$$

对应的函数 $g(\eta)$ 可计算为

$$g(\eta)=\int_0^{\infty}\beta(u\eta_1,u\eta)\psi(\eta_1)\mathrm{d}\eta_1=\boldsymbol{M}_1+3\eta^{\frac{1}{3}}\boldsymbol{M}_{\frac{2}{3}}+3\eta^{\frac{2}{3}}\boldsymbol{M}_{\frac{1}{3}}+\eta \tag{4.77}$$

总的碰撞频率为

$$A=-\frac{1}{2}\int_0^{\infty}\int_0^{\infty}\beta(u\eta,u\eta_1)\psi(\eta)\psi(\eta_1)\mathrm{d}\eta\mathrm{d}\eta_1=-\boldsymbol{M}_1-3\boldsymbol{M}_{\frac{1}{3}}\boldsymbol{M}_{\frac{2}{3}} \tag{4.78}$$

代入下端边界条件，有

$$\eta\psi(\eta)=\eta^{-1+\frac{\boldsymbol{M}_1}{\boldsymbol{M}_1+3\boldsymbol{M}_{1/3}\boldsymbol{M}_{2/3}}}\exp(0) \tag{4.79}$$

显然

$$\frac{\boldsymbol{M}_1}{\boldsymbol{M}_1+3\boldsymbol{M}_{1/3}\boldsymbol{M}_{2/3}}<1 \tag{4.80}$$

这意味着$\eta\to 0$时，$\eta\psi(\eta)=\infty$，说明带剪切凝并核函数的 PBE 无相似性解。

上述的剪切凝并核函数和常数核函数同属于第二类齐次核函数，而前者不存在相似性解，后者存在相似性解，说明带第二类齐次核函数的 PBE 是否存在相似性解存在先决条件。

5. 布朗凝并核函数

在自由分子区，碰撞核函数为

$$\beta_{\mathrm{FM}}=\left(\eta_1^{-1}+\eta^{-1}\right)^{\frac{1}{2}}\left(\eta_1^{\frac{1}{3}}+\eta^{\frac{1}{3}}\right)^2 \tag{4.81}$$

其一阶泰勒级数近似为

$$\lim_{\eta\to 0}\beta_{\mathrm{FM}}\sim\eta^{-\frac{1}{2}}\eta_1^{\frac{2}{3}} \tag{4.82}$$

它属于第三类齐次核函数，对应的 PBE 存在相似性解。

在连续区，碰撞核函数为

$$\beta_{\mathrm{CR}}=\left(\eta_1^{-\frac{1}{3}}+\eta^{-\frac{1}{3}}\right)\left(\eta_1^{\frac{1}{3}}+\eta^{\frac{1}{3}}\right) \tag{4.83}$$

其一阶泰勒级数近似为

$$\lim_{\eta\to 0}\beta\to\eta^{-\frac{1}{3}}\eta_1^{\frac{1}{3}} \tag{4.84}$$

它也属于第三类齐次核函数，对应的 PBE 存在相似性解。

在滑移区，碰撞核函数为

$$\beta_{\mathrm{SC}}=\left(\frac{C_C(\eta_1)}{\eta_1^{\frac{1}{3}}}+\frac{C_C(\eta)}{\eta^{\frac{1}{3}}}\right)\left(\eta_1^{\frac{1}{3}}+\eta^{\frac{1}{3}}\right)f(Kn) \tag{4.85}$$

根据渐近分析，有

$$\lim_{\eta\to 0}Kn\to\eta^{-1/3},\quad \lim_{\eta\to 0}C_C\to\eta^{-1/3},\quad \lim_{\eta\to 0}f(Kn)\to\eta^{1/3} \tag{4.86}$$

从而有

$$\lim_{\eta\to 0}\beta_{\mathrm{SC}}\to\beta_{\mathrm{CR}}=\eta^{-\frac{1}{3}}\eta_1^{\frac{1}{3}} \tag{4.87}$$

因此，带滑移区碰撞核函数的 PBE 存在相似性解。

在过渡区，碰撞核函数为

$$\beta_{TR} = \frac{\beta_{CR}\beta_{FM}}{\beta_{CR} + \beta_{FM}} \tag{4.88}$$

它的渐近行为也与连续区的碰撞核函数一致，因此对应的 PBE 存在相似性解。

综上所述，各种核函数的 PBE 相似性解存在性如表 4.3 所示。

表 4.3　不同核函数相似性解的存在性

核函数	相似性解的存在性
$\beta = 1$	有
$\beta = \eta + \eta_1$	无
$\beta = \eta\eta_1$	无
$\beta \propto \left(\eta^{\frac{1}{3}} + \eta_1^{\frac{1}{3}}\right)^3$	无
$\beta_{FM} \propto \left(\eta_1^{-1} + \eta^{-1}\right)^{\frac{1}{2}}\left(\eta_1^{\frac{1}{3}} + \eta^{\frac{1}{3}}\right)^2$	有
$\beta_{CR} \propto \left(\eta_1^{-\frac{1}{3}} + \eta^{-\frac{1}{3}}\right)\left(\eta_1^{\frac{1}{3}} + \eta^{\frac{1}{3}}\right)$	有
$\beta_{SC} \propto \left(C_c(\eta_1)\eta_1^{-\frac{1}{3}} + C_c(\eta)\eta^{-\frac{1}{3}}\right)\left(\eta_1^{\frac{1}{3}} + \eta^{\frac{1}{3}}\right)f(Kn)$	有
$\beta_{TR} = \frac{\beta_{CR}\beta_{FM}}{\beta_{CR} + \beta_{FM}}$	有

4.3　基于单参数群变换的 iDNS 算法

4.3.1　单参数群变换

由于卷积积分上限包含代数平均体积，它可以为任意大于 0 的实数，这给数值计算卷积积分造成了很大困难。为了简化计算和程序设计，这里引入单参数群变换[8]，其形式为

$$\begin{cases} v = u\eta \\ \zeta(v) = \lambda\psi(\eta) \end{cases} \tag{4.89}$$

从而自保形分布的一般控制方程变换为

$$AA\left(2\zeta(v) + v\frac{\mathrm{d}\zeta(v)}{\mathrm{d}v}\right)\frac{1}{u\lambda} = ss(v) - \zeta(v)gg(v) \tag{4.90}$$

对应的总碰撞频率 AA，卷积积分 $ss(v)$ 及函数 $gg(v)$ 分别为

$$\begin{cases} AA = -\dfrac{1}{2}\displaystyle\int_0^{\infty}\int_0^{\infty}\beta(v,v_1)\zeta(v)\zeta(v_1)\mathrm{d}v\mathrm{d}v_1 \\ ss(v) = \dfrac{1}{2}\displaystyle\int_0^{v}\beta(v_1,(v-v_1))\zeta(v_1)\zeta(v-v_1)\mathrm{d}v_1 \\ gg(v) = \displaystyle\int_0^{\infty}\beta(v_1,v)\zeta(v_1)\mathrm{d}v_1 \end{cases} \tag{4.91}$$

变换前后，这些物理量的对应关系为

$$\begin{cases} AA = (u\lambda)^2 A \\ ss(v) = u\lambda^2 s(\eta) \\ gg(v) = u\lambda g(\eta) \end{cases} \tag{4.92}$$

比较变换前后的两组方程，当 $\lambda = 1/u$ 时，发现自保形分布的一般控制方程具有微积分形式不变性，称之为伸缩变换；当 $\lambda = 1$ 时，变换后的方程等号的左边在形式上多除以了一个常数（代数平均体积），在半对数坐标系中，相当于对自保形分布函数进行了平移变换。相应的数学物理约束条件如下。

伸缩变换：

$$\int_0^{\infty}\zeta(v)\mathrm{d}v = 1,\quad \int_0^{\infty}v\zeta(v)\mathrm{d}v = u;\quad \zeta(v) \geqslant 0,\quad \lambda = \frac{1}{u} \tag{4.93}$$

平移变换：

$$\int_0^{\infty}\zeta(v)\mathrm{d}v = u,\quad \int_0^{\infty}v\zeta(v)\mathrm{d}v = u^2;\quad \zeta(v) \geqslant 0,\quad \lambda = 1 \tag{4.94}$$

为了得到方程的不变解，需要引入单参数群变换的逆变换：

$$\begin{cases} \eta = \dfrac{v}{u} \\ \psi(\eta) = \dfrac{\zeta(v)}{\lambda} \end{cases} \tag{4.95}$$

由此可以发现，当相似性解存在时，$u=1$ 时的自保形分布函数即是 PBE 的不变解。

4.3.2 自保形分布控制方程的 iDNS 计算方法

基于布朗凝并连续区的自保形分布控制方程的计算方法，本小节对其进行整理和一般化，并命名为迭代的直接数值模拟（iterative direct numerical simulation，iDNS）。

首先，假设初始粒子粒度分布为对数正态分布。正如 3.1 节所指出的那样，初始分布的假设不是必须的，这样处理只是让描述更为简洁，避免了复杂的数学运算技巧而已。

$$\psi(\eta) = \frac{1}{3\sqrt{2\pi}\ln\sigma}\exp\left[-\frac{\ln^2\left(\dfrac{\eta}{\upsilon_{\mathrm{g}}}\right)}{18\ln^2\sigma}\right]\frac{1}{\eta} \tag{4.96}$$

其中的参数可由 TEMOM 模型的渐近解给出，如

$$\upsilon_g = \frac{u}{\sqrt{\boldsymbol{M}_{\mathrm{C}}}}, \quad \ln^2 \sigma = \frac{1}{9} \ln \boldsymbol{M}_{\mathrm{C}} \tag{4.97}$$

求解卷积积分的通式为

$$s(i\Delta\eta) = \left[\psi(0)\psi(i\Delta\eta) + 2\sum_{k=1}^{i-1}\psi(k\Delta\eta)\psi((i-k)\Delta\eta) + \psi(i\Delta\eta)\psi(0)\right]\frac{\Delta\eta}{4} \tag{4.98}$$

通常，$\psi(0)=0$，则式（4.98）可简化为

$$s(i\Delta\eta) = \sum_{k=1}^{i-1}\psi(k\Delta\eta)\psi((i-k)\Delta\eta)\frac{\Delta\eta}{2} \tag{4.99}$$

而函数 $gg(k\Delta v)$ 可采用梯形积分公式为

$$g(i\Delta\eta) = \left[\beta(i\Delta\eta,0)\psi(0) + 2\sum_{k=1}^{\infty-1}\beta(i\Delta\eta,k\Delta\eta)\psi(k\Delta\eta) + \beta(i\Delta\eta,\infty)\psi(\infty)\right]\frac{\Delta\eta}{2} \tag{4.100}$$

同理，$\psi(0)=0$，则式（4.100）可简化为

$$g(i\Delta\eta) = \left[\sum_{k=1}^{\infty}\beta(i\Delta\eta,k\Delta\eta)\psi(k\Delta\eta)\right]\Delta\eta \tag{4.101}$$

总碰撞频率可通过下式计算

$$A = -\frac{1}{2}\sum_{k=0}^{\infty}\psi(k\Delta\eta)g(k\Delta\eta)\Delta\eta \tag{4.102}$$

以上步骤，提供了自保形分布控制方程所需要的初始条件。

其次，构建迭代求解格式。为了采用高阶精度的计算格式，微分方程的离散采用四阶龙格-库塔方法：

$$\psi[(i+1)\Delta\eta] = \psi(i\Delta\eta) + \frac{\Delta\eta}{6}(k_1 + 2k_2 + 3k_3 + k_4) \tag{4.103}$$

其中，斜率 k_1、k_2、k_3、k_4 的计算格式分别为

$$\begin{cases}
k_1 = \dfrac{1}{i\Delta\eta}\left[\dfrac{s(i\Delta\eta) - \psi(i\Delta\eta)g(i\Delta\eta)}{A} - 2\psi(i\Delta\eta)\right] \\
k_2 = \dfrac{1}{\left(i+\dfrac{1}{2}\right)\Delta\eta}\left\{\dfrac{s\left[\left(i+\dfrac{1}{2}\right)\Delta\eta\right] - \left[\psi(i\Delta\eta)+\dfrac{k_1\Delta\eta}{2}\right]g\left[\left(i+\dfrac{1}{2}\right)\Delta\eta\right]}{A} - 2\left[\psi(i\Delta\eta)+\dfrac{k_1\Delta\eta}{2}\right]\right\} \\
k_3 = \dfrac{1}{\left(i+\dfrac{1}{2}\right)\Delta\eta}\left\{\dfrac{s\left[\left(i+\dfrac{1}{2}\right)\Delta\eta\right] - \left[\psi(i\Delta\eta)+\dfrac{k_2\Delta\eta}{2}\right]g\left[\left(i+\dfrac{1}{2}\right)\Delta\eta\right]}{A} - 2\left[\psi(i\Delta\eta)+\dfrac{k_2\Delta\eta}{2}\right]\right\} \\
k_4 = \dfrac{1}{(i+1)\Delta\eta}\left\{\dfrac{s[(i+1)\Delta\eta] - [\psi(i\Delta\eta)+k_3\Delta\eta]g[(i+1)\Delta\eta]}{A} - 2[\psi(i\Delta\eta)+k_3\Delta\eta]\right\}
\end{cases} \tag{4.104}$$

其中的中间变量，采用预测校正两步计算方法，在预测步，中间变量采用线性插值方法得到，即

$$
\begin{cases}
s(i\Delta\eta - \Delta\eta/2) = \dfrac{s(i\Delta\eta) + s[(i-1)\Delta\eta]}{2} \\
s(i\Delta\eta + \Delta\eta/2) = 2s(i\Delta\eta) - s\left(i\Delta\eta - \dfrac{\Delta\eta}{2}\right) \\
s[(i+1)\Delta\eta] = 2s\left(i\Delta\eta + \dfrac{\Delta\eta}{2}\right) - s(i\Delta\eta)
\end{cases}
\tag{4.105a}
$$

$$
\begin{cases}
g(i\Delta\eta - \Delta\eta/2) = \dfrac{g(i\Delta\eta) + g[(i-1)\Delta\eta]}{2} \\
g(i\Delta\eta + \Delta\eta/2) = 2g(i\Delta\eta) - g\left(i\Delta\eta - \dfrac{\Delta\eta}{2}\right) \\
g[(i+1)\Delta\eta] = 2g\left(i\Delta\eta + \dfrac{\Delta\eta}{2}\right) - g(i\Delta\eta)
\end{cases}
\tag{4.105b}
$$

在校正步，采用梯形积分公式对预测值进行校正：

$$
s[(i+1)\Delta\eta] = \sum_{k=1}^{i+1} \beta(k\Delta\eta, (i-k)\Delta\eta)\psi(k\Delta\eta)\psi((i-k)\Delta\eta)\frac{\Delta\eta}{2} \tag{4.106a}
$$

$$
g[(i+1)\Delta\eta] = \left[\sum_{k=1}^{\infty} \beta((i+1)\Delta\eta, k\Delta\eta)\psi(k\Delta\eta)\right]\Delta\eta \tag{4.106b}
$$

上述计算格式整体上具有二次代数精度。四阶龙格-库塔方法提供了一次迭代步内待求自保形分布函数的更新算法。通过不断迭代，直到达到预设的计算误差而止。根据以上算法描述，基于单参数群变换的自保形分布数值计算格式如下。

```
Algorithm: iDNS for PBE with one parameter group transformation
input:
    algebraic mean volume u and λ
    maximum value of η
    numerical step Δη, Δυ
    coagulation kernel β
    dimensionless particle moment M_C
    preset error and its limit error_1, error_2, ε
    supremum ψ(Δη), ζ(Δυ) and infimum ψ(Δη), ζ(Δυ)
    initial AA, ss(υ), gg(υ)
output:
    while error_2 > ε
    while error_1 > ε
    while ψ(η) > 0
        updating AA, gg(v), ss(v), ζ(v)
        updating ∫_0^∞ ζ(v)dv; ∫_0^∞ vζ(v)dv
        calculating error_1 = max(|∫_0^∞ ζ(v)dv − 1|, |∫_0^∞ vζ(v)dv − u|) for λ = 1/u
```

```
    calculating  error_1 = max(|∫_0^∞ ζ(v)dv − u|, |∫_0^∞ vζ(v)dv − u^2|)  for  λ=1
    calculating  error_2 = |updated AA − initial AA|
  end while
  end while
  end while
```

由计算框架进行程序设计，计算子函数的说明如下。主程序见程序 4.3，子函数程序见程序 4.4。

卷积积分 s 计算子函数：

function s = convolution(i,beta,psi,deta)

积分 g 的计算子函数：

function g = integral(eta,beta,psi,deta)

总碰撞频率 A 计算子函数：

function A = const(g,psi,deta)

初始分布计算子函数：

function psi = distribution(eta,MC)

碰撞核计算子函数：

function beta = collision_kernel(eta,k,case)

龙格-库塔计算子函数：

function [phi,s,$s2$] = Runge_Kutta(i,s,s2,g,g2,deta,eta,phi)

程序 4.3　基于 iDNS 的自保形分布控制方程求解主程序

```
% p28.m main program for self-preserving size distribution
clear,
global u N
format long
u = 1; MC = 2; deta = 1*5e-4; eta = 0:deta:2e1; eps = deta;
eta2 = (eta(1:end-1)+eta(2:end))/2; N = length(eta);
beta = collision_kernel(eta,1)
% Initial disrtibution
psi = distribution(eta,MC); psi2 = (psi(1:end-1)+psi(2:end))/2;
g = integral(eta,beta,psi,deta); g2 = (g(1:end-1)+g(2:end))/2;
A = const(g,psi,deta);  s(1) = 0; s(2) = 0;
for i = 3:N
   s(i) = convolution(i,beta,psi,deta);
end
s2 = (s(1:end-1)+s(2:end))/2; ini = 1e-4; err1 = 1;
while err1 > eps
   A1 = A; c = 0; d = 200;
   while err > eps
```

```
    f = (c+d)/2; phi(1) = 0; phi(2) = f*ini;
    for i = 2:(N-1)
    [phi(i+1),s(i+1),s2(i+1)] = Runge_Kutta(i,s,s2,g,g2,deta,eta,phi);
    end
    m0 = sum(eta.^0.*phi)*deta; m1 = sum(eta.^1.*phi)*deta;
    if m1 > u, c = (c+d)/2; else, d = (c+d)/2; end
    if abs(d-c) < eps, err = eps; else,err = abs(m1-u); end
    end
    g = integral(eta,beta,psi,deta); g2 = (g(1:end-1)+g(2:end))/2;
    A = const(g,phi,deta);  err1 = abs(A-A1);
end
```

程序 **4.4**　程序 **4.3** 的子程序

```
function s = convolution(i,beta,psi,deta)
% covolution with trapezoidal integral formula
s = 0;
for j = 2:i-1
    s = s + psi(j)*psi(i+1-j)*deta * beta(j,i+1-j);
end
s = 1/2*s;
end
function g = integral(eta,beta,psi,deta)
% calculation of g(eta) with trapezoidal integral formula
N = length(eta);
for i = 2:N
    g(i) = 0;
    for j = 1:N-1
        g(i) = g(i) + beta(i,j) * psi(j) * deta;
    end
end
end
function A = const(g,psi,deta)
% caculation of total collision frequency
global u
a = g.*psi;
b = (a(1:end-1)+a(2:end))/2;
A = -sum(b)*deta/2;
end
function psi = distribution(eta,MC)
```

```
% initial lognormal distribution with the asymptotic solution of TEMOM
global u
N = length(eta); vg = u/sqrt(MC);
sigma = exp(sqrt(log(MC))/3);
psi(1) = 0;
for i = 2:N
    psi(i) = 1/(sqrt(18*pi)*log(sigma))*...
    exp(-(log(eta(i)/vg)).^2/18/(log(sigma))^2)./eta(i);
end
end
function [phi,s,s2] = Runge_Kutta(i,s,s2,g,g2,deta,eta,phi)
% fourth Runge-Kutta scheme for self-preserving distribution
s(i+1) = 2*s2(i) - s(i);
k1 = (( s(i)-(phi(i)+deta*0   )* g(i))/A-...
    2*(phi(i)+deta*0   ))/(eta(i)+0);
k2 = ((s2(i)-(phi(i)+deta*k1/2)*g2(i))/A-...
    2*(phi(i)+deta*k1/2))/(eta(i)+deta/2);
k3 = ((s2(i)-(phi(i)+deta*k2/2)*g2(i))/A-...
    2*(phi(i)+deta*k2/2))/(eta(i)+deta/2);
k4 = ((s(i+1)-(phi(i)+deta*k3)*g(i+1))/A-...
    2*(phi(i)+deta*k3 ) )/(eta(i)+deta/1);
phi(i+1) = phi(i) + deta/6 * (k1+2*k2+2*k3+k4);
s(i+1) = convolution(i,eta,phi,deta);
s2(i+1) = 2*s(i+1)-s2(i);
end
function beta = collision_kernel(eta,k)
N = length(eta); x = eta;  y = eta; beta = zeros(N,N);
for i = 1:N
    for j = 1:N
    switch k
    case 1
    % Brownian coagulation kernel in CR
    beta(i,j)=(x(i)^(-1/3)+y(j)^(-1/3))*(x(i)^(1/3)+y(j)^(1/3));
    case 2
    % Brownian coagulation kernel in FM
    beta(i,j)=(1/x(i)+1/y(j))^(1/2)*(x(i)^(1/3)+y(i)^(1/3))^2;
    case 3
    % Constant coagulation kernel
    beta(i,j)=1;
    end
    end
end
```

常数核的自保形分布如图 4.5 所示，数值解与解析解高度吻合，说明了算法的可靠性。

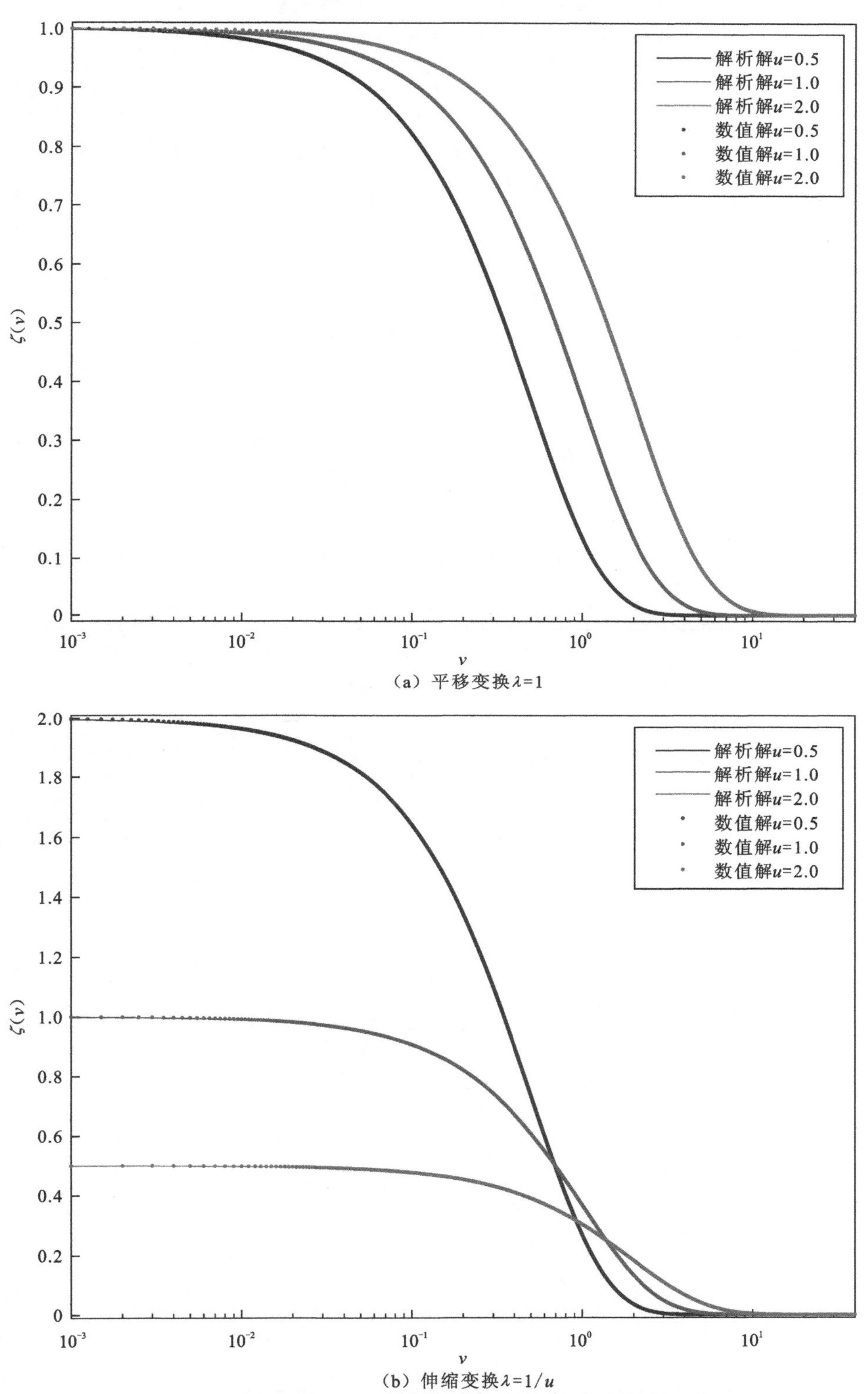

图 4.5　常数核条件下自保形分布的数值解与解析解的比较

布朗凝并自保形分布如图 4.6 和图 4.7 所示，其中图 4.6 是自由分子区的计算结果，图 4.7 是连续区的计算结果。图 4.8 则给出了这三种核函数的不变解。

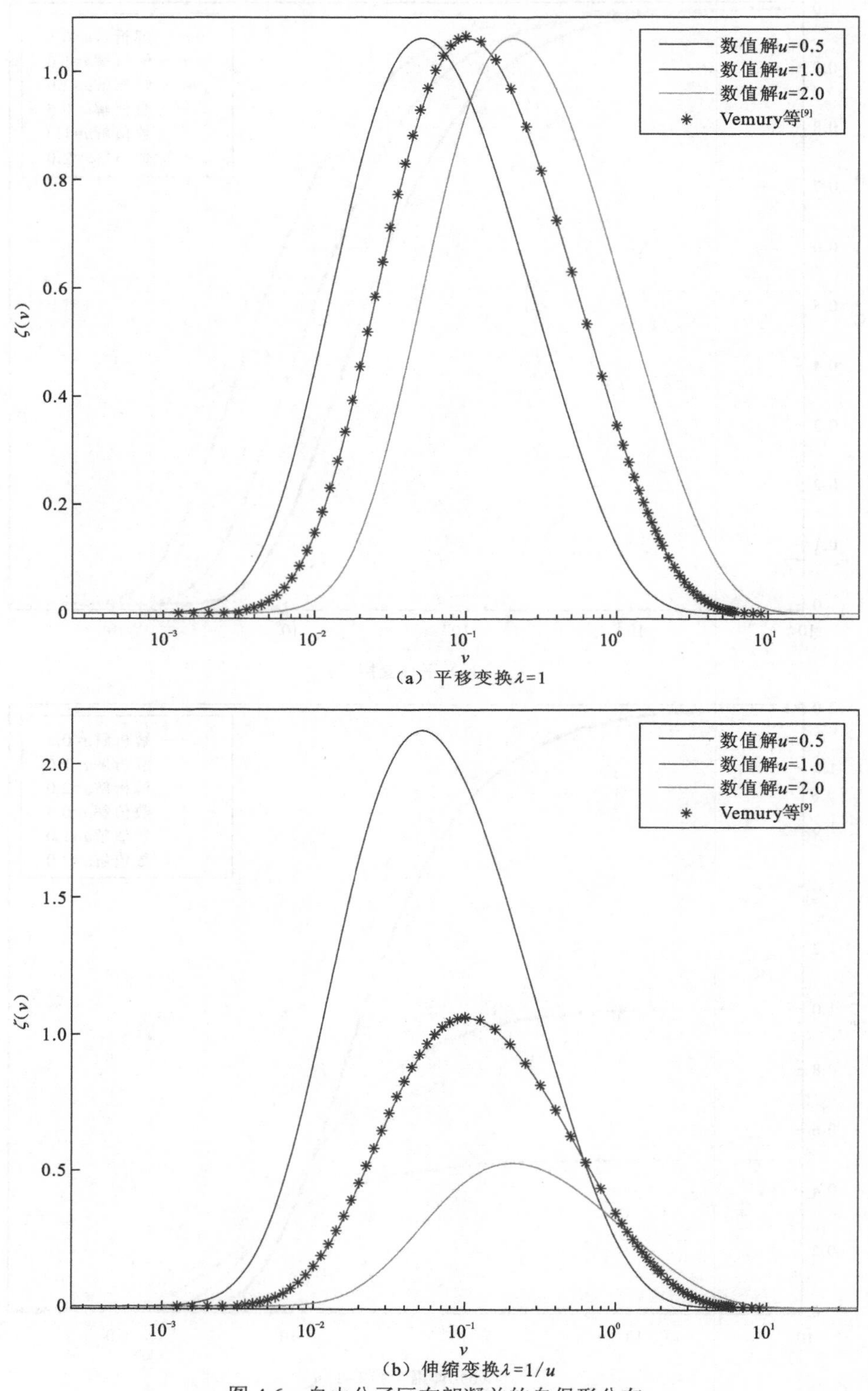

图 4.6　自由分子区布朗凝并的自保形分布

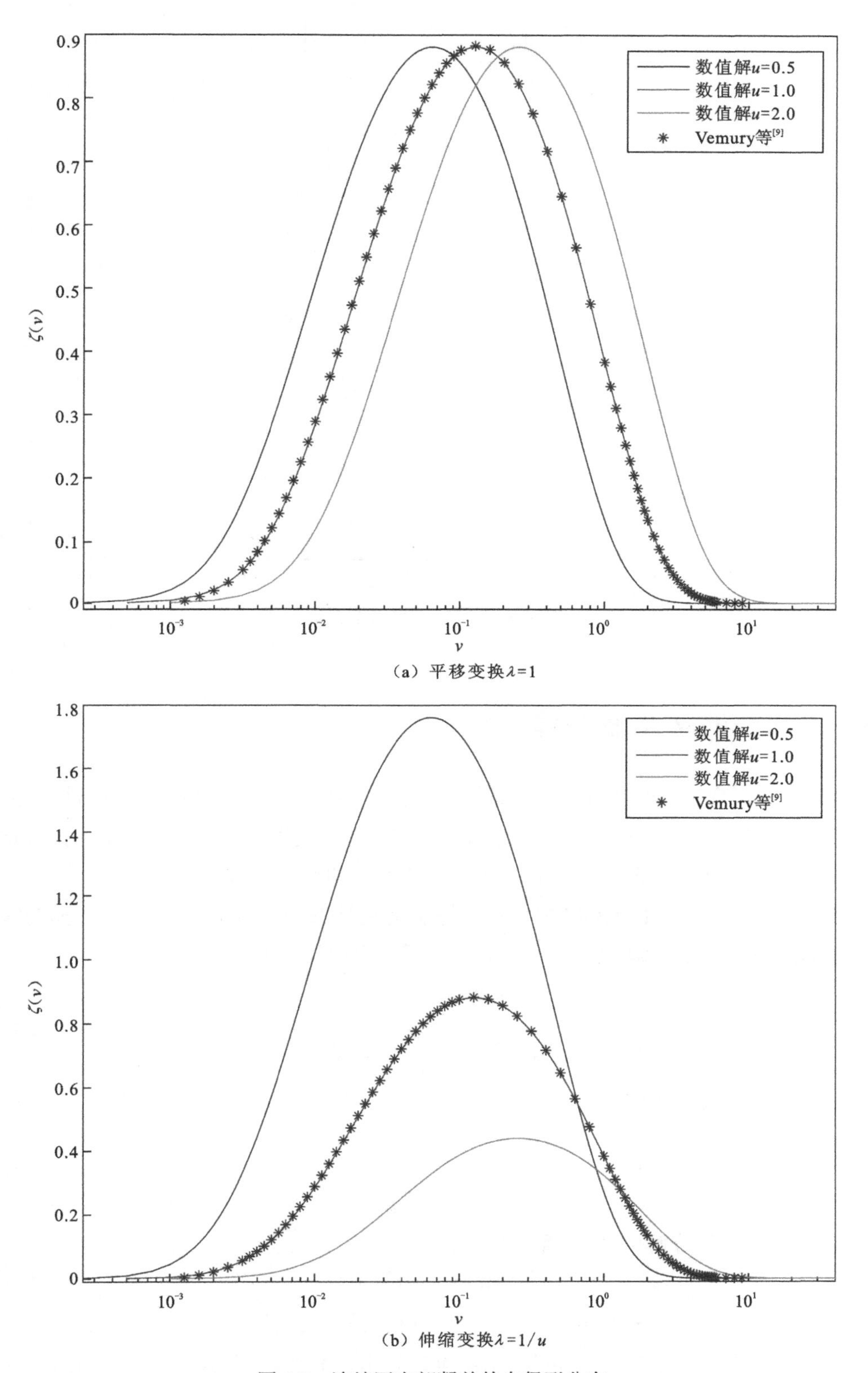

(a) 平移变换$\lambda=1$

(b) 伸缩变换$\lambda=1/u$

图 4.7 连续区布朗凝并的自保形分布

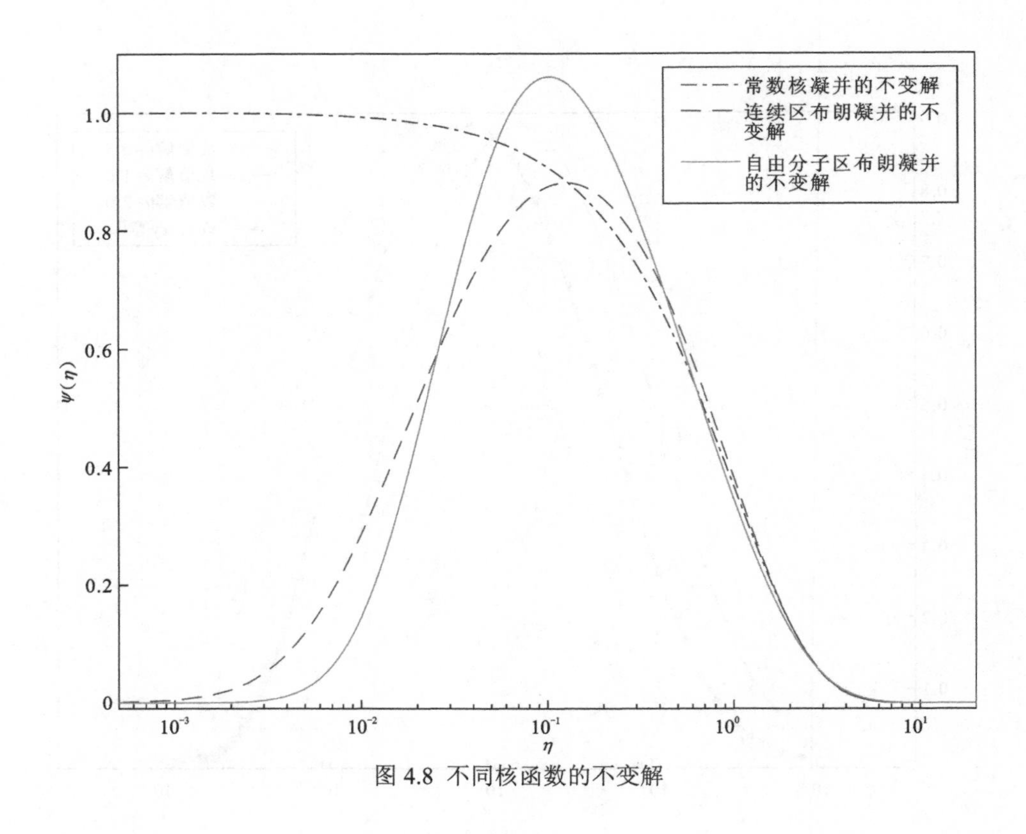

图 4.8 不同核函数的不变解

4.3.3 PBE 的整体渐近解

由单参数群变换，得到自保形分布控制方程的不变形式；在 PBE 的相似性解存在条件下，根据 iDNS 算法得到了自保形分布控制方程的不变解。根据李群理论和诺特定理，凝并系统存在某种守恒量，这个守恒量将决定 PBE 的性质和解的收敛性。

由于 iDNS 算法以 TEMOM 模型的渐近解为初始条件，所求解的自保形分布函数自然地与 TEMOM 的渐近解形成了一一对应关系。由相似变换的逆变换：

$$\begin{cases} v = u\eta \\ n(v,t) = \dfrac{\boldsymbol{M}_0(t)^2}{\boldsymbol{M}_1}\psi(\eta) \end{cases} \tag{4.107}$$

和单参数群逆变换：

$$\begin{cases} v = u\eta \\ \zeta(v) = \dfrac{\psi(\eta)}{u} \end{cases} \tag{4.108}$$

粒子数密度函数可分解为两个函数的乘积：

$$n(v,t) = \zeta(v)\boldsymbol{M}_0(t) \tag{4.109}$$

对布朗凝并，将 PBE 的相似性解和 TEMOM 模型的渐近解带入式（4.109），可求得 PBE 的整体渐近解，如图 4.9 所示。由图可以看出，分布函数的峰值随时间逐渐降低，

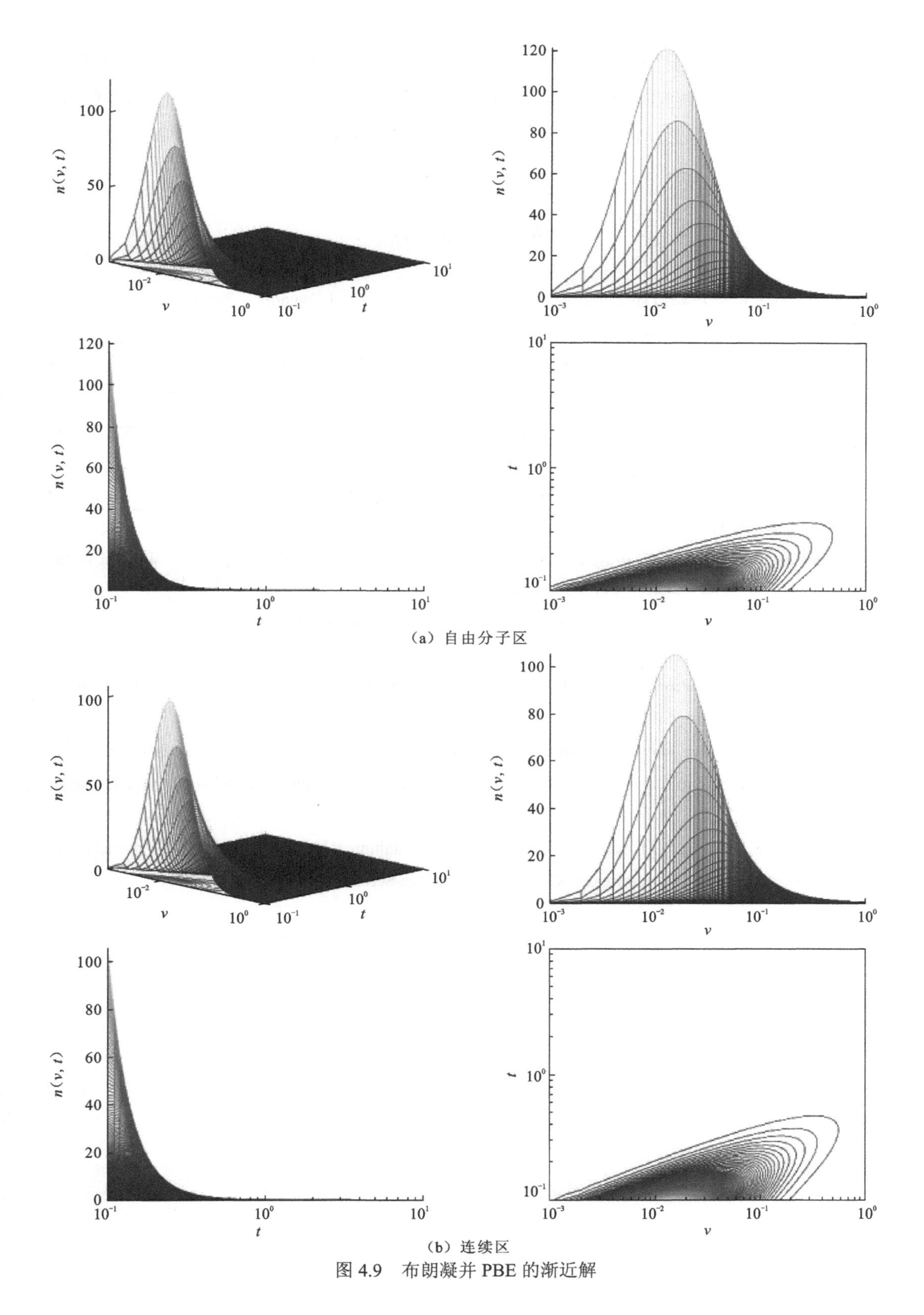

（a）自由分子区

（b）连续区

图 4.9　布朗凝并 PBE 的渐近解

下降率为 $M_0 \sim t^{-C}$，粒子的代数平均体积则不断增大，呈幂函数形式（$u \sim t^{C}$）。而分布函数的方差或无量纲矩则保持不变。而粒子数密度函数的衰减率为 $n(v,t) \sim t^{-2C}$，其中，在自由分子区，$C=1.2$，而在连续区，$C=1$，PBE 的整体渐近解为分析 PBE 的数学性质和物理特征提供了条件。

参 考 文 献

[1] Friedlander S K. Smoke, Dust, and Haze: Fundamentals of Aerosol Dynamics. 2nd edition. New York: Oxford University Press, 2000.

[2] Friedlander S K, Wang C S. The self-preserving particle size distribution for coagulation by Brownian motion. Journal of Colloid and Interface Science, 1966, 22(2): 126-132.

[3] Swift D L, Friedlander S K. The coagulation of hydrosols by Brownian motion and Laminar shear flow. Journal of Colloid Science, 1964, 19(7): 621-647.

[4] Hidy G M. On the theory of the coagulation of noninteracting particles in Brownian motion. Journal of Colloid Science, 1965, 20(2): 123-144.

[5] Schumann T E W. Theoretical aspects of the size distribution of fog particles. Quarterly Journal of the Royal Meteorological Society, 1940, 66(285): 195-208.

[6] Xie M L, Wang L P. Asymptotic solution of population balance equation based on TEMOM model. Chemical Engineering Science, 2013, 94: 79-83.

[7] Xie M L, He Q. Solution of Smoluchowski coagulation equation for Brownian motion with TEMOM. Particuology, 2022, 70: 64-71.

[8] Xie M L. The invariant solution of Smoluchowski coagulation equation with homogeneous kernels based on one parameter group transformation. Communications in Nonlinear Science and Numerical Simulation, 2023, 123: 107271.

[9] Vemury S, Kusters K A, Pratsinis S E. Time lag for attainment of the self-preserving particle size distribution by coagulation. Journal of Colloid and Interface Science, 1994, 165(1): 53-59.

第5章 PBE 的统计力学约束条件

凝并是一个自发过程，根据热力学第二定律，这是系统趋向于低自由能状态的必然结果[1]。通过布朗凝并 TEMOM 模型的渐近解可知，颗粒的代数平均体积将随凝并过程不断增长[2]，这个增长是否有极限，或这个极限是多少？这是 TEMOM 模型本身无法得出的。此外，从相似性理论可知，PBE 存在相似性解的情况下，对应的不变解的代数平均体积为 1，这个结果只是说明了自保形分布函数的解的相似性，无法确定颗粒的代数平均体积，也无法判定系统是否存在平衡态[3]。代数平均体积是 PBE 的重要参数，如何定量地对其进行度量和检验，这涉及 PBE 的收敛性问题，至今仍是一个值得探索的课题。

凝并系统是由大量微观粒子构成的，微观粒子的运动可以用经典力学进行描述。假设系统有 N 个粒子，每个粒子的自由度为 d，那么宏观系统总自由度为 Nd。系统在任意时刻的微观运动状态（相空间），由广义坐标和广义动量确定。系统在某一时刻的运动状态对应相空间中的代表点，且广义坐标和广义动量的演化满足哈密顿正则方程[4]：

$$\begin{cases} \dfrac{\partial H}{\partial q_i} = \dfrac{\mathrm{d}p_i}{\mathrm{d}t} \\ \dfrac{\partial H}{\partial p_i} = -\dfrac{\mathrm{d}q_i}{\mathrm{d}t} \end{cases}, \quad i = 1, 2, \cdots, Nd \tag{5.1}$$

因此求解这 $2Nd$ 个方程，就可以得到所有粒子的微观状态及系统在相空间的运动轨迹。如果令 $H(p,q)=E$，其中 E 为系统的总能量，就确定了相空间中的能量曲面。如果能量守恒，则系统的相轨道始终处于能量曲面上。对于气溶胶，大气中粒子的数量浓度约在 $10^9\,\mathrm{m}^{-3}$ 量级，去求解它的哈密顿正则方程，显然是不可能完成的任务。

既然无法求得 N 个粒子的运动轨迹，不妨换一种思路，用统计的方法去研究大量性质和结构完全相同、各自独立的系统的集合（系综）的特征。系综的研究方法类似于流体力学中的欧拉描述[5]。系综理论中的刘维尔定理（系综代表点在相空间中的相密度守恒）可以理解成：系综代表点点集形成的相流体是不可压缩的。

统计力学是由纯粹的演绎法建立的，它的有效性只能根据其基本假设推导出的可观测量的结论与实验结果做对比来检验。例如，配分函数就是统计力学中的一个不可测量，可测量是热力学势，以及配分函数的各阶导数。一个确定系统的配分函数虽然是一个归一化常数，但是要求出这个数需要知道这个系统的全部知识。统计力学根据研究对象与环境的关系，将研究对象分为三类[6]。

（1）微正则系综：系统与环境无质量和能量交换，其特征函数是熵。

（2）正则系综：系统与环境只有能量交换，其特征函数是亥姆霍兹自由能。

（3）巨正则系综：系统与环境同时存在质量和能量交换，其特征函数是吉布斯自由能。

对于无源的 PBE，粒子之间的凝并可视为二元完全非弹性碰撞，保持质量、动量守恒，而动能损失最大，显然它属于正则系统。迄今为止，文献中关于 PBE 的统计力学理论的研究甚少。本章将基于凝并系统 TEMOM 模型的渐近解和 PBE 的相似性理论，希望在 PBE 的统计力学理论研究方面有所突破，分析 PBE 的渐近数学性质[3]，给出 PBE 的统计力学约束条件[7]。

5.1 正则系综的统计力学表征

对于一定粒子数量（N）、体积（V）和能量（E）的微正则系综（N,V,E），其微配分函数 $\Omega(N,V,E)$ 相当于态密度。假如说一个微正则系综的一个系统仅对应一个微观状态，那么 Ω 就是这个微正则系综所包含的系统的个数。根据吉布斯熵的公式[6]，可以推出

$$S = k_{\mathrm{B}} \ln \Omega \tag{5.2}$$

对于一定粒子数量 N、体积 V 和温度 T 的正则系综（N,V,T），由于系综中每个系统可以与某个热源交换热量，每个系统的能量是不确定的，所以微观状态数也是不确定的。可以把正则系综看作一系列不同微正则系综的集合，按照微正则系综的方式直接推广，将态密度（能谱 E_i）的拉普拉斯变换作为配分函数，即 $Z = \sum_i \mathrm{e}^{-\beta E_i}$，其中玻尔兹曼因子定义为[6]

$$\beta = \frac{1}{k_{\mathrm{B}} T} \tag{5.3}$$

直观上，正则系综的配分函数是一个平均微观状态数。考虑到系统大小趋近于无穷时，微正则系综与正则系综的结果应该等价，有

$$\Omega = \left(Z \mathrm{e}^{\frac{\beta U}{N}} \right)^N \tag{5.4a}$$

或

$$Z = \Omega^{\frac{1}{N}} \mathrm{e}^{-\frac{\beta U}{N}} \tag{5.4b}$$

这说明，配分函数的大小主要由系统的平均能量 U/N 决定。其数值约等于能量相当的微正则系综的微观态数目和相应玻尔兹曼因子的乘积。

知道了配分函数，可求得系统的其他物理量，如平均内能

$$U = \frac{\sum_i E_i \mathrm{e}^{-\beta E_i}}{\sum_i \mathrm{e}^{-\beta E_i}} = -\frac{\mathrm{d} \ln Z}{\mathrm{d} \beta} \tag{5.5}$$

处于能级 E_i 的概率为

$$P_i = \frac{e^{-\beta E_i}}{\sum_i e^{-\beta E_i}} \tag{5.6}$$

则熵可表示为

$$S = -k_B N \sum_i P_i \ln P_i = k_B N(\beta U / N + \ln Z) \tag{5.7}$$

亥姆霍兹函数为

$$F = U - TS = -k_B T \ln Z \tag{5.8}$$

配分函数可用亥姆霍兹函数表示为

$$Z = e^{-\beta F} \tag{5.9}$$

通过上述系综的描述可知,配分函数为系统的宏观物理量的确定提供了一般性方法。但确定配分函数关键在于提前知道粒子处在能级 E_i 的概率是多少?这个概率与粒子粒度分布函数有关吗?目前这些问题的求解还是未知数,为了避免陷入逻辑死循环,下面对凝并系统的动力学和运动学特征进行分析,在此基础上提出凝并系统的统计力学约束条件。

5.2 凝并系统的动能损失率

5.2.1 二元完全非弹性碰撞模型

粒子通过运动发生碰撞进而黏合的过程,从运动学角度可视为完全非弹性碰撞问题。对于经典的简单的二元完全非弹性碰撞,需要满足质量守恒、动量守恒,但动能损失最大,在数学上,这些守恒定律可表述为[7]:

质量守恒:

$$m = m_1 + m_2 \tag{5.10}$$

式中:m 为粒子的质量。如果颗粒的密度均匀,质量守恒可用体积(υ)守恒描述:

$$\upsilon = \upsilon_1 + \upsilon_2 \tag{5.11}$$

动量守恒可表述为

$$mv = m_1 v_1 + m_2 v_2 \tag{5.12}$$

式中:v 为粒子的速度。而动能损失最大:

$$\Delta k_e = \frac{1}{2} m v^2 - \left(\frac{1}{2} m_1 v_1^2 + \frac{1}{2} m_2 v_2^2\right) = -\frac{1}{2} \frac{m_1 m_2}{m_1 + m_2} (v_1 - v_2)^2 \leqslant 0 \tag{5.13}$$

对于系统的动能变化,有

$$\frac{dk_e}{dt} = \int_0^\infty \int_0^\infty \Delta k_e \beta(\upsilon_1, \upsilon_2) n(\upsilon_1) n(\upsilon_2) d\upsilon_1 d\upsilon_2 \tag{5.14}$$

此外,由能量均分定理,微观粒子的动能可表示为

$$\frac{1}{2} m v^2 = \frac{3}{2} k_B T \tag{5.15}$$

代入动能变化，得到

$$\frac{\mathrm{d}k_{\mathrm{e}}}{\mathrm{d}t}=-\frac{3}{2}k_{\mathrm{B}}T\int_0^{\infty}\int_0^{\infty}\left(1-\frac{2\sqrt{\upsilon_1\upsilon_2}}{\upsilon_1+\upsilon_2}\right)\beta(\upsilon_1,\upsilon_2)n(\upsilon_1)n(\upsilon_2)\mathrm{d}\upsilon_1\mathrm{d}\upsilon_2 \tag{5.16}$$

5.2.2 基于 TEMOM 的动能损失率

对非线性项

$$\frac{2\sqrt{\upsilon_1\upsilon_2}}{\upsilon_1+\upsilon_2} \tag{5.17}$$

进行泰勒级数展开，可得到对应的粒子群动能损失的 TEMOM 模型[7]。

在自由分子区：

$$\begin{aligned}\frac{\mathrm{d}k_{\mathrm{e}}}{\mathrm{d}t}&=\frac{3}{2}k_{\mathrm{B}}T\frac{(985M_{\mathrm{C}}^2-5\,202M_{\mathrm{C}}+3\,897)}{65M_{\mathrm{C}}^2-1\,210M_{\mathrm{C}}-9\,223}\frac{\mathrm{d}M_0}{\mathrm{d}t}\\&=\frac{3\sqrt{2}B_1}{2}k_{\mathrm{B}}T\frac{(985M_{\mathrm{C}}^2-5\,202M_{\mathrm{C}}+3\,897)M_0^2}{5\,184}\left(\frac{M_1}{M_0}\right)^{\frac{1}{6}}\end{aligned} \tag{5.18}$$

在连续区：

$$\begin{aligned}\frac{\mathrm{d}k_{\mathrm{e}}}{\mathrm{d}t}&=\frac{3}{2}k_{\mathrm{B}}T\frac{(621M_{\mathrm{C}}^2-2\,538M_{\mathrm{C}}+1\,917)}{64M_{\mathrm{C}}^2-416M_{\mathrm{C}}-4\,832}\frac{\mathrm{d}M_0}{\mathrm{d}t}\\&=\frac{3B_2}{2}k_{\mathrm{B}}T\frac{(621M_{\mathrm{C}}^2-2\,538M_{\mathrm{C}}+1\,917)M_0^2}{2\,592}\end{aligned} \tag{5.19}$$

将 TEMOM 模型的渐近解代入，可得到动能的标度增长率为

$$\frac{1}{k_{\mathrm{e}}}\frac{\mathrm{d}k_{\mathrm{e}}}{\mathrm{d}t}=\frac{1}{M_0}\frac{\mathrm{d}M_0}{\mathrm{d}t} \tag{5.20}$$

这个结论同时适用于自由分子区和连续区的布朗凝并问题。

以上结论是基于经典的二元完全非弹性模型得到的，其中用到了分子动力学中的能量均分原理，其作用相当于给了完全非弹性碰撞一个约束条件。如果以能量均分原理为主，则二元完全非弹性碰撞模型和动能损失率分析可极大地简化。

由能量均分原理，系统中粒子的总动能为

$$k_{\mathrm{e}}=\int_0^{\infty}\frac{1}{2}mv^2n(\upsilon)\mathrm{d}\upsilon=\frac{3}{2}k_{\mathrm{B}}TM_0 \tag{5.21}$$

相应的动能变化率为

$$\frac{\mathrm{d}k_{\mathrm{e}}}{\mathrm{d}t}=-\frac{3}{2}k_{\mathrm{B}}T\int_0^{\infty}\beta(\upsilon_1,\upsilon_2)n(\upsilon_1)n(\upsilon_2)\mathrm{d}\upsilon_1\mathrm{d}\upsilon_2=3k_{\mathrm{B}}T\frac{\mathrm{d}M_0}{\mathrm{d}t} \tag{5.22}$$

则动能的标度变化率为

$$\frac{1}{k_{\mathrm{e}}}\frac{\mathrm{d}k_{\mathrm{e}}}{\mathrm{d}t}=2\frac{1}{M_0}\frac{\mathrm{d}M_0}{\mathrm{d}t} \tag{5.23}$$

比较以上两种方法的结论，可以发现，前者的动能损失小于后者的动能损失。其中的原因可分析如下，完全非弹性碰撞动能损失公式中可以分成两部分：

$$\begin{aligned}\frac{\mathrm{d}k_{\mathrm{e}}}{\mathrm{d}t}=&-\frac{3}{2}k_{\mathrm{B}}T\int_0^{\infty}\int_0^{\infty}\beta(\upsilon_1,\upsilon_2)n(\upsilon_1)n(\upsilon_2)\mathrm{d}\upsilon_1\mathrm{d}\upsilon_2\\&+\frac{3}{2}k_{\mathrm{B}}T\int_0^{\infty}\int_0^{\infty}\frac{2\sqrt{\upsilon_1\upsilon_2}}{\upsilon_1+\upsilon_2}\beta(\upsilon_1,\upsilon_2)n(\upsilon_1)n(\upsilon_2)\mathrm{d}\upsilon_1\mathrm{d}\upsilon_2\end{aligned} \tag{5.24}$$

右边第一项就是系统动能损失率，而右边第二项可认为是因布朗运动产生的动能损失。在完全非弹性碰撞中没有考虑因布朗运动而导致的动能损失，因此其对应的动能损失率较小。换句话说，凝并系统的动能损失除由完全非弹性碰撞导致的动能损失外，还有由分子的热运动产生的动能损失。

5.2.3 基于 TEMOM 的表面能变化率

表面能（固体）或表面张力（液体）是粒子的内在禀性。比表面能或表面张力系数是在温度和压强不变的情况下吉布斯自由能对面积的偏导数。影响比表面能或表面张力系数的因素有很多，如纯物质的分子量越大表面张力越大，且表面张力系数与表面积没有关系；表面张力系数随温度升高而降低，近似为一线性关系等。因此，在粒子的组成一定的条件下，表面能或表面张力的变化主要取决于颗粒群的表面积的变化。凝并过程也是粒子的比表面积不断变小的过程。

由完全非弹性碰撞可知，二元粒子碰撞前后的表面积变化为[8]

$$\Delta s=(36\pi)^{\frac{1}{3}}\left[(\upsilon_1+\upsilon_2)^{\frac{2}{3}}-\upsilon_1^{\frac{2}{3}}-\upsilon_2^{\frac{2}{3}}\right] \tag{5.25}$$

系统中粒子的表面积为

$$s=\int_0^{\infty}(36\pi)^{\frac{1}{3}}n(\upsilon)\upsilon^{\frac{2}{3}}\mathrm{d}\upsilon=(36\pi)^{\frac{1}{3}}M_{\frac{2}{3}} \tag{5.26}$$

因此，系统的表面积变化率为

$$\frac{\mathrm{d}s}{\mathrm{d}t}=\int_0^{\infty}\int_0^{\infty}\Delta s\beta(\upsilon_1,\upsilon_2)n(\upsilon_1)n(\upsilon_2)\mathrm{d}\upsilon_1\mathrm{d}\upsilon_2 \tag{5.27}$$

可表示为矩的形式：

$$\frac{\mathrm{d}s}{\mathrm{d}t}=\int_0^{\infty}\int_0^{\infty}\Delta s\beta(\upsilon_1,\upsilon_2)n(\upsilon_1)n(\upsilon_2)\mathrm{d}\upsilon_1\mathrm{d}\upsilon_2=(36\pi)^{\frac{1}{3}}\frac{\mathrm{d}M_{\frac{2}{3}}}{\mathrm{d}t} \tag{5.28}$$

其中，分数阶矩可近似为

$$M_{\frac{2}{3}}=\frac{10-M_{\mathrm{C}}}{9}M_0^{\frac{1}{3}}M_1^{\frac{2}{3}} \tag{5.29}$$

其变化率可计算为

$$\frac{\mathrm{d}}{\mathrm{d}t}\left(M_{\frac{2}{3}}\right)=\frac{1}{9}\left(\frac{M_1}{M_0}\right)^{\frac{2}{3}}\left[\frac{10-4M_{\mathrm{C}}}{3}\frac{\mathrm{d}M_0}{\mathrm{d}t}-\frac{M_0^2}{M_1^2}\frac{\mathrm{d}M_2}{\mathrm{d}t}\right]$$
$$=\frac{1}{9}\left(\frac{M_1}{M_0}\right)^{\frac{2}{3}}\left[\frac{10-4M_{\mathrm{C}}}{3}\frac{\mathrm{d}M_0}{\mathrm{d}t}-M_0M_{\mathrm{C}}\frac{1}{M_2}\frac{\mathrm{d}M_2}{\mathrm{d}t}\right]$$
$$=\frac{1}{9}\left(\frac{M_1}{M_0}\right)^{\frac{2}{3}}\left[\frac{10-4M_{\mathrm{C}}}{3}\frac{\mathrm{d}M_0}{\mathrm{d}t}+M_0M_{\mathrm{C}}\frac{1}{M_0}\frac{\mathrm{d}M_0}{\mathrm{d}t}\right]$$
$$=\frac{10-M_{\mathrm{C}}}{27}\left(\frac{M_1}{M_0}\right)^{\frac{2}{3}}\frac{\mathrm{d}M_0}{\mathrm{d}t} \tag{5.30}$$

其标度变化率为

$$\frac{1}{M_{\frac{2}{3}}}\frac{\mathrm{d}}{\mathrm{d}t}\left(M_{\frac{2}{3}}\right)=\frac{1}{10-M_{\mathrm{C}}}\left[\frac{10-4M_{\mathrm{C}}}{3}\frac{1}{M_0}\frac{\mathrm{d}M_0}{\mathrm{d}t}-M_{\mathrm{C}}\frac{1}{M_2}\frac{\mathrm{d}M_2}{\mathrm{d}t}\right] \tag{5.31}$$

又由 TEMOM 模型的渐近解的标度率可统一写为

$$-\frac{1}{M_0}\frac{\mathrm{d}M_0}{\mathrm{d}t}=\frac{1}{M_2}\frac{\mathrm{d}M_2}{\mathrm{d}t}=\frac{C}{t} \tag{5.32}$$

其中，连续区的布朗凝并有 $C=1$，而自由分子区的布朗凝并 $C=1.2$。因此，表面积的标度变化率可简化为

$$\frac{1}{M_{\frac{2}{3}}}\frac{\mathrm{d}}{\mathrm{d}t}\left(M_{\frac{2}{3}}\right)=\frac{1}{3}\frac{1}{M_0}\frac{\mathrm{d}M_0}{\mathrm{d}t} \tag{5.33}$$

或

$$\frac{1}{s}\frac{\mathrm{d}s}{\mathrm{d}t}=\frac{1}{3}\frac{1}{M_0}\frac{\mathrm{d}M_0}{\mathrm{d}t} \tag{5.34}$$

5.3 化 学 势

5.3.1 单粒子化学势

单位体积内，粒子总数量因凝并而逐渐减少，粒子间的距离则不断增大，这将影响到粒子群的化学势。在边长为 L 的立方体内 $V=L^3$，则波矢为 k 的粒子波函数可写为[6]

$$\psi(x,y,z)=\left(\frac{2}{L}\right)^{\frac{3}{2}}\sin(k_x x)\sin(k_y y)\sin(k_z z) \tag{5.35}$$

在边界处（$x=0;x=L;y=0;y=L;z=0;z=L$），波函数的值为 0。波矢 k 在坐标轴上的投影为

$$k_x=\frac{n_x\pi}{L},\quad k_y=\frac{n_y\pi}{L},\quad k_z=\frac{n_z\pi}{L} \tag{5.36}$$

由此可得到态密度为

$$g(k)=\frac{k^2V}{2\pi^2} \tag{5.37}$$

则单粒子的配分函数可写为

$$Z_1=\int_0^\infty e^{-\beta E(k)}g(k)dk \tag{5.38}$$

其中，波矢为 k 的能量分量为

$$E(k)=\frac{h^2k^2}{(2\pi)^2 2m} \tag{5.39}$$

这里，h 为普朗克常数，则单粒子配分函数可得

$$Z_1=\frac{(2\pi)^3V}{h^3}\left(\frac{mk_BT}{2\pi}\right)^{\frac{3}{2}} \tag{5.40}$$

记热力学波长为

$$\lambda_{th}=\frac{h}{\sqrt{2\pi mk_BT}} \tag{5.41}$$

则单粒子配分函数可简写为

$$Z_1=\frac{V}{\lambda_{th}^3} \tag{5.42}$$

对于 N 个相同大小的粒子（全同粒子），对应的配分函数为

$$Z_N=\frac{1}{N!}Z_1^N \tag{5.43}$$

对应的亥姆霍兹函数为

$$F=-Nk_BT\ln Z_N=Nk_BT\left[\left(\ln\frac{N}{V}\lambda_{th}^3\right)-1\right] \tag{5.44}$$

由于粒子的代数平均体积可表示为

$$u=\frac{V}{N} \tag{5.45}$$

亥姆霍兹函数可写为

$$F=Nk_BT\left[\left(\ln\frac{\lambda_{th}^3}{u}\right)-1\right] \tag{5.46}$$

则单粒子的化学势可表示为

$$\mu=\left(\frac{\partial F}{\partial N}\right)_{V,T}=k_BT\ln\left(\frac{\lambda_{th}^3}{u}\right) \tag{5.47}$$

则吉布斯函数（或总化学势）可表示为

$$G=\mu N=Nk_BT\ln\left(\frac{\lambda_{th}^3}{u}\right) \tag{5.48}$$

由于热力学波长中含有粒子的质量，所以热力学波长也是粒子体积的函数（$\lambda_{th}\sim u^{-1/2}$），

则吉布斯函数可写成粒子代数平均体积的函数为

$$G = \dot{N}k_{\mathrm{B}}T\left(-\frac{5}{2}\ln u + C\right) \tag{5.49}$$

其中，常数 C 定义为

$$C = \ln\left[\left(\frac{h}{\sqrt{2\pi\rho_{\mathrm{p}}k_{\mathrm{B}}T}}\right)^{3}\right] \tag{5.50}$$

5.3.2 平均化学势

以上考虑了单一粒径的粒子化学势（代数平均体积等于粒子体积）。如果系统中粒子的粒径呈现某种分布，则总的化学势可计算为

$$G = \int_0^{\infty}\mu n\mathrm{d}\upsilon = k_{\mathrm{B}}T\int_0^{\infty}\left(-\frac{5}{2}\ln\upsilon + C\right)n\mathrm{d}\upsilon \tag{5.51}$$

对于非线性项（$\ln\upsilon$）可采用二次泰勒级数多项式近似：

$$\ln\upsilon = \ln u + \frac{1}{u}(\upsilon - u) - \frac{1}{2u^2}(\upsilon - u)^2 \tag{5.52}$$

则有

$$\int_0^{\infty}\ln\upsilon n\mathrm{d}\upsilon = \left(\ln u - \frac{M_{\mathrm{C}}-1}{2}\right)N \tag{5.53}$$

总的化学势可表示为

$$G = k_{\mathrm{B}}TN\left[-\frac{5}{2}\left(\ln u - \frac{M_{\mathrm{C}}-1}{2}\right) + C\right] \tag{5.54}$$

平均化学势为

$$\bar{\mu} = \frac{G}{N} = k_{\mathrm{B}}T\left[-\frac{5}{2}\left(\ln u - \frac{M_{\mathrm{C}}-1}{2}\right) + C\right] \tag{5.55}$$

相比于单粒子的化学势，平均化学势多了一个常数。对单分散系统而言，$M_{\mathrm{C}} = 1$，这时平均化学势退化为单粒子化学势，这也说明了本节采用方法的合理性。

5.4 PBE 的统计力学熵

5.4.1 PBE 的统计力学熵的定义

由统计力学可知，熵是系统微观态总数（Ω）的函数，即 $S = k_{\mathrm{B}}\ln\Omega$，而颗粒群系统微观态总数（$\Omega$）可通过下式计算[9]：

$$\Omega = \frac{M_0!}{\prod n!} \tag{5.56}$$

粒子总数为

$$M_0 = \int_0^\infty n(v,t)\mathrm{d}v \tag{5.57}$$

定义归一化的粒子粒度分布为

$$\zeta(v,t) = \frac{n(v,t)}{M_0(t)} \tag{5.58}$$

因此熵可表示为

$$S = -k_\mathrm{B} M_0 \int_0^\infty \zeta(v,t)\ln\zeta(v,t)\mathrm{d}v \tag{5.59}$$

由相似变换和单参数群变换，在渐近条件下，存在以下关系：

$$\zeta(v,t) = \frac{\psi(\eta)}{u(t)} \tag{5.60}$$

则熵可表示为

$$S = k_\mathrm{B} M_0 (I + \ln u) \tag{5.61}$$

其中积分（I）定义为

$$I = -\int_0^\infty \psi(\eta)\ln\psi(\eta)\mathrm{d}\eta \tag{5.62}$$

对比正则系综熵的定义，可以发现

$$\begin{cases} I = \dfrac{1}{k_\mathrm{B}T}\dfrac{U}{M_0} \\ u = Z \end{cases} \tag{5.63}$$

上述关系式表明 PBE 渐近条件下的配分函数就是系统的代数平均体积，积分 I 则代表了能量均分关系。

由相似理论和自保形分布可知，当 PBE 存在相似性解的条件下，积分（I）为一常数，不同核函数对应的积分常数见表 5.1，这说明凝并系统的平均内能趋于恒定，而系统的总内能随着粒子数的减少而逐渐降低。由积分数值可以看到，不同核函数的积分（I）的数值尽管有一定的差异，但都接近或等于 1，因此不同核函数的 PBE 熵与代数平均体积之间的关系基本重合，如图 5.1 所示。

表 5.1　不同核函数的积分常数

核函数	积分（I）
$\beta = 1$	1
$\beta_{\mathrm{FM}} \propto \left(\eta_1^{-1} + \eta^{-1}\right)^{\frac{1}{2}}\left(\eta_1^{\frac{1}{3}} + \eta^{\frac{1}{3}}\right)^2$	0.982 0
$\beta_{\mathrm{CR}} \propto \left(\eta_1^{-\frac{1}{3}} + \eta^{-\frac{1}{3}}\right)\left(\eta_1^{\frac{1}{3}} + \eta^{\frac{1}{3}}\right)$	0.988 3

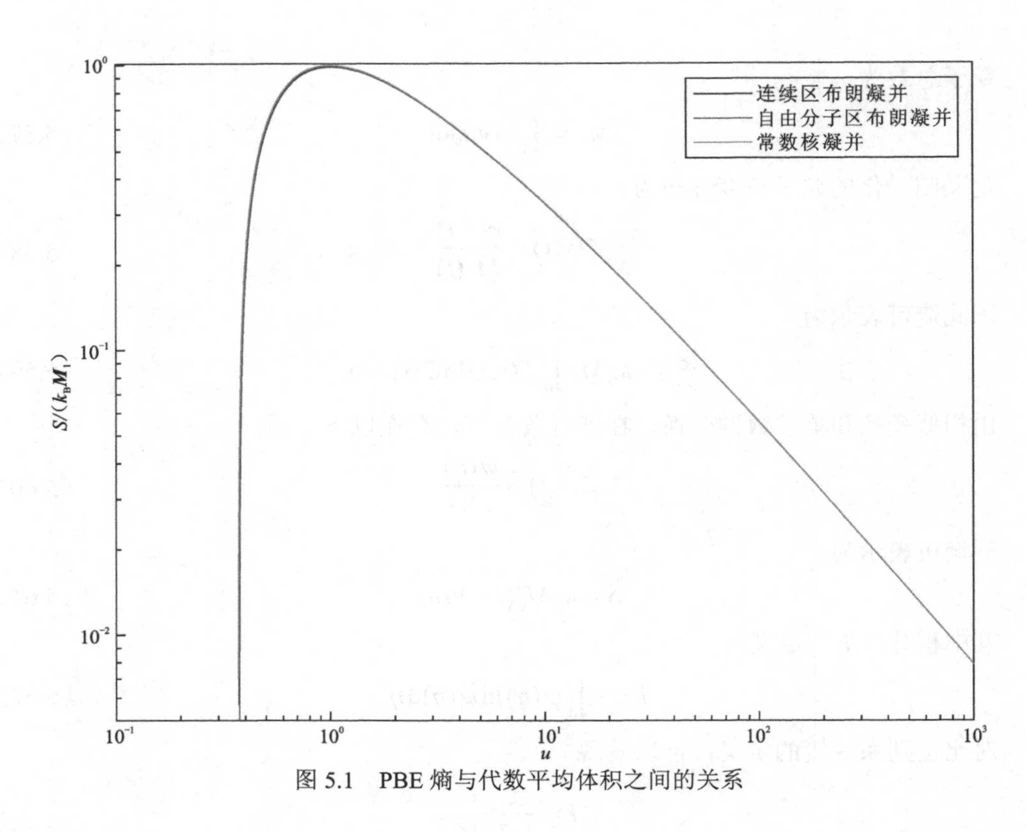

图 5.1　PBE 熵与代数平均体积之间的关系

5.4.2　PBE 的统计力学熵的性质

在相似性解存在的条件下，积分（I）为常数。根据微分法则，熵的变化率可计算为

$$\frac{\mathrm{d}S}{\mathrm{d}t}=\frac{\mathrm{d}S}{\mathrm{d}u}\frac{\mathrm{d}u}{\mathrm{d}t} \tag{5.64}$$

其中熵随代数平均体积的变化率为

$$\frac{\mathrm{d}S}{\mathrm{d}u}=k_{\mathrm{B}}\boldsymbol{M}_1\frac{(1-I-\ln u)}{u^2} \tag{5.65}$$

根据极值原理

$$\frac{\mathrm{d}S}{\mathrm{d}t}=0 \tag{5.66}$$

可得到代数平均体积 $[0,\infty)$ 取值范围内，只有一个非平凡的极值，其大小为

$$\begin{cases} u^*=\mathrm{e}^{1-I} \\ \boldsymbol{M}_0^*=\dfrac{\boldsymbol{M}_1}{u^*} \\ S^*=k_{\mathrm{B}}\boldsymbol{M}_0^* \end{cases} \tag{5.67}$$

由二阶导数可知

$$\frac{\mathrm{d}^2S}{\mathrm{d}t^2}=\frac{\mathrm{d}}{\mathrm{d}u}\left(\frac{\mathrm{d}S}{\mathrm{d}u}\frac{\mathrm{d}u}{\mathrm{d}t}\right)\frac{\mathrm{d}u}{\mathrm{d}t}=\frac{\mathrm{d}^2S}{\mathrm{d}u^2}\left(\frac{\mathrm{d}u}{\mathrm{d}t}\right)^2 \tag{5.68}$$

其中

$$\frac{d^2 S}{du^2} = k_B \boldsymbol{M}_1 \frac{-3 + 2(I + \ln u)}{u^3} \tag{5.69}$$

因此

$$\frac{d^2 S^*}{du^2} \leqslant k_B \boldsymbol{M}_1 \frac{-3 + 2(I + \ln u^*)}{u^3} = -k_B \boldsymbol{M}_1 \frac{1}{u^3} < 0 \tag{5.70}$$

这意味着，该极值是极大值，即

$$S^* = \max(S) \tag{5.71}$$

此外，熵还存在一个平凡极值点，即

$$u \sim \infty, \ \frac{dS}{dt} \sim 0 \ \text{且} \ S \sim 0 \tag{5.72}$$

熵的演化在极大值点前和后呈现出两种截然不同的方式，这可以通过类似于切兹纳尼猜想（Cercignani conjecture）的公式进行分析。切兹纳尼猜想描述的是系统的熵和熵的变化率之间的关系[10]：

$$\frac{dS}{dt} \geqslant K(S^* - S) \tag{5.73}$$

式中：K 为比例系数。其最早应用于分子运动论中的福克尔-普朗克（Fokker-Planck）方程的收敛性分析[11]，后来维纳尼（Villani）证明了玻尔兹曼方程的切兹纳尼猜想[12]，阐明了弹性碰撞系统从非平衡态收敛于平衡态的过程。目前切兹纳尼猜想已经成为热力学保守系统收敛性证明的数学理论的核心。

众所周知，玻尔兹曼方程描述的是硬球碰撞模型，系统的质量、动量和能量保持守恒，属于微正则系综。而 PBE 描述的是软球碰撞模型，属于正则系综。二者之间的比较见表 5.2[3]。相对于玻尔兹曼方程比较成熟的统计力学研究体系，PBE 的统计力学研究方面基本处于空白。因此，可以借鉴玻尔兹曼方程的研究方法来处理 PBE 的统计力学问题（如表 5.2 中的 3 个问号）。

表 5.2　玻尔兹曼方程与颗粒群平衡方程的比较

项目	玻尔兹曼方程	颗粒群平衡方程
相似点	均来源于福克尔-普朗克方程	
	均是描述粒子数密度演化的方程	
	分别描述了分子动理论的两端	
	均含非线性的偏微积分结构	
不同点	微正则系综	正则系综
	硬球模型	软球模型
	弹性碰撞模型	完全非弹性碰撞模型
	忽略了粒子的体积	忽略了粒子的速度
	描述的是粒子速度分布及其演化	描述的是粒子粒度分布及其演化
	H-函数与 H-定理	?
	平衡态是麦克斯韦分布	? 带约束条件的自保形分布
	切兹纳尼猜想成立	? 切兹纳尼猜想成立

注：表中“？”表示还没有被明确地证明或解决。

通过恒等变换，熵的变化率可写为

$$\frac{\mathrm{d}S}{\mathrm{d}t} \equiv \frac{\mathrm{d}}{\mathrm{d}t}\left(\frac{S}{\boldsymbol{M}_0}\boldsymbol{M}_0\right) \equiv -\frac{1}{\boldsymbol{M}_0}\frac{\mathrm{d}\boldsymbol{M}_0}{\mathrm{d}t}\left[-\boldsymbol{M}_0^2\frac{\mathrm{d}}{\mathrm{d}\boldsymbol{M}_0}\left(\frac{S}{\boldsymbol{M}_0}\right)-S\right] \tag{5.74}$$

其中

$$\frac{\mathrm{d}}{\mathrm{d}\boldsymbol{M}_0}\left(\frac{S}{\boldsymbol{M}_0}\right) = -\frac{k_{\mathrm{B}}}{\boldsymbol{M}_0} \tag{5.75}$$

将其代入熵的变化率公式，有

$$\frac{\mathrm{d}S}{\mathrm{d}t} = -\frac{1}{\boldsymbol{M}_0}\frac{\mathrm{d}\boldsymbol{M}_0}{\mathrm{d}t}(k_{\mathrm{B}}M_0 - S) \tag{5.76}$$

如果$u \leqslant u^*$，凝并过程是一个熵增过程，熵的演化遵循切兹纳尼猜想：

$$\frac{\mathrm{d}S}{\mathrm{d}t} \geqslant -\frac{1}{\boldsymbol{M}_0}\frac{\mathrm{d}\boldsymbol{M}_0}{\mathrm{d}t}(S^* - S) \tag{5.77}$$

但是，如果$u \geqslant u^*$，熵的变化率满足下式：

$$\begin{cases}\dfrac{\mathrm{d}S}{\mathrm{d}t} \geqslant -\dfrac{1}{\boldsymbol{M}_0}\dfrac{\mathrm{d}\boldsymbol{M}_0}{\mathrm{d}t}(S - S^{**}) \\ S^{**} = S^* + k_{\mathrm{B}}M_1 / \mathrm{e}\end{cases} \tag{5.78a}$$

又$u \geqslant u^*$，由熵的性质可知，极值点后的凝并过程是一个熵减过程，即

$$\frac{\mathrm{d}S}{\mathrm{d}t} \leqslant 0 \tag{5.78b}$$

从广义的观点来看，上式表明切兹纳尼猜想对 PBE 也是成立的[3,13]。

5.5 PBE 的约束条件

需要指出的是由于粒子系统与环境存在能量交换，最大熵原理不再适用于凝并系统，系统演化的判别标准为亥姆霍兹函数。

基于内能和熵的计算公式，则亥姆霍兹自由能为

$$F = U - TS \tag{5.79}$$

由于内能包含动能、表面能等多种形式，根据驱动粒子凝并的机制，从中选择主要的因素，进而可得到相应的物理约束条件。

前面章节讨论了凝并系统中粒子群的动能、化学势、熵、表面能等热力学物理量基于 TEMOM 模型的表达方式。根据凝并机理，可将相关物理量进行组合从而得到相关约束条件。这里通过两个例子进行说明。

由于凝并系统与环境存在能量交换，但没有物质交换，所以凝并系统属于正则系综，判断系统演化趋势的特征函数为亥姆霍兹自由能减少的方向[6]，即

$$\mathrm{d}F \leqslant 0 \tag{5.80}$$

而亥姆霍兹函数由内能、化学势、熵等因素组成，其中内能包含动能与表面能，因此它可以写成如下具体形式：

$$F = U - TS + \mu \boldsymbol{M}_0 = k_e + \gamma s - TS + \mu \boldsymbol{M}_0 \tag{5.81}$$

其中各项在渐近条件下的表达式为

$$\begin{cases} k_e = \dfrac{3}{2} k_B T \boldsymbol{M}_0 \\ \gamma s = (36\pi)^{\frac{1}{3}} \boldsymbol{M}_{\frac{2}{3}} = \dfrac{10 - \boldsymbol{M}_C}{9} (36\pi)^{\frac{1}{3}} N u^{\frac{2}{3}} \\ TS = k_B T \boldsymbol{M}_0 (I + \ln u) \\ \mu \boldsymbol{M}_0 = k_B T \boldsymbol{M}_0 \left[-\dfrac{5}{2} \left(\ln u - \dfrac{\boldsymbol{M}_C - 1}{2} \right) + C \right] \end{cases} \tag{5.82}$$

根据微分法则，有

$$\frac{\mathrm{d}F}{\mathrm{d}t} = \frac{\mathrm{d}F}{\mathrm{d}u} \frac{\mathrm{d}u}{\mathrm{d}t} \tag{5.83}$$

其中

$$\begin{cases} \dfrac{\mathrm{d}k_e}{\mathrm{d}u} = -\dfrac{3}{2} k_B T \dfrac{V}{u^2} \\ \gamma \dfrac{\mathrm{d}s}{\mathrm{d}u} = -\dfrac{10 - \boldsymbol{M}_C}{27} \gamma (36\pi)^{\frac{1}{3}} \dfrac{V}{u^2} \left(u^{\frac{2}{3}} \right) \\ T \dfrac{\mathrm{d}s}{\mathrm{d}u} = k_B T \dfrac{V}{u^2} (1 - I - \ln u) \\ \dfrac{\mathrm{d}\mu \boldsymbol{M}_0}{\mathrm{d}u} = -k_B T \dfrac{V}{u^2} \left[-\dfrac{5}{2} \left(\ln u - \dfrac{\boldsymbol{M}_C - 1}{2} \right) + C + \dfrac{5}{2} \right] \end{cases} \tag{5.84}$$

综合可得，亥姆霍兹函数的渐近增长率为

$$\begin{aligned} \frac{\mathrm{d}F}{\mathrm{d}u} &= \frac{\mathrm{d}k_e}{\mathrm{d}u} + \gamma \frac{\mathrm{d}s}{\mathrm{d}u} - T \frac{\mathrm{d}S}{\mathrm{d}u} + \frac{\mathrm{d}\mu N}{\mathrm{d}u} \\ &= -\frac{V}{u^2} k_B T \left[5 - I - \frac{7}{2} \ln u + \frac{5}{4} (\boldsymbol{M}_C - 1) + C \right] - \frac{V}{u^2} \gamma (36\pi)^{\frac{1}{3}} \frac{10 - \boldsymbol{M}_C}{27} u^{\frac{2}{3}} \end{aligned} \tag{5.85}$$

由于自由能的演化总是朝亥姆霍兹函数减少的方向进行，由 TEMOM 模型的渐近解可知，粒子的代数平均体积不断增大（ $\mathrm{d}u / \mathrm{d}t \geqslant 0$ ），有

$$\frac{\mathrm{d}F}{\mathrm{d}t} \leqslant 0 \tag{5.86a}$$

或

$$\frac{\mathrm{d}F}{\mathrm{d}u} \leqslant 0 \tag{5.86b}$$

从而有

$$k_B T \left[5 - I - \frac{7}{2} \ln u + \frac{5}{4} (\boldsymbol{M}_C - 1) + C \right] + \gamma (36\pi)^{\frac{1}{3}} \frac{10 - \boldsymbol{M}_C}{27} u^{\frac{2}{3}} \geqslant 0 \tag{5.87}$$

以上就是粒子凝并演化的统计力学约束条件。

值得注意的是，以上分析没有考虑其他外部作用力，如电场、磁场、温度场（热泳）、流场等。在存在外部作用力的条件下，只需在约束条件中添加相应的项即可。需要指出的是，即使在最为基础的布朗凝并中，上述约束条件也包含了幂函数和对数函数，虽然

都是初等函数，但结果仍不是那么直观。在适当条件下，上述约束条件可极大地简化。

在统计力学约束条件中，左边的第一项是关于代数平均体积的单调递减函数，而第二项是关于代数平均体积的单调递增函数，因此在代数平均体积很小的情况下，约束条件主要由第一项确定，第二项可忽略；而在代数平均体积较大时，第一项可进行适当地简化处理。下面对这两种情况进行讨论。

当代数平均体积很小时，约束条件以左边第一项为主，第二项可忽略，则亥姆霍兹函数可简化为

$$F = U - TS + \mu \boldsymbol{M}_0 = k_{\mathrm{B}} T \boldsymbol{M}_0 \left[\frac{3}{2} + C - I + \frac{5(\boldsymbol{M}_{\mathrm{C}} - 1)}{4} - \frac{7}{2} \ln u \right] \tag{5.88}$$

由等价化学势定义可知，平衡态时的约束条件可导出

$$\mu = \left(\frac{\partial F}{\partial N} \right)_{V,T} = 0 \tag{5.89}$$

因此，可得到

$$5 + C - I + \frac{5(\boldsymbol{M}_{\mathrm{C}} - 1)}{4} - \frac{7}{2} \ln u^{\mathrm{eq}} = 0 \tag{5.90a}$$

或

$$\ln u^{\mathrm{eq}} = \frac{2}{7} \left[5 + C - I + \frac{5(\boldsymbol{M}_{\mathrm{C}} - 1)}{4} \right] \tag{5.90b}$$

式中：u^{eq} 为平衡态的粒子代数平均体积。

在代数平均体积很小时，粒子的粒度属于自由分子区范围，其 TEMOM 演化的渐近解为[14]

$$\frac{\boldsymbol{M}_0(t)}{\boldsymbol{M}_0(0)} = \left(1 + \frac{4 - 3D_{\mathrm{f}}}{2D_{\mathrm{f}}} G_1(D_{\mathrm{f}}) t \boldsymbol{M}_0(0)^{-\frac{4-3D_{\mathrm{f}}}{2D_{\mathrm{f}}}} \right)^{\frac{2D_{\mathrm{f}}}{4-3D_{\mathrm{f}}}} \tag{5.91}$$

其中

$$G_1(D_{\mathrm{f}}) = -\frac{\sqrt{2} B_1}{64} \frac{1}{D_{\mathrm{f}}^4} \boldsymbol{M}_1^{\frac{4-D_{\mathrm{f}}}{2D_{\mathrm{f}}}} (a_0 \boldsymbol{M}_{\mathrm{C}}^2 + a_1 \boldsymbol{M}_{\mathrm{C}} + a_2) \tag{5.92}$$

常数 B_1 为

$$B_1 = \left(\frac{3}{4\pi} \right)^{\frac{2}{D_{\mathrm{f}}} - \frac{1}{2}} \left(\frac{6 k_{\mathrm{B}} T}{\rho_{\mathrm{p}}} \right)^{\frac{1}{2}} a_{\mathrm{p0}}^{2 - \frac{6}{D_{\mathrm{f}}}} \tag{5.93}$$

其他系数见第 3 章。则粒子的代数平均体积的演化规律为

$$\frac{u}{u(0)} = \left(1 + \frac{4 - 3D_{\mathrm{f}}}{2D_{\mathrm{f}}} G_1(D_{\mathrm{f}}) t \boldsymbol{M}_0(0)^{-\frac{4-3D_{\mathrm{f}}}{2D_{\mathrm{f}}}} \right)^{-\frac{2D_{\mathrm{f}}}{4-3D_{\mathrm{f}}}} \tag{5.94}$$

两边取对数为

$$\ln \frac{u}{u(0)} = -\frac{2D_{\mathrm{f}}}{4 - 3D_{\mathrm{f}}} \ln \left(1 + \frac{4 - 3D_{\mathrm{f}}}{2D_{\mathrm{f}}} G_1(D_{\mathrm{f}}) t \boldsymbol{M}_0(0)^{-\frac{4-3D_{\mathrm{f}}}{2D_{\mathrm{f}}}} \right) \tag{5.95}$$

达到平衡态自保形分布的时间为

$$t = \frac{\left(\dfrac{u^{\mathrm{eq}}}{u(0)}\right)^{-\frac{4-3D_{\mathrm{f}}}{2D_{\mathrm{f}}}} - 1}{\dfrac{4-3D_{\mathrm{f}}}{2D_{\mathrm{f}}} G_1(D_{\mathrm{f}}) \boldsymbol{M}_0(0)^{-\frac{4-3D_{\mathrm{f}}}{2D_{\mathrm{f}}}}} \tag{5.96}$$

在连续区，其 TEMOM 演化的渐近解

$$\frac{\boldsymbol{M}_0(t)}{\boldsymbol{M}_0(0)} = \frac{1}{1 + \dfrac{B_2 \boldsymbol{M}_0(0)}{4D_{\mathrm{f}}^4}(1 + 3D_{\mathrm{f}}^2 + 8D_{\mathrm{f}}^4)t} \tag{5.97}$$

式中：常数 $B_2 = 3k_{\mathrm{B}}T / 2\mu$ 。

$$\frac{u}{u(0)} = 1 + \frac{B_2 \boldsymbol{M}_0(0)}{4D_{\mathrm{f}}^4}(1 + 3D_{\mathrm{f}}^2 + 8D_{\mathrm{f}}^4)t \tag{5.98}$$

达到平衡态自保形分布的时间为

$$t = \frac{4D_{\mathrm{f}}^4 \left(\dfrac{u^{\mathrm{eq}}}{u(0)} - 1\right)}{B_2 \boldsymbol{M}_0(0)(1 + 3D_{\mathrm{f}}^2 + 8D_{\mathrm{f}}^4)} \tag{5.99}$$

对于以表面能或表面张力为主要驱动力的布朗凝并问题，当代数平均体积与热力学波长相当时，则化学势为

$$\mu = k_{\mathrm{B}}T \ln\left(\frac{\lambda_{\mathrm{th}}^3}{u}\right) = 0 \tag{5.100}$$

粒子系统的内能主要为动能和表面能，即

$$U = k_{\mathrm{e}} + \gamma s \tag{5.101}$$

在渐近条件下，熵可以写为

$$S = k_{\mathrm{B}} \boldsymbol{M}_0 (I + \ln u) \tag{5.102}$$

则系统的亥姆霍兹函数为

$$F = k_{\mathrm{e}} + \gamma s - k_{\mathrm{B}} T \boldsymbol{M}_0 (I + \ln u) \tag{5.103}$$

由 $\mathrm{d}F / \mathrm{d}t \leqslant 0$，而积分 I 一般接近于 1。由前面的渐近分析可知

$$\begin{cases} \dfrac{1}{k_{\mathrm{e}}} \dfrac{\mathrm{d}k_{\mathrm{e}}}{\mathrm{d}t} = 2 \dfrac{1}{\boldsymbol{M}_0} \dfrac{\mathrm{d}\boldsymbol{M}_0}{\mathrm{d}t} \\ \dfrac{1}{s} \dfrac{\mathrm{d}s}{\mathrm{d}t} = \dfrac{1}{3} \dfrac{1}{\boldsymbol{M}_0} \dfrac{\mathrm{d}\boldsymbol{M}_0}{\mathrm{d}t} \\ \dfrac{\mathrm{d}S}{\mathrm{d}t} = k_{\mathrm{B}} \boldsymbol{M}_1 \dfrac{(1 - I - \ln u)}{u^2} \dfrac{\mathrm{d}u}{\mathrm{d}t} \end{cases} \tag{5.104}$$

且存在

$$\frac{1}{u} \frac{\mathrm{d}u}{\mathrm{d}t} = -\frac{1}{\boldsymbol{M}_0} \frac{\mathrm{d}\boldsymbol{M}_0}{\mathrm{d}t} \tag{5.105}$$

则

$$\frac{\mathrm{d}F}{\mathrm{d}t}=\frac{\mathrm{d}k_{\mathrm{e}}}{\mathrm{d}t}+\gamma\frac{\mathrm{d}s}{\mathrm{d}t}-T\frac{\mathrm{d}S}{\mathrm{d}t}$$
$$=\frac{1}{N}\frac{\mathrm{d}N}{\mathrm{d}t}\left[2k_{\mathrm{e}}+\frac{\gamma}{3}s-k_{\mathrm{B}}T\boldsymbol{M}_1\frac{(1-I-\ln u)}{u}\right]\leqslant 0 \tag{5.106}$$

这意味着:

$$2k_{\mathrm{e}}+\frac{\gamma}{3}s\geqslant k_{\mathrm{B}}T\boldsymbol{M}_1\frac{(1-I-\ln u)}{u} \tag{5.107}$$

由 PBE 熵的性质可知

$$k_{\mathrm{B}}T\boldsymbol{M}_1\frac{(1-I-\ln u)}{u}\geqslant 0 \tag{5.108}$$

所以

$$2k_{\mathrm{e}}+\frac{\gamma}{3}s\geqslant 0 \tag{5.109}$$

整理得

$$3k_{\mathrm{B}}T\boldsymbol{M}_0+\frac{(36\pi)^{\frac{1}{3}}\gamma(10-\boldsymbol{M}_{\mathrm{C}})N}{27}u^{\frac{2}{3}}\geqslant 0 \tag{5.110}$$

可得到粒子的代数平均体积的约束条件

$$\gamma u^{\frac{2}{3}}\geqslant-\frac{81}{(36\pi)^{\frac{1}{3}}(10-\boldsymbol{M}_{\mathrm{C}})}k_{\mathrm{B}}T \tag{5.111}$$

该约束条件与表面张力的厄特沃什公式接近。厄特沃什公式形式为

$$\gamma V_{\mathrm{m}}^{\frac{2}{3}}=\kappa(T_{\mathrm{C}}-T) \tag{5.112}$$

式中：V_{m} 为液体的摩尔体积；κ 为比例系数，其实验值为 $\kappa=2.1\times10^{-7}$ [15]。

为了分析和比较，将式（5.111）中的温度 T 用 $T-T_{\mathrm{C}}$ 代替，其中 T_{C} 为临界温度，则有

$$\gamma u^{\frac{2}{3}}\geqslant\frac{81}{(36\pi)^{\frac{1}{3}}(10-\boldsymbol{M}_{\mathrm{C}})}k_{\mathrm{B}}(T_{\mathrm{C}}-T) \tag{5.113}$$

式中粒子的代数平均体积与摩尔体积之间的关系为

$$u=\frac{V_{\mathrm{m}}}{N_{\mathrm{A}}}=\frac{\boldsymbol{M}_1}{\boldsymbol{M}_0} \tag{5.114}$$

这里 N_{A} 为阿伏伽德罗常数，则厄特沃什常数可表达为[7, 16]

$$\kappa=\frac{81}{(36\pi)^{\frac{1}{3}}(10-\boldsymbol{M}_{\mathrm{C}})}k_{\mathrm{B}}N_{\mathrm{A}}^{\frac{2}{3}}=2.09\times10^{-7} \tag{5.115}$$

其数值与实验值基本一致，这个结果间接地证明 TEMOM 模型及其渐近解的准确性，同时也说明了本节分析方法的可行性。

回首再看，泰勒展开矩方法是介于宏观和微观尺度之间的用于描述两相纳米颗粒系

统动力学问题的一种介观尺度两相流研究方法。以其构建的基于颗粒数密度函数为求解变量的颗粒一般动力学方程，满足了对介观尺度物理变化过程的数学描述。泰勒展开矩方法的实施过程，涉及针对颗粒系统内部动力学过程及相间耦合等不同层次的数学模型封闭问题。正因为 TEMOM 是一种介观尺度的研究方法，TEMOM 的直接实验证明数据迄今仍然缺乏。期冀与读者共同努力，在将来的研究和工程实践中发现新的实验途径来验证 TEMOM 的基础理论。

通过 PBE 的 TEMOM 模型的渐近解、PBE 的微积分不变形式和不变解及 PBE 统计力学约束条件的研究，可以发现 TEMOM 是其中关键的分析工具。相较于其他方法，TEMOM 具有不需要假设粒子粒度分布、模型简单、计算成本低而效率高的特点，因此，TEMOM 是一种极具发展潜力的矩方法，值得在复杂的系统科学和工程中推广应用。

需要指出的是，PBE 目前主要还被认为是描述气溶胶动力学演化过程的重要数学工具，TEMOM 的出发点也是发展一种高效的模拟气溶胶演化的工具。随着研究的深入，发现 PBE 也是分子运动论的主要方程之一，它与玻尔兹曼方程一起构成了分子动力学的两端。众所周知，一般二元碰撞可以线性分解成弹性碰撞和完全非弹性碰撞的加权之和（图 5.2），而切兹纳尼猜想对玻尔兹曼方程和 PBE 都是成立的，这意味着切兹纳尼猜想对一般二元碰撞系统都是成立的。

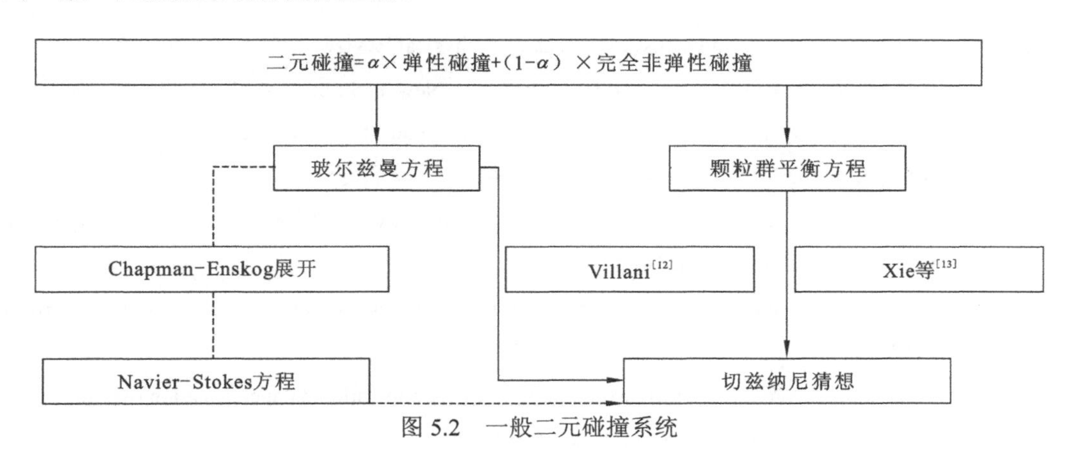

图 5.2　一般二元碰撞系统

通过文献可知，流体力学的基本方程即纳维-斯托克斯方程（Navier-Stokes equation，N-S 方程）可通过查普曼-恩斯库格（Chapman-Enskog）展开从玻尔兹曼方程推导出来[17]，似乎可以推论出切兹纳尼猜想对 N-S 方程也是成立的，即 N-S 方程是收敛的。但这个推论缺少很多中间细节，如流体有黏度（内摩擦）及湍动能的耗散等问题，而玻尔兹曼是弹性碰撞系统，系统的动能是守恒的，因此这中间存在某种逻辑不自洽的问题。而一般二元碰撞理论则很好地弥补这个缺陷，但迄今为止，理论上仍然缺少对一般二元碰撞系统演化过程的统一的数学描述。以上是笔者在研究 PBE 过程中的一点心得和感悟，如有失当，敬请读者批评指正。

参考文献

[1] Friedlander S K. Smoke, Dust, and Haze: Fundamentals of Aerosol Dynamics. 2nd edition. New York: Oxford University Press, 2000.

[2] Xie M L, Wang L P. Asymptotic solution of population balance equation based on TEMOM model. Chemical Engineering Science, 2013, 94: 79-83.

[3] Xie M L. The invariant solution of Smoluchowski coagulation equation with homogeneous kernels based on one parameter group transformation. Communications in Nonlinear Science and Numerical Simulation, 2023, 123: 107271.

[4] Goldstein H, Poole C, Safko J,. Classical Mechanics. 3rd edition. Pearson, 2001.

[5] Landau L D, Lifshitz E M. Statistical Physics. 3r edition. Oxford: Pergamon Press, 1969.

[6] Blundell S J, Blundell K M. Concepts in Thermal Physics, Oxford: Oxford University Press, 2006 .

[7] Xie M L, Yu M Z. Thermodynamic analysis of Brownian coagulation based on moment method. International Journal of Heat and Mass transfer, 2018, 122: 922-928.

[8] Xie M L. On the growth rate of particle surface area for Brownian coagulation. Journal of Aerosol Science, 2017, 113: 36-39.

[9] Jaynes E T. Information theory and statistical mechanics. Physical Review, 1957, 106: 620-630.

[10] Cercignani C. The Boltzmann equation and its applications. New York: Springer-Verlag Press, 1988.

[11] Toscani G. Entropy production and the rate of convergence to equilibrium for the Fokker-Planck equation. Quarterly of Applied Mathematics, 1999, 57(3): 521-541.

[12] Villani C. Cercignani's conjecture is sometimes true and always almost true. Communication in Mathematical Physics, 2003: 234, 455-490.

[13] Xie M L, Liu H. Cercignani's conjecture is almost true for Smoluchowski equation. Journal of Aerosol Science, 2019, 128: 14-16.

[14] Xie M L. Asymptotic behavior of TEMOM model for particle population balance equation over the entire particle size regimes. Journal of Aerosol Science, 2014, 67: 157-165.

[15] Palit S R. Thermodynamic interpretation of the Eötvös constant, Nature, 1956, 177: 1180.

[16] Xie M L, He Q. Solution of Smoluchowski coagulation equation for Brownian motion with TEMOM. Particuology, 2022, 70: 64-71.

[17] Chen S Y, Doolen G D. Lattice Boltzmann method for fluid flows, Annual Review of Fluid Mechanics 1998, 30: 329-364.

第6章 气溶胶颗粒在流场中的演化

气溶胶的形成和演化可用粒子通用动力学方程（general dynamical equation，GDE）描述，如何准确、快速地对其进行全域性和实时性演化的模拟，至今仍是气溶胶科学与技术领域的难题和挑战。本章通过耦合流场的直接数值模拟（direct numerical simulation，DNS）方法和粒子凝并的泰勒展开矩方法（TEMOM），模拟气溶胶粒子在流场中的凝并演化问题，为泰勒展开矩方法的工程应用提供示范和参考作用。

6.1 混合层流场的直接数值模拟

混合层是一种最简单的剪切层流场[1]，该流场在工程实践中有着广泛的应用，尤其是涉及燃烧过程，燃料的混合程度对燃烧效率至关重要，增强燃料与空气的掺混能力是在有限燃烧室空间内实现充分燃烧的关键技术之一。大量实验证实混合层流动中存在拟序结构，这些大尺度涡结构间不断地配对合并是混合层厚度沿流向增长的主要因素。混合层剪切率越高，大尺度涡结构对周围无旋流体的卷吸能力越强，混合层沿流向的增长率越高。本章以二维不可压时间混合层（temporal mixing layer）为研究对象（图 6.1），采用直接数值模拟的方法，研究气溶胶粒子在流场中的凝并演化规律[2,3]。

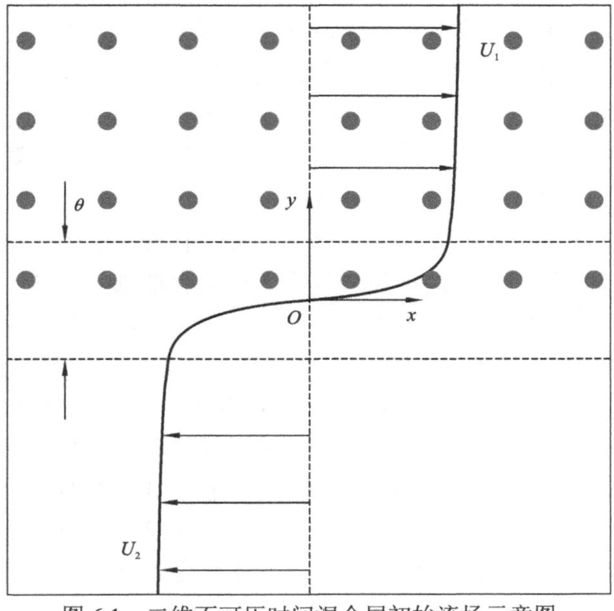

图 6.1　二维不可压时间混合层初始流场示意图

6.1.1 混合层流动的控制方程

二维无量纲的不可压混合层流场控制方程可表述为[4]

$$\begin{cases} \dfrac{\partial u}{\partial x}+\dfrac{\partial v}{\partial y}=0 \\ \dfrac{\partial u}{\partial t}+u\dfrac{\partial u}{\partial x}+v\dfrac{\partial u}{\partial y}=-\dfrac{1}{\rho}\dfrac{\partial p}{\partial x}+\dfrac{1}{Re}\left(\dfrac{\partial^2 u}{\partial x^2}+\dfrac{\partial^2 u}{\partial y^2}\right) \\ \dfrac{\partial v}{\partial t}+u\dfrac{\partial v}{\partial x}+v\dfrac{\partial v}{\partial y}=-\dfrac{1}{\rho}\dfrac{\partial p}{\partial y}+\dfrac{1}{Re}\left(\dfrac{\partial^2 v}{\partial x^2}+\dfrac{\partial^2 v}{\partial y^2}\right) \end{cases} \tag{6.1}$$

式中：ρ 为流体的密度；p 为流场的压强；ν 为流体的运动黏度；u 为流体的流向速度；v 为流体的横向速度；x 为流向坐标；y 为横向坐标。混合层中初始流场的速度分布为

$$u=\frac{U_1+U_2}{2}+\frac{U_1-U_2}{2}\tan\frac{y}{2\theta} \tag{6.2}$$

式中：U_1 为上层流体远场的流体速度；$U_2=-U_1$ 为下层流体远场的流体速度，初始流场为平行流动；横向速度为 $v=0$；θ 为混合层的初始动量厚度。流动雷诺数的定义为

$$Re=\frac{UL}{\nu} \tag{6.3}$$

式中：U 为流场的特征速度（通常取为 $2U_1$）；L 为流场的特征长度（通常取为 θ）。为了模拟流场中涡的演化，需要引入小扰动，本节将基于流动线性稳定性理论介绍流场的初始扰动。

6.1.2 混合层流动线性稳定性理论

流动的稳定性问题起源于英国物理学家雷诺对管道中流体运动的研究。1883 年，雷诺进行了非常著名的管道流体实验，发现流体会表现为层流或湍流的性质与一个后来被称为雷诺数的无量纲物理量有关[5]。当雷诺数较小时，流体会处于层流状态，而当雷诺数超过某个临界值时，流体会处于湍流状态，从层流到湍流的变化过程被称为转捩。如何对流体从层流转捩到湍流这一物理过程进行科学解释，至今仍是数学家和物理学家非常关注的一个问题。

流动稳定性是指流动受初始扰动后恢复原先运动状态的能力。如果外界的扰动会自动衰减，则原先的流动便是稳定的；如果外界的扰动会增强，并转变为新的流动状态，则称流动失稳。流动稳定性理论最重要、最困难的研究方向是从层流到湍流的转捩。

流动稳定性的研究始于 20 世纪初，有人导出了平行流的线性稳定性方程。20 世纪 40 年代，林家翘获得了该方程的渐近解，应用于槽道流、边界层问题的研究，给出了中性曲线和临界雷诺数，并被低湍流度风洞中的实验所证实[6]。线性稳定性理论只能预测流动不稳定的初始状态，60 年代发展了非线性稳定性理论，非线性稳定性可对各种具体的流动导出相应的朗道方程，并由该方程中朗道系数的符号判定流动是亚临界不稳定性的还是超临界不稳定性的。应用三波共振、二次不稳定性等理论，可解释观测到的流动

向湍流演化的一些物理现象。如三维扰动的发展，高剪切层的形成，湍流斑的发生、流动的紊乱化、对外界扰动的感受性及旁路转捩等[7]。

能量法也属于非线性稳定性理论，主要从能量角度或用李亚普诺夫函数估计扰动的发展，对初始扰动幅度虽无限制，但其结果往往偏于保守。数值方法是预测从层流到湍流全过程的有效途径，结合流动显示技术，可形象、直观地反映流动演化的过程。但对其中的机理认识往往不如理论分析方法。流动稳定性无论从理论上，还是从实际应用上都有待进一步深入研究[8]。

本节基于线性流动稳定性理论，给出直接数值模拟所需要的初始扰动条件。

通过引入如下的小扰动：

$$\begin{cases} u = U + u' \\ v = V + v' \\ p = P + p' \end{cases} \tag{6.4}$$

式中：U、V、P 为平均场；u'、v'、p' 为脉动场。将其代入流场的控制方程，可得到线性化纳维-斯托克斯方程（线性化 N-S 方程）（为了描述方便，上标“'”在后面章节省略）

$$\begin{cases} \dfrac{\partial u}{\partial x} + \dfrac{\partial v}{\partial y} = 0 \\ \dfrac{\partial u}{\partial t} + U\dfrac{\partial u}{\partial x} + \mu\dfrac{dU}{dy} = -\dfrac{\partial p}{\partial x} + \dfrac{1}{Re}\Delta u \\ \dfrac{\partial u}{\partial t} + U\dfrac{\partial v}{\partial x} = -\dfrac{\partial p}{\partial y} + \dfrac{1}{Re}\Delta v \end{cases} \tag{6.5}$$

写成矩阵的形式为

$$\left[-\begin{pmatrix} \partial_t & 0 & 0 \\ 0 & \partial_t & 0 \\ 0 & 0 & 0 \end{pmatrix} + \begin{pmatrix} -U\partial_x + \Delta / Re & \mathrm{d}U/\mathrm{d}y & -\partial_x \\ 0 & -U\partial_x + \Delta / Re & -\partial_y \\ \partial_x & \partial_y & 0 \end{pmatrix}\right]\begin{pmatrix} u \\ v \\ p \end{pmatrix} = 0 \tag{6.6}$$

如果扰动为简正模态，其形式如下：

$$\begin{cases} u = u(y)\exp[\mathrm{i}(kx - \omega t)] \\ v = v(y)\exp[\mathrm{i}(kx - \omega t)] \\ p = p(y)\exp[\mathrm{i}(kx - \omega t)] \end{cases} \tag{6.7}$$

式中：k 为波数；ω 为频率。在时间稳定性理论中，k 为实数，ω 为复数；而在空间稳定性理论中，k 为复数，ω 为实数。由微分法则，有

$$\begin{cases} \partial_t = -\mathrm{i}\omega \\ \partial_x = \mathrm{i}k \\ \partial_{xx} = -k^2 \end{cases} \tag{6.8}$$

将其代入矩阵形式的扰动方程，按波数 k 的幂次排列得到

$$\omega EX = (A_0 + A_1 k + A_2 k^2)X \tag{6.9}$$

式（6.9）描述了扰动的耗散关系。其中，各符号的含义如下：

$$E=\begin{pmatrix}\partial_t & 0 & 0\\ 0 & \partial_t & 0\\ 0 & 0 & 0\end{pmatrix}$$

$$\boldsymbol{A}_0=\begin{pmatrix}\partial_{yy}/Re & -\mathrm{d}U/\mathrm{d}y & 0\\ 0 & \partial_{yy}/Re & -\mathrm{d}/\mathrm{d}y\\ 0 & \mathrm{d}/\mathrm{d}y & 0\end{pmatrix}$$

$$\boldsymbol{A}_1=\begin{pmatrix}-\mathrm{i}U & 0 & -\mathrm{i}\\ 0 & -\mathrm{i}U & 0\\ \mathrm{i} & 0 & 0\end{pmatrix}$$

$$\boldsymbol{A}_2=\begin{pmatrix}-I/Re & 0 & 0\\ 0 & -I/Re & 0\\ 0 & 0 & 0\end{pmatrix}$$

$$\boldsymbol{X}=\begin{pmatrix}u\\ v\\ p\end{pmatrix}$$

上述方程为广义特征值问题。

将上述方程进一步简化，可得到奥尔-索末菲（Orr-Sommerfeld）方程[8]

$$\frac{1}{\mathrm{i}kRe}\left(\frac{\mathrm{d}^4\phi}{\mathrm{d}y^4}-2k^2\frac{\mathrm{d}^2\phi}{\mathrm{d}y^2}+k^4\phi\right)+\frac{\mathrm{d}^2U}{\mathrm{d}y^2}\phi-U\left(\frac{\mathrm{d}^2\phi}{\mathrm{d}y^2}-k^2\phi\right)=-\frac{\omega}{k}\left(\frac{\mathrm{d}^2\phi}{\mathrm{d}y^2}-k^2\phi\right) \tag{6.10}$$

式中：ϕ 为脉动流函数，它与扰动流场的关系为

$$\begin{cases}u=\dfrac{\mathrm{d}\phi}{\mathrm{d}y}\\ v=-\mathrm{i}k\phi\end{cases} \tag{6.11}$$

对空间稳定性问题，通过下列变换

$$\boldsymbol{Y}=\boldsymbol{kX} \tag{6.12}$$

则扰动方程可变换为

$$\begin{pmatrix}-\omega E+A_0 & 0\\ 0 & I\end{pmatrix}\begin{pmatrix}X\\ Y\end{pmatrix}+k\begin{pmatrix}A_1 & A_2\\ -I & 0\end{pmatrix}\begin{pmatrix}X\\ Y\end{pmatrix}=0 \tag{6.13}$$

边界条件为

$$u=0,\ \text{且}\quad v=0,\ \text{当}\ y=\pm\infty \tag{6.14}$$

6.1.3 紧致差分格式及计算

对于时间混合层问题，流场的初始扰动由式（6.10）给出。它是四阶微分方程，可采用紧致差分方法对其进行求解[9]。

其中，一阶数值微分的 Pade 格式为

$$\alpha f'_{i-1}+f'_i+\alpha f'_{i+1}=a\frac{f_{i+1}-f_{i-1}}{2h} \tag{6.15}$$

其中主力未知导数 f'_{i-1}、 f'_{i+1} 和函数 f_{i-1}、 f_{i+1} 采用泰勒级数近似，可得到

$$
\begin{cases}
f'_{i-1}=\dfrac{\mathrm{d}f_i}{\mathrm{d}x}-\dfrac{\mathrm{d}^2 f_i}{\mathrm{d}x^2}h+\dfrac{1}{2}\dfrac{\mathrm{d}^3 f_i}{\mathrm{d}x^3}h^2-\dfrac{1}{6}\dfrac{\mathrm{d}^4 f_i}{\mathrm{d}x^4}h^3+O(h^4) \\
f'_{i+1}=\dfrac{\mathrm{d}f_i}{\mathrm{d}x}+\dfrac{\mathrm{d}^2 f_i}{\mathrm{d}x^2}h+\dfrac{1}{2}\dfrac{\mathrm{d}^3 f_i}{\mathrm{d}x^3}h^2+\dfrac{1}{6}\dfrac{\mathrm{d}^4 f_i}{\mathrm{d}x^4}h^3+O(h^4) \\
f_{i-1}=f_i-\dfrac{\mathrm{d}f_i}{\mathrm{d}x}h+\dfrac{1}{2}\dfrac{\mathrm{d}^2 f_i}{\mathrm{d}x^2}h^2-\dfrac{1}{6}\dfrac{\mathrm{d}^3 f_i}{\mathrm{d}x^3}h^3+\dfrac{1}{24}\dfrac{\mathrm{d}^4 f_i}{\mathrm{d}x^4}h^4+O(h^5) \\
f_{i+1}=f_i+\dfrac{\mathrm{d}f_i}{\mathrm{d}x}h+\dfrac{1}{2}\dfrac{\mathrm{d}^2 f_i}{\mathrm{d}x^2}h^2+\dfrac{1}{6}\dfrac{\mathrm{d}^3 f_i}{\mathrm{d}x^3}h^3+\dfrac{1}{24}\dfrac{\mathrm{d}^4 f_i}{\mathrm{d}x^4}h^4+O(h^5)
\end{cases}
\tag{6.16}
$$

比较等式的两边，得到

$$
\begin{cases}
1+2\alpha=2a \\
\alpha=\dfrac{a}{3}
\end{cases}
\tag{6.17}
$$

给定α或a的一个值，即可得到 Pade 格式的模板，如

$$
\begin{cases}
\alpha=\dfrac{1}{4} \\
a=\dfrac{3}{4}
\end{cases}
\tag{6.18}
$$

为了处理边界条件，引入左边界模板

$$
f'_1+\alpha f'_2=\frac{1}{h}(af_1+bf_2+cf_3+df_4) \tag{6.19}
$$

其中各参数为

$$
\alpha=3,\quad a=-\frac{17}{6},\quad b=\frac{3}{2},\quad c=\frac{3}{2},\quad d=-\frac{1}{6} \tag{6.20}
$$

以及右边界模板

$$
f'_N+\alpha f'_{N-1}=\frac{1}{h}(af_N+bf_{N-1}+cf_{N-2}+df_{N-3}) \tag{6.21}
$$

其中各参数为

$$
\alpha=3,\quad a=\frac{17}{6},\quad b=-\frac{3}{2},\quad c=-\frac{3}{2},\quad d=\frac{1}{6} \tag{6.22}
$$

一阶 Pade 格式的子程序如“function D1 = Diff1_Pade(N,h)”所示。

同理，可得到二阶数值微分的 Pade 格式

$$
\alpha f''_{i-1}+f''_i+\alpha f''_{i+1}=a\frac{f_{i+1}-2f_i+f_{i-1}}{h^2} \tag{6.23}
$$

其中模板系数为

$$
\begin{cases}
\alpha=\dfrac{1}{10} \\
a=\dfrac{6}{5}
\end{cases}
\tag{6.24}
$$

对于左边界问题

$$
f''_1+\alpha f''_2=\frac{1}{h}(af_1+bf_2+cf_3+df_4) \tag{6.25}
$$

其中模板系数为

$$
\alpha=11,\quad a=13,\quad b=-27,\quad c=15,\quad d=-1 \tag{6.26}
$$

对于右边界问题

$$f_N'' + \alpha f_{N-1}'' = \frac{1}{h}(af_N + bf_{N-1} + cf_{N-2} + df_{N-3}) \tag{6.27}$$

其中模板系数为

$$\alpha = 11, \quad a = 13, \quad b = -27, \quad c = 15, \quad d = -1 \tag{6.28}$$

二阶 Pade 格式的子程序如“function D2 = Diff2_Pade(N,h)”所示。

通过上述一阶和二阶数值微分，可求解 Orr-Sommerfeld 方程，其程序见程序 6.1～程序 6.3，混合层线性流动稳定性的特征值分布如图 6.2 所示，扰动速度的分布如图 6.3 所示。

程序 6.1　广义特征值问题的计算

```
% p29.m the eigenvalue
clear,
n = 101; ly = 2*pi; h = 2*ly/(n-1); y = -ly:h:ly;
alpha = 1; Re = 200; U1 = -1; U2 = +1;
detU = abs(U1-U2)/2;  avgU = (U1+U2)/2;
U = avgU + detU*tanh(2*y); U = U';
[up,vp] = orr_sommerfeld(U,n,h,Re,alpha);
figure, plot(y,up,'*',y,vp,'*'), grid on
legend('u','v'), axis([-2*pi 2*pi -1 1])
xlabel('y'), ylabel('pertubation velocity')
function [up,vp,beta] = orr_sommerfeld(U,n,h,Re,alpha)
%solution of orr-sommerfeld equation
D1 = Diff1_Pade(n,h); D2 = Diff2_Pade(n,h); I = eye(n);
A = (D2 - alpha^2*I)^2/Re/1i/alpha + diag(D2*U) ...
    - diag(U)*(D2-alpha^2*I);
B = -(D2-alpha^2*I); [V,ee] = eig(A,B);
figure, plot(ee,'*'), grid on
ee = diag(ee); ii = find(imag(ee)>0); beta = ee(ii);
phi = V(:,ii); up = D1*phi; vp = -1i*alpha*phi;
```

程序 6.2　基于 Pade 格式的一阶微分子程序

```
function D1 = Diff1_Pade(N,h)
%1_st differential matrix 4th order accuracy for Pade schemes
alpha = 3;a = -17/6;b = 3/2;c = 3/2;d = -1/6;
%first order matrix of LHS and RHS
P = sparse(1,1,1,N,N)+sparse(1,2,alpha,N,N)+...
    sparse(2:N-1,1:N-2,1/6,N,N)+...
    sparse(2:N-1,2:N-1,2/3,N,N)+...
    sparse(2:N-1,3:N,1/6,N,N)+...
    sparse(N,N,1,N,N)+sparse(N,N-1,alpha,N,N);
Q = sparse(1,1,a,N,N)+sparse(1,2,b,N,N)+...
    sparse(1,3,c,N,N)+sparse(1,4,d,N,N)+...
    sparse(2:N-1,1:N-2,-1/2,N,N)+...
```

```
    sparse(2:N-1,3:N,1/2,N,N)-...
    sparse(N,N,a,N,N)-sparse(N,N-1,b,N,N)-...
    sparse(N,N-2,c,N,N)-sparse(N,N-3,d,N,N);
D1 = P^(-1)*Q/h;
```

程序 6.3　基于 Pade 格式的二阶微分子程序

```
function D2 = Diff2_Pade(N,h)
% 2nd differential matrix 3rd order accuracy for pade schemes
alpha2 = 11; a2 = 13; b2 = -27; c2 = 15; d2 = -1;
% second order matrix of LHS and RHS
P2 = sparse(1,1,1,N,N)+sparse(1,2,alpha2,N,N)+...
     sparse(2:N-1,1:N-2,1/12,N,N)+...
     sparse(2:N-1,2:N-1,5/6,N,N)+...
     sparse(2:N-1,3:N,1/12,N,N)+...
     sparse(N,N,1,N,N)+sparse(N,N-1,alpha2,N,N);
Q2 = sparse(1,1,a2,N,N)+sparse(1,2,b2,N,N)+...
     sparse(1,3,c2,N,N)+sparse(1,4,d2,N,N)+...
     sparse(2:N-1,1:N-2,1,N,N)+...
     sparse(2:N-1,2:N-1,-2,N,N)+...
     sparse(2:N-1,3:N,1,N,N)+...
     sparse(N,N,a2,N,N)+sparse(N,N-1,b2,N,N)+...
     sparse(N,N-2,c2,N,N)+sparse(N,N-3,d2,N,N);
D2 = P2^(-1)*Q2/h^2;
```

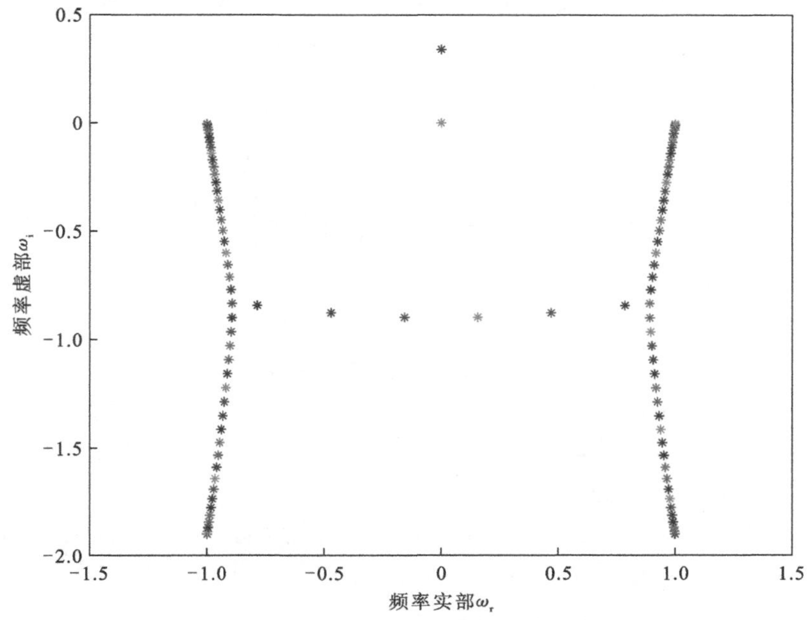

图 6.2　混合层线性流动稳定性的特征值分布

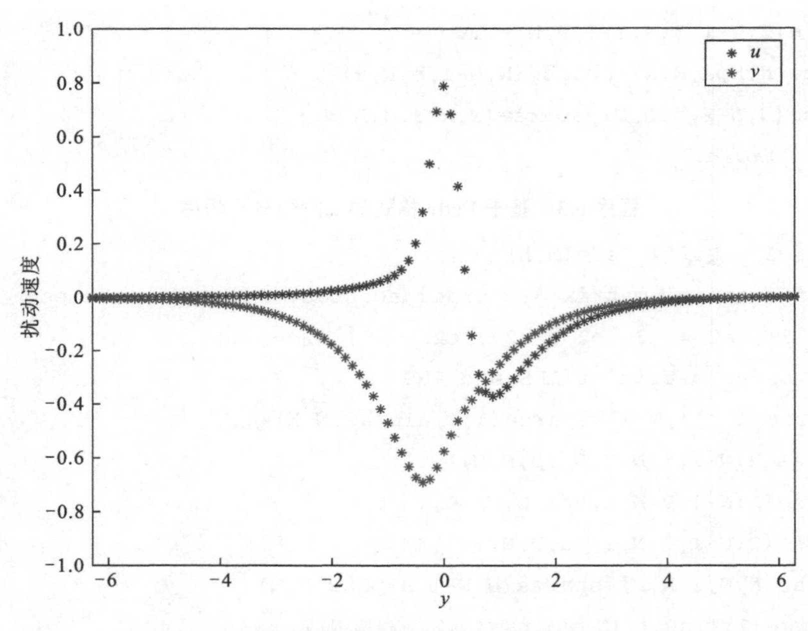

图 6.3　线性稳定性的特征向量（扰动速度分布）

6.1.4　流场的数值计算方法

假设在第 i 时间步时，速度场和压力场的解为：U^i 、V^i 、P^i 满足二维纳维-斯托克斯方程，则在第 $(i+1)$ 时间步时，采用投影法计算 U^{i+1} 、V^{i+1} 、P^{i+1} 。中间变量分别为 U^* 、V^* 、P^* 和 U^{**} 、V^{**} 、P^{**} 计算流体力学采用的数值方法很多，本节所采用的算法程序基于 mit18086_navierstokes.m[10]，具体算法和程序描述如下。

非线性项采用显示处理方法：

$$\begin{cases} \dfrac{U^*-U^i}{\Delta t}=-((U^i)^2)_x-(U^iV^i)_y \\ \dfrac{V^*-V^i}{\Delta t}=-(U^iV^i)_x-((V^i)^2)_y \end{cases} \tag{6.29}$$

其子程序见程序 6.4。

程序 6.4　非线性项子程序

```
function [U,V] = nonlinear_term(U,V,hx,hy,dt)
   % treatment of nonlinear terms
   global uS uN vS vN uW uE vW vE
   gamma = min(1.2*dt*max(max(max(abs(U)))/hx,max(max(abs(V)))/hy),1);
   % velocity with boundary condition
   Ue = [uW;U;uE];
```

```
    Ue = [2*uS'-Ue(:,1) Ue 2*uN'-Ue(:,end)];
    Ve = [vS' V vN'];
    Ve = [2*vW-Ve(1,:);Ve;2*vE-Ve(end,:)];
    % average and difference to obtain the UVx and UVy
    Ua = avg(Ue')'; Ud = diff(Ue')'/2;
    Va = avg(Ve); Vd = diff(Ve)/2;
    UVx = diff(Ua.*Va-gamma*abs(Ua).*Vd)/hx;
    UVy = diff((Ua.*Va-gamma*Ud.*abs(Va))')'/hy;
    % average and difference to obtain the U2x and V2y
    Ua = avg(Ue(:,2:end-1)); Ud = diff(Ue(:,2:end-1))/2;
    Va = avg(Ve(2:end-1,:)')'; Vd = diff(Ve(2:end-1,:)')'/2;
    U2x = diff(Ua.^2-gamma*abs(Ua).*Ud)/hx;
    V2y = diff((Va.^2-gamma*abs(Va).*Vd)')'/hy;
    % The growth of U and V at every time step
    U = U - dt*(U2x + UVy(2:end-1,:));
    V = V - dt*(UVx(:,2:end-1) + V2y);
end
```

黏性项的处理

$$\begin{cases}\dfrac{U^{**}-U^{*}}{\Delta t}=\dfrac{1}{Re}(U_{xx}^{**}+U_{yy}^{**})\\ \dfrac{V^{**}-V^{*}}{\Delta t}=\dfrac{1}{Re}(V_{xx}^{**}+V_{yy}^{**})\end{cases}\tag{6.30}$$

其子程序（程序 6.5）如下。

程序 6.5　黏性项子程序

```
function U = viscosity_u(U,Ubc,Ru,peru,nx,ny)
% solution of viscosity term in horizon Navier-Stokes equation
    rhs = reshape(U+Ubc,[],1);
    u(peru) = Ru\(Ru'\rhs(peru));
    U = reshape(u,nx-1,ny);
end
function V = viscosity_v(V,Vbc,Rv,perv,nx,ny)
% solution of viscosity term in horizon Navier-Stokes equation
    rhs = reshape(V+Vbc,[],1);
    v(perv) = Rv\(Rv'\rhs(perv));
    V = reshape(v,nx,ny-1);
end
```

其中，二维拉普拉斯算子的楚列斯基分解子程序见程序 6.6。

程序 6.6　二维对称正定矩阵的楚列斯基分解子程序

```
function [Rp,perp,Ru,peru,Rv,perv,Rq,perq] =
Laplace_operator(nx,ny,hx,hy,dt,Re)
dpdxx = K1p(nx,hx);  dpdyy = K1(ny,hy,1);
Lp = kron(speye(ny),dpdxx)+kron(dpdyy,speye(nx));
Lp(1,1) = 3/2*Lp(1,1); perp = symamd(Lp);  Rp = chol(Lp(perp,perp));
% (u**-u*)/dt = d^2(u**)/dx^2 + d^2(u**)/dy^2
dudxx = K1p(nx-1,hx);  dudyy = K1(ny,hy,3);
Lu = speye((nx-1)*ny)+...
    dt/Re*(kron(speye(ny),dudxx)+kron(dudyy,speye(nx-1)));
peru = symamd(Lu);  Ru = chol(Lu(peru,peru));
% (v**-v*)/dt = d^2(v**)/dx^2 + d^2(v**)/dy^2
dvdxx = K1p(nx,hx); dvdyy = K1(ny-1,hy,2);
Lv = speye(nx*(ny-1))+...
    dt/Re*(kron(speye(ny-1),dvdxx)+kron(dvdyy,speye(nx)));
perv = symamd(Lv);
Rv = chol(Lv(perv,perv));
% u = dq/dy;v = -dq/dx; -(d^2(q)/dx^2 + d^2(q)/dy^2) = -(du/dx-dv/dy);
dqdxx = K1p(nx-1,hx); dqdyy = K1(ny-1,hy,2);
Lq = kron(speye(ny-1),dqdxx)+kron(dqdyy,speye(nx-1));
perq = symamd(Lq); Rq = chol(Lq(perq,perq));
end
```

压力项的处理：

$$\begin{cases}\dfrac{U^{i+1}-U^{**}}{\Delta t}=-(P^{i+1})_x\\[2ex]\dfrac{V^{i+1}-V^{**}}{\Delta t}=-(P^{i+1})_y\end{cases}\tag{6.31}$$

速度场和压力存在耦合条件：

$$\begin{cases}\dfrac{\boldsymbol{U}^{i+1}-\boldsymbol{U}^{i}}{\Delta t}=-\nabla P^{i+1}\\[2ex]-\Delta P^{i+1}=-\dfrac{\nabla\boldsymbol{U}^{i}}{\Delta t}\end{cases}\tag{6.32}$$

因此，压力校正算法如下。

（1）计算：$F^i=\dfrac{\nabla\boldsymbol{U}^i}{\Delta t}$

（2）求解泊松方程：$-\Delta P^{i+1}=-\frac{1}{\Delta t}F^{i}$

（3）计算：$\boldsymbol{G}^{i+1}=\Delta P^{i+1}$

（4）更新速度场：$\boldsymbol{U}^{i+1}-\boldsymbol{U}^{i}=\Delta t\boldsymbol{G}^{i+1}$

其子程序见程序 6.7。

程序 6.7　压力校正算法子程序

```
function [U,V,P,p] = pressure_correction(U,V,Rp,perp,nx,ny,hx,hy)
    global uW uE vS vN
    % velocity with boundary condition
    Ue = [uW;U;uE];
    Ve = [vS' V vN'];
    dudx = diff(Ue)/hx;
    dvdy = diff(Ve')'/hy;
    rhs = dudx + dvdy;
    rhs = reshape(rhs,[],1);
    p(perp) = -Rp\(Rp'\rhs(perp));
    P = reshape(p,nx,ny);
    U = U-diff(P)/hx;
    V = V-diff(P')'/hy;
end
```

其他子程序（程序 6.8）说明如下。

边界条件：

```
function [uS,uN,uW,uE,vS,vN,vW,vE] = boundary_condition(x,y)
```

初始小扰动的赋值函数：

```
function [up,vp,beta]= orr_sommerfeld(U,n,h,Re,alpha)
```

可视化流函数：

```
function Q = stream_function(U,V,Rq,perq,nx,ny,hx,hy)
```

计算区域为 $4\pi\times4\pi$，流向长度正好与两个初始扰动波长相当，流动雷诺数为 $Re=200$；程序采用交错网格，主网格数量为 129×129。无量纲时间步长为 0.01 s，总计算时长为 45 s，这个总时长足够可以描述混合层中二次涡的卷起和配对过程。基于上述计算方法，可得到流场的演化，主程序见程序 6.9，涡的演化如图 6.4 所示。图 6.5 则显示了中心对称轴处流向和横向涡的演化，从流向和横向涡强度幅值的演化可以看出，时间每增长一倍，涡强度的幅值呈现出等比例的下降，这意味着涡的幅值演化呈现为指数衰减，而混合层的厚度则不断增加。

程序 6.8　其他子程序

```
function [uS,uN,uW,uE,vS,vN,vW,vE] = boundary_condition(x,y)
U1 = -1; U2 = +1;
uN = x*0+U1; uS = x*0+U2; uW = avg(y)*0; uE = avg(y)*0;
vN = avg(x)*0; vS = avg(x)*0; vW = y*0; vE = y*0;
function [up,vp,beta] = orr_sommerfeld(U,n,h,Re,alpha)
%solution of orr-sommerfeld equation
D1 = Diff1_Pade(n,h); D2 = Diff2_Pade(n,h); I = eye(n);
A = (D2 - alpha^2*I)^2/Re/1i/alpha + diag(D2*U) ...
    - diag(U)*(D2-alpha^2*I);
B = -(D2-alpha^2*I); [V,ee] = eig(A,B);
figure, plot(ee,'*'), grid on
ee = diag(ee); ii = find(imag(ee)>0); beta = ee(ii);
phi = V(:,ii); up = D1*phi; vp = -1i*alpha*phi;
function Q = stream_function(U,V,Rq,perq,nx,ny,hx,hy)
dudy = diff(U')'/hy; dvdx = diff(V)/hx;
rhs = dudy - dvdx; rhs  = reshape(rhs,[],1);
q(perq) = Rq\(Rq'\rhs(perq)); Q = zeros(nx+1,ny+1);
Q(2:end-1,2:end-1)  = reshape(q,nx-1,ny-1);
end
```

程序 6.9　流场演化主程序

```
% p30.m main program
clear,
format long
global uS uN uW uE vS vN vW vE
% flow parameter
Re = 2e2; dt = 1e-2; tf = 1e3; nt = ceil(tf/dt); nsteps = 50;
% geometry and grid
Lx =5*pi;nx =128*1;hx = Lx/nx; Ly = 5*pi; ny =128*1; hy =Ly/ny;
x = linspace(-Lx,Lx,nx+1); y = linspace(-Ly,Ly,ny+1);
[X,Y] = meshgrid(y,x);
% perturbation velocity based on the orr-sommerfeld equation
U1 = -1; U2 = +1; delta_U = abs(U1-U2)/2; avg_U = (U1+U2)/2;
alpha = 1; theta = 1/Ly; A0 = 1e-3;
U0 = avg_U + delta_U*tanh(avg(y)/2/theta); % base flow
```

```
[up,vp,beta] = orr_sommerfeld(U0',ny,hy,Re,alpha);
% import boundary condition
[uS,uN,uW,uE,vS,vN,vW,vE] = boundary_condition(x,y);
[Rp,perp,Ru,peru,Rv,perv,Rq,perq] = Laplace_operator(nx,ny,hx,hy,dt,Re);
% initial conditions
U = zeros(nx-1,ny); V = zeros(nx,ny-1); xu = x(2:end-1);
for j = 1:ny
    for i = 1:nx-1
        U(i,j) = U0(j) + A0 * real(up(j) * exp(1i*alpha*xu(i)));
    end
end
vp = avg(vp); xv = avg(x);
for j = 1:ny-1
    for i = 1:nx
        V(i,j) = 0    + A0 * real(vp(j) * exp(1i*alpha*xv(i)));
    end
end
for k = 1:nt   % main loop
uW = (U(1,:)+U(end,:))/2; uE = uW;
vE(2:end-1) = (V(1,:)+V(end,:))/2; vW = vE;
% treat nonlinear terms
[U,V] = nonlinear_term(U,V,hx,hy,dt);
% implicit viscosity
Ubc = dt/Re*([2*uS(2:end-1)' zeros(nx-1,ny-2) 2*uN(2:end-1)']/hx^2);
Vbc = dt/Re*([vS' zeros(nx,ny-3) vN']/hx^2);
U = viscosity_u(U,Ubc,Ru,peru,nx,ny);
V = viscosity_v(V,Vbc,Rv,perv,nx,ny);
% pressure correction
[U,V,P,p] = pressure_correction(U,V,Rp,perp,nx,ny,hx,hy);
if mod(k,nsteps) == 0
    Ue = [uS' avg([uW;U;uE]')' uN']; Ve = [vW;avg([vS' V vN']);vE];
    Len = sqrt(Ue.^2+Ve.^2+1e-10);
    contourf(x,y,Ue',200), hold off, axis equal, axis([-Lx Lx -Ly Ly])
    omega = diff(U')'/hy - diff(V)/hx;
    title(sprintf('Re = %0.1g   t = %0.2g',Re,k*dt)),drawnow
end
end
```

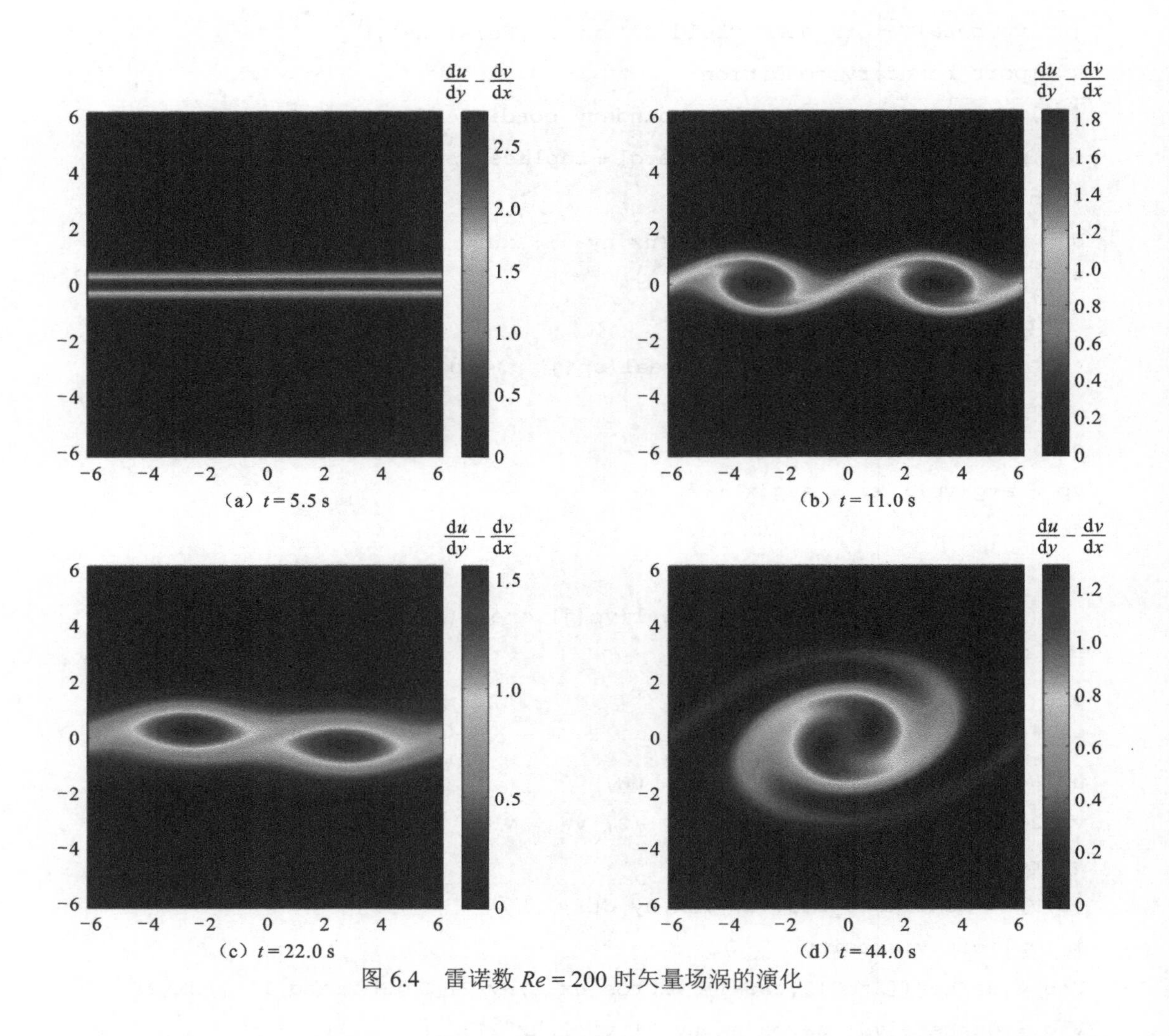

图 6.4　雷诺数 $Re=200$ 时矢量场涡的演化

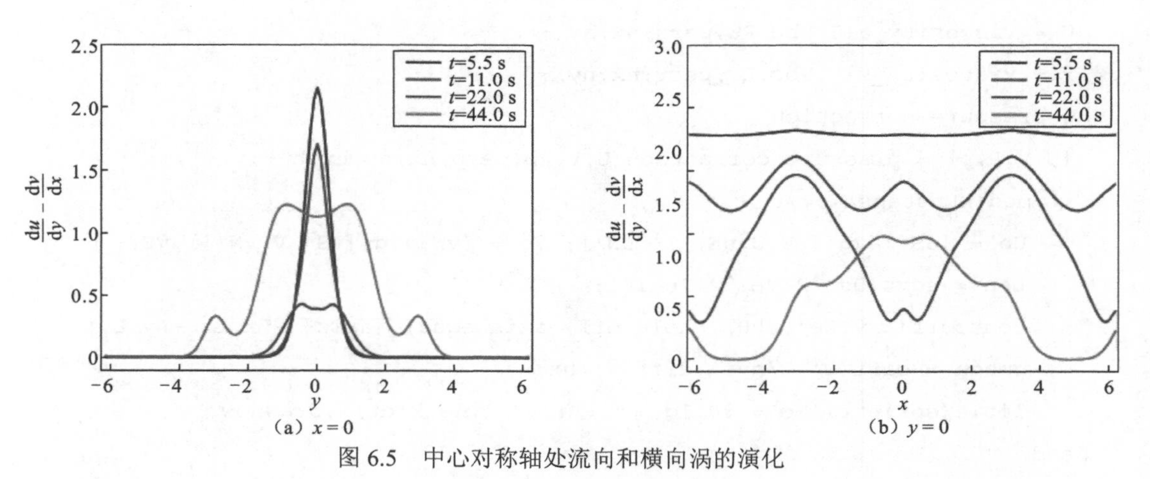

图 6.5　中心对称轴处流向和横向涡的演化

6.2 粒子场的模拟

6.2.1 粒子的输运方程

流场中的粒子输运方程为[11]

$$\frac{\partial n}{\partial t}+u\frac{\partial n}{\partial x}+v\frac{\partial n}{\partial y}=\frac{\partial}{\partial x}\left(D_n\frac{\partial n}{\partial x}\right)+\frac{\partial}{\partial y}\left(D_n\frac{\partial n}{\partial y}\right)+\left[\frac{\partial n}{\partial t}\right]_{\text{coag}} \tag{6.33}$$

其中凝并项即为前面章节介绍的颗粒群平衡方程（PBE）。

$$\left[\frac{\partial n}{\partial t}\right]_{\text{coag}}=\frac{1}{2}\int_0^{\upsilon}\beta(\upsilon_1,\upsilon-\upsilon_1)n(\upsilon_1)n(\upsilon-\upsilon_1)\mathrm{d}\upsilon_1-\int_0^{\infty}\beta(\upsilon_1,\upsilon)n(\upsilon)n(\upsilon_1)\mathrm{d}\upsilon_1 \tag{6.34}$$

流场输运与粒子凝并的耦合过程中，何种机理占主要地位（是剪切凝并还是布朗凝并）？目前这仍是一个没有明确的问题。为了表示一般性，这里以自由分子区的布朗凝并机理为例，介绍流场的直接数值模拟和泰勒展开矩方法的耦合问题。从而有

$$\beta=\left(\frac{3}{4\pi}\right)^{\frac{1}{6}}\left(\frac{6k_{\text{B}}T}{\rho_{\text{p}}}\right)^{\frac{1}{2}}\left(\frac{1}{\upsilon_i}+\frac{1}{\upsilon_j}\right)^{\frac{1}{2}}\left(\upsilon_i^{\frac{1}{3}}+\upsilon_j^{\frac{1}{3}}\right)^2 \tag{6.35}$$

式中：k_{B} 为玻尔兹曼常数；ρ_{p} 为粒子的密度；T 为环境的温度。

对于小颗粒而言，其随流体的跟随性强，它在流场中主要受到流场的拖拽作用，粒子对流场的反作用在流场的模拟中可以忽略，因而粒子输运方程中的速度分布可直接采用流场的数值模拟结果。粒子的扩散系数为

$$D_n=\left(\frac{3}{4\pi}\right)^{\frac{1}{3}}\frac{k_{\text{B}}T}{\upsilon^{\frac{2}{3}}\rho_{\text{p}}c\left(1+\frac{\pi\alpha_{\text{p}}}{8}\right)} \tag{6.36}$$

式中：c 为分子的平均热运动速度；α_{p} 为粒子的调节系数。

6.2.2 输运方程的矩模型

本小节采用泰勒展开矩方法对粒子的输运方程进行模拟[12]，引入矩变换：

$$\boldsymbol{M}_k(t)=\int_0^{\infty}\upsilon^k n(\upsilon,t)\mathrm{d}\upsilon \tag{6.37}$$

从而得到矩的输运方程为

$$\frac{\partial \boldsymbol{M}_k}{\partial t}+u\frac{\partial \boldsymbol{M}_k}{\partial x}+v\frac{\partial \boldsymbol{M}_k}{\partial y}=\frac{\partial}{\partial x}\left(\kappa\frac{\partial \boldsymbol{M}_{k-2/3}}{\partial x}\right)+\frac{\partial}{\partial y}\left(\kappa\frac{\partial \boldsymbol{M}_{k-2/3}}{\partial y}\right)+\left[\frac{\partial \boldsymbol{M}_k}{\partial t}\right]_{\text{coag}} \tag{6.38}$$

其中，粒子矩的扩散系数

$$\kappa=D_n\upsilon^{\frac{2}{3}} \tag{6.39}$$

以及凝并项为

$$\left[\frac{\partial M_k}{\partial t}\right]_{\text{coag}} = \frac{1}{2}\int_0^\infty \int_0^\infty \left[(\upsilon+\upsilon_1)^k - \upsilon^k - \upsilon_1^k\right]\beta(\upsilon,\upsilon_1)n(\upsilon,t)n(\upsilon_1,t)\mathrm{d}\upsilon_1\mathrm{d}\upsilon \tag{6.40}$$

采用 TEMOM，前三阶整数矩为

$$\begin{cases}\left[\dfrac{\partial M_0}{\partial t}\right]_{\text{coag}} = \dfrac{\sqrt{2}B_1(65M_C^2 - 1\,210M_C - 9\,223)M_0^2}{5184}\left(\dfrac{M_1}{M_0}\right)^{\frac{1}{6}} \\ \left[\dfrac{\partial M_1}{\partial t}\right]_{\text{coag}} = 0 \\ \left[\dfrac{\partial M_2}{\partial t}\right]_{\text{coag}} = -\dfrac{\sqrt{2}B_1(701M_C^2 - 4\,210M_C - 6\,859)M_1^2}{2\,592}\left(\dfrac{M_1}{M_0}\right)^{\frac{1}{6}}\end{cases} \tag{6.41}$$

将其代入粒子的输运方程，无量纲化可得

$$\begin{cases}\dfrac{\partial M_0}{\partial t} + u\dfrac{\partial M_0}{\partial x} + v\dfrac{\partial M_0}{\partial y} = \dfrac{1}{ReSc_M}\Delta M_{-\frac{2}{3}} + Da\left[\dfrac{\partial M_0}{\partial t}\right]_{\text{coag}} \\ \dfrac{\partial M_1}{\partial t} + u\dfrac{\partial M_1}{\partial x} + v\dfrac{\partial M_1}{\partial y} = \dfrac{1}{ReSc_M}\Delta M_{\frac{1}{3}} + Da\left[\dfrac{\partial M_1}{\partial t}\right]_{\text{coag}} \\ \dfrac{\partial M_2}{\partial t} + u\dfrac{\partial M_2}{\partial x} + v\dfrac{\partial M_2}{\partial y} = \dfrac{1}{ReSc_M}\Delta M_{\frac{4}{3}} + Da\left[\dfrac{\partial M_2}{\partial t}\right]_{\text{coag}}\end{cases} \tag{6.42}$$

基于 TEMOM，分数阶矩可近似为

$$\begin{cases}M_{-\frac{2}{3}} = \dfrac{4+5M_C}{9}M_0\left(\dfrac{M_1}{M_0}\right)^{-\frac{2}{3}} \\ M_{\frac{1}{3}} = \dfrac{10-M_C}{9}M_1\left(\dfrac{M_1}{M_0}\right)^{\frac{1}{3}} \\ M_{\frac{4}{3}} = \dfrac{7+2M_C}{9}M_2\left(\dfrac{M_1}{M_0}\right)^{\frac{4}{3}}\end{cases} \tag{6.43}$$

其中，拉普拉斯（Laplace）算子为

$$\Delta = \frac{\partial}{\partial x^2} + \frac{\partial}{\partial y^2} \tag{6.44}$$

基于矩的斯密特数（Schmidt number，Sc_M）为

$$Sc_M = \frac{\nu}{\kappa}\left(\frac{M_{10}}{M_{00}}\right)^{\frac{2}{3}} \tag{6.45}$$

其中，M_{10}/M_{00} 为粒子的初始代数平均体积，初始的粒子无量纲矩为

$$M_{C0} = \frac{M_{00}M_{20}}{M_{10}^2} \tag{6.46}$$

粒子达姆科勒数（Damkohler number，Da）定义为

$$Da = \frac{\sqrt{2}B_1 M_{00}}{U/L}\left(\frac{M_{10}}{M_{00}}\right)^{\frac{1}{6}} \tag{6.47}$$

式中：U 为流场的特征速度；L 为流场的特征长度；$\boldsymbol{M}_{00}$ 为初始粒子数量浓度。

6.2.3 计算结果及分析

综上所述，将第 3 章中的自由分子区凝并子程序代入流场的主程序，从而可模拟粒子在流场中的凝并演化过程[3]。图 6.6 给出了对应时刻的矢量场和标量场的分布图（$Da=1$，$Sc_M=1$），结果显示，标量场与涡量场的分布呈现明显的相似结构。图 6.7 则给出了达姆科勒数对粒子场的影响（$Sc_M=1$），对于不同的达姆科勒数，粒子场的分布也呈现相似关系，不同点仅限于幅值的大小不一样，采用归一化的分析方法，发现这些分布曲线基本重合，如图 6.8 所示。这些结果说明，流场的输运和扩散是粒子场演化的关键因素，而且流场的演化和粒子场的演化可以分别处理。由于粒子输运方程中施密特数与流动雷诺数是以乘积的形式出现的，它对粒子凝并演化的影响等同于雷诺数对流场的影响，这里不用枚举。

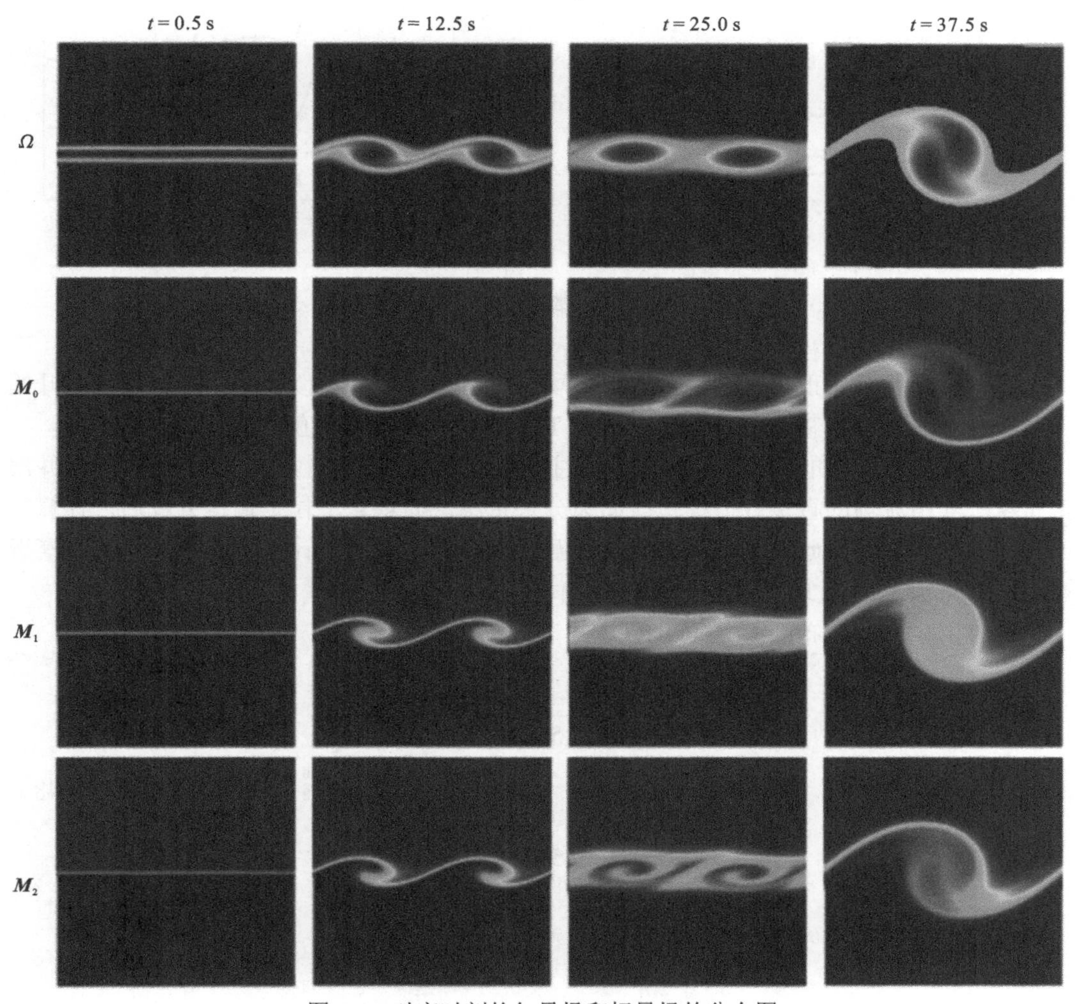

图 6.6 对应时刻的矢量场和标量场的分布图

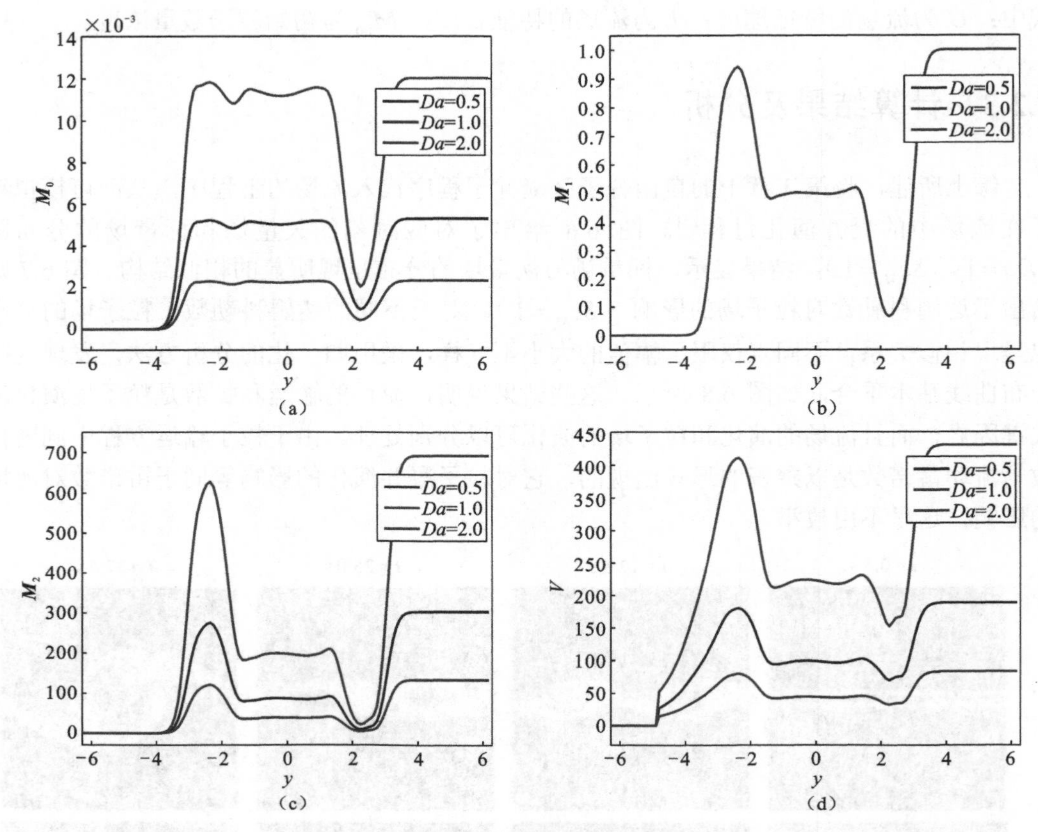

图 6.7 达姆科勒数对粒子场分布的影响

需要指出的是，正是时间混合层中流场和粒子场分布的相似性结构，启发笔者开始了泰勒展开矩方法的基础理论的研究，如 TEMOM 模型的渐近解、稳定性等。

通过对计算时间的分析发现，以当前主流的个人电脑计算粒子在混合层中的凝并演化问题，其中流场的直接数值模拟时间为分钟量级，而耦合上粒子输运方程后，计算时长将达到数小时。因此，颗粒间的凝并相互作用占据了主要的计算时间和成本。而渐近解的引入将极大地减少计算量和成本。具体操作如下。

由自由分子区的布朗凝并 TEMOM 的渐近解

$$\begin{cases} M_0 \to \left[-\dfrac{5}{6}\dfrac{\sqrt{2}B_1(65M_{C\infty}^2-1210M_{C\infty}-9\,223)}{5184}\right]^{-\frac{6}{5}} M_1^{-\frac{1}{5}}t^{-\frac{6}{5}} \\ M_2 \to \left[-\dfrac{5}{6}\dfrac{\sqrt{2}B_1(701M_{C\infty}^2-4\,210M_{C\infty}-6\,859)}{2\,592M_{C\infty}^{\frac{1}{6}}}\right]^{\frac{6}{5}} M_1^{\frac{11}{5}}t^{\frac{6}{5}} \\ M_{C\infty}=2.2001 \end{cases} \tag{6.48}$$

从而得到矩量随时间变化的显式表达式：

$$
\begin{cases}
\left[\dfrac{\partial \boldsymbol{M}_0}{\partial t}\right]_{\mathrm{coag}} = -\dfrac{6}{5}\left[-\dfrac{5}{6}\dfrac{\sqrt{2}B_1(65\boldsymbol{M}_{\mathrm{C}\infty}^2 - 1\,210\boldsymbol{M}_{\mathrm{C}\infty} - 9\,223)}{5184}\right]^{-\frac{6}{5}} \boldsymbol{M}_1^{-\frac{1}{5}} t^{-\frac{11}{5}} \\
\left[\dfrac{\partial \boldsymbol{M}_1}{\partial t}\right]_{\mathrm{coag}} = 0 \\
\left[\dfrac{\partial \boldsymbol{M}_2}{\partial t}\right]_{\mathrm{coag}} = \dfrac{6}{5}\left[-\dfrac{5}{6}\dfrac{\sqrt{2}B_1(701\boldsymbol{M}_{\mathrm{C}\infty}^2 - 4\,210\boldsymbol{M}_{\mathrm{C}\infty} - 6\,859)}{2\,592\boldsymbol{M}_{\mathrm{C}\infty}^{\frac{1}{6}}}\right]^{\frac{6}{5}} \boldsymbol{M}_1^{\frac{11}{5}} t^{\frac{1}{5}}
\end{cases}
\tag{6.49}
$$

以及代数平均体积随时间增长的表达式

$$
\frac{\boldsymbol{M}_1}{\boldsymbol{M}_0} = \left[-\frac{5}{6}\frac{\sqrt{2}B_1(65\boldsymbol{M}_{\mathrm{C}\infty}^2 - 1210\boldsymbol{M}_{\mathrm{C}\infty} - 9\,223)}{5184}\right]^{\frac{6}{5}} \boldsymbol{M}_1^{\frac{6}{5}} t^{\frac{6}{5}} \tag{6.50}
$$

将这些渐近解代入粒子输运方程的矩模型，实现了矩方程组的解耦，粒子输运方程的求解重心集中在粒子体积浓度（$\boldsymbol{M}_1$）的演化上，从而加速了求解过程。这样处理后的计算结果与完全数值方法得到的结果一致，这里不再赘述。

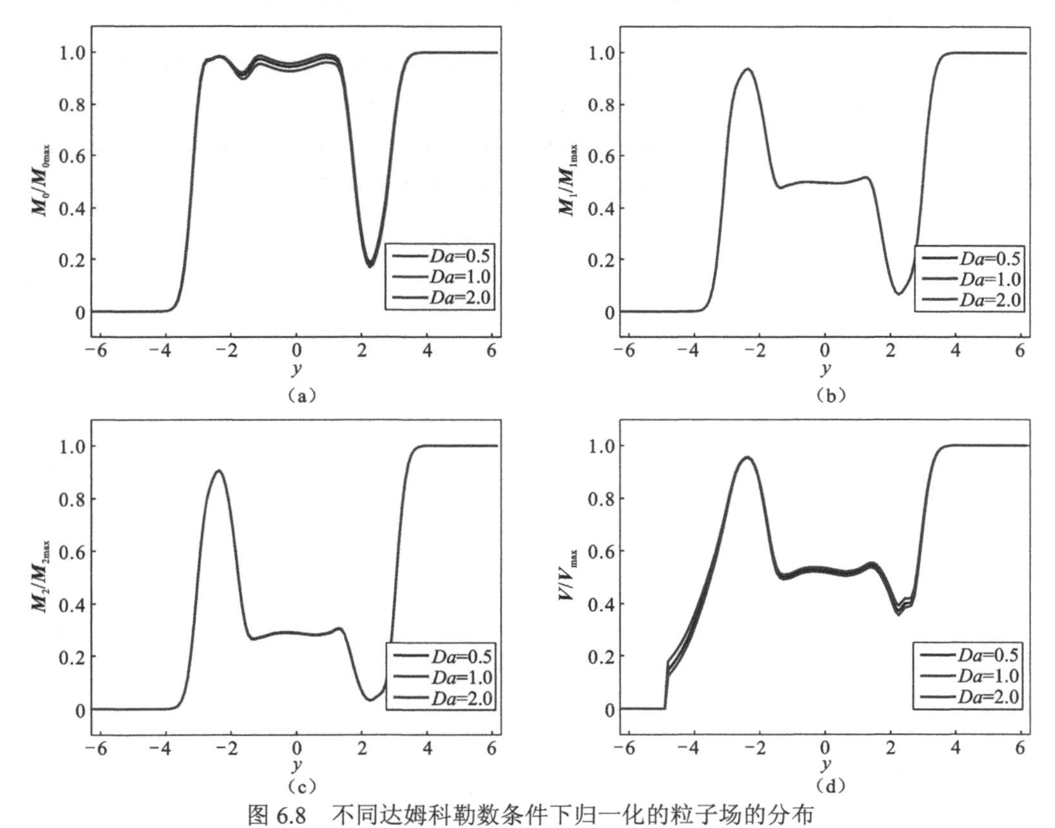

图 6.8　不同达姆科勒数条件下归一化的粒子场的分布

参考文献

[1] 林建忠. 流场拟序结构及控制. 杭州: 浙江大学出版社, 2002.

[2] Settumba N, Garrick S C. Direct numerical simulation of nanoparticle coagulation in a temporal mixing

layer via a moment method. Journal of Aerosol Science, 2003, 34(2): 149-167.

[3] Xie M L, Yu M Z, Wang L P. A TEMOM model to simulate nanoparticle growth in the temporal mixing layer due to Brownian coagulation. Journal of Aerosol Science, 2012, 54: 32-48.

[4] Schlichting H. Boundary layer theory. 7th edition. New York: McGraw-Hill Book Company Inc, 1975.

[5] Reynolds O. On the dynamical theory of incompressible viscous fluids and the determination of the criterion. Proceedings of the Royal Society of London. Series A: Mathematical and Physical Sciences, 1885, 186: 123-164.

[6] Lin C C. Theory of hydrodynamic stability. New York: Cambridge University Press, 1955.

[7] Schmid P J, Henningson D S. Stability and transition in shear flows. New York: Springer-Verlag, 2001.

[8] Drain P G. Introduction to hydrodynamic stability. New York: Cambridge University Press, 2002.

[9] Lele S K. Compact finite difference schemes with spectral-like resolution. Journal of Computational Physics, 1992, 103(1): 16-42.

[10] Seibold B. A compact and fast MATLAB code solving the incompressible Navier Stokes equations on rectangular domains. mit18086_navierstokes.m.[2008-3-31]. https://math.mit.edu/~gs/cse/codes/mit18086_navierstokes.pdf.

[11] Friedlander S K. Smoke, dust, and haze: Fundamentals of aerosol dynamics. 2nd edition. New York: Oxford University Press, 2000.

[12] Yu M Z, Lin J Z, Chan T L. A new moment method for solving the coagulation equation for particles in Brownian motion. Aerosol Science and Technology, 2008, 42(9): 705-713.

部分符号说明

英文字母

A_1，A_2，A_3：滑移区修正因子的常数

A：总碰撞频率或向量

AA：基于单参数群变换的总碰撞频率

A_{ij}：矩阵的元素

a，b，c：常数

a_i：系数

β：碰撞频率函数

B_1，B_2：碰撞频率函数中的常数

C：泰勒展开矩方法渐近解的常数

C_c：滑移区修正因子

C_i：积分常数

c：分子热运动速度

D：扩散系数

Da：达姆科勒数（Damkohler number）

D_f：分形维数

D_n：基于粒径的扩散系数

D_{ij}：互扩散系数

d_p：粒子直径

d_m：分子直径

E_1，E_2，E_3：增强因子系数

F：亥姆霍兹函数或向量

f：流场中粒子受到的阻力

$\mathbf{G}$：内积的向量形式

G：吉布斯函数

g：基于粒子数密度积分的一般函数或重力加速度

gg：基于单参数群变换的一般函数

H：可微函数或哈密尔顿函数

Ha：哈梅克数（Hamaker number）

h：普朗克常数（Planck constant）或步长/距离

I: 积分

II: 二重积分

J: 扩散通量

K: 切兹纳尼猜想的比例系数

Kn: 克努森数（Knudsen numbers）

k: 波数或常数

k_B: 玻尔兹曼常数（Boltzmann constant）

k_e: 粒子动能

k_i: 常数

k_{ij}: 龙格-库塔方法的中间变量

k_0: 碰撞核的比例因子

k_1，k_2，k_3，k_4: 龙格-库塔方法的中间变量

L: 线性算子或流场特征长度

$\boldsymbol{M}_k$: 粒子分布函数的 k 阶矩

$\bar{\boldsymbol{M}}_k$: k 阶矩的系综平均

$\boldsymbol{M}'_k$: k 阶矩的小扰动

$\boldsymbol{M}_{k0}$: 初始 k 阶矩

$\boldsymbol{M}_0$: 0 阶矩

$\boldsymbol{M}_{00}$: 初始 0 阶矩

$\boldsymbol{M}_1$: 一阶矩

$\boldsymbol{M}_{10}$: 初始一阶矩

$\boldsymbol{M}_2$: 二阶矩

$\boldsymbol{M}_{20}$: 初始二阶矩

$\boldsymbol{M}_C$: 无量纲矩

$\boldsymbol{M}_{C0}$: 初始无量纲矩

$\boldsymbol{M}_{C\infty}$: 无量纲矩的渐近值

m: 单个分子或颗粒质量或等效质量

m_A: A 分子质量

m_B: B 分子质量

m_g: 单个分子或颗粒质量

N: 粒子的总数量与 $\boldsymbol{M}_0$ 等价

N_A: 阿伏伽德罗常数

n: 粒子数密度函数

$\bar{n}$： 数密度函数的系综平均

n'： 数密度函数的小扰动

n_A： A 种分子的数量浓度

n_B： B 种分子的数量浓度

n_d： 基于直径的粒子数量密度

n_m： 分子数密度

n_1，n_2，n_3： 介质的折射率

P： 碰撞概率

p： 大气压强

R^*： 无量纲半径

R： 理想气体常数

Re： 流动雷诺数（Reynolds number）

r： 粒子所在空间位置的矢量或球坐标径向坐标

r_A： A 分子的半径

r_B： B 分子的半径

S： 熵

Sc_M： 基于矩的施密特数（Schmidt number）

St： 斯托克斯数（Stokes number）

s： 粒子的表面积

$s(\eta)$： 卷积积分

$ss(v)$： 基于单参数群变换的卷积积分

T： 温度

T_C： 临界温度

t： 时间

t^*： 无量纲时间

U： 流场特征速度或系统内能

U_1： 混合层上层流速

U_2： 混合层下层流速

u： 基于粒子体积的代数平均值或水平方向速度

V： 粒子的总体积（与一阶矩 $\boldsymbol{M}_1$ 等价）或横向时均场速度

V_m： 纯物质的摩尔体积

v： 分子运动速度或横向速度

v_p： 粒子扩散速度

v_{max}： 最大概率速度

v_{rms}： 均方根速度

$\langle v \rangle$： 期望值速度

$\langle v^2 \rangle$： 均方速度

W： 检验函数的矩阵形式

w_j： 检验函数

X_t： 随机过程

$\mathbf{X}$： 粒子位置坐标

$\langle x^2 \rangle$： 均方位移

x： 水平方向坐标

y： 垂直方向坐标

希腊字母

α： 比例因子

α_p： 调节参数

β： 碰撞频率或玻尔兹曼因子

β_{AB}： 不同分子间碰撞频率

β_m： 同种分子间碰撞频率

γ： 粒子的比表面能或表面张力系数或指数常数

δ： δ 函数

ε： 误差限

$\xi(t)$： 随机力

ξ_1，ξ_2，ξ_3： 0 阶矩方程中以粒子体积为变量的展开多项式

ξ_1^*，ξ_2^*，ξ_3^*： 0 阶矩方程中以粒子粒度分布的矩为变量的展开多项式

ζ： 基于单参数群变换的粒度分布函数

ζ_1，ζ_2，ζ_3： 二阶矩方程中的以粒子体积为变量展开多项式

ζ_1^*，ζ_3^*，ζ_3^*： 二阶矩方程中以粒子粒度分布的矩为变量的展开多项式

η： 粒子无量纲体积

θ： 混合层厚度

θ： 球坐标天顶角

ϕ： 球坐标方位角

ϕ： 扰动流函数

κ： 表面张力的厄特沃什常数或与粒径无关的扩散系数

λ： 群参数或矩阵的特征值

λ_m： 分子平均自由程

λ_{th}：　热力学波长

μ：　化学势

μ_{AB}：　折合质量 $\mu_{AB} = m_A m_B/(m_A + m_B)$

μ_d：　基于粒子粒径的几何平均值

μ_g：　流体动力学黏度

μ_m：　粒子迁移率

υ_g：　基于粒子体积的几何平均值

ν：　流体运动黏度

υ；　粒子体积

υ_g：　粒子几何平均体积

ρ：　流体密度

ρ_m：　分子密度

ρ_p：　粒子质量密度

σ：　基于粒子体积的几何标准方差

σ_{AB}：　碰撞截面积　$\sigma_{AB} = \pi(r_A + r_B)^2$

σ_d：　基于粒子粒径的几何标准方差

τ：　平均碰撞时间

τ_p：　粒子在流场中的弛豫时间

ϕ_1, ϕ_2, ϕ_3：　代数平均体积的函数

$\varphi(\Delta)$：　随机变量的分布函数

Δ：　随机变量

ψ：　无量纲粒度分布函数或波函数

Ω：　微观态数

英文缩写

AQI：　空气质量指数，air quality index

CR：　连续区，continuum regime

DNS：　直接数值模拟方法，direct numerical simulation

DQMOM：　直接积分矩方法，direct quadrature method of moment

FM：　自由分子区，free molecule regime

GDE：　粒子通用动力学方程，general dynamical equation

iDNS：　迭代的直接数值模拟方法，iterative direct numerical simulation

MCM：　蒙特卡罗法，Monte Carlo method
MOM：　矩方法，method of moment
MOMIC：　插值封闭矩方法，method of moment with interpolative closure
OPG：　单参数群变换，one parameter group transformation
PSD：　粒度分布，particle size distribution
PBE：　颗粒群平衡方程，population balance equation
QMOM：　积分矩方法，quadrature method of moment
SC：　滑移区，slip correction regime
SF：　剪切流动，shear flow
SM：　分区法，sectional method
TP：　泰勒多项式，Taylor polynomials
TR：　过渡区，transition regime
TEMOM：　泰勒展开矩方法，Taylor-series expansion method of moment
SCE：　斯莫卢霍夫斯基方程，Smoluchowski coagulation equation
SPSD：　颗粒粒度的自保形分布，self-preserving size distribution